普通高等教育 3D 版机械类系列教材

机械设计课程设计指导书
（3D 版）

赵继俊　姜　雪　马广英　陈清奎　等编著

机械工业出版社

本书对机械设计课程设计的基本内容和步骤以及课程设计过程中容易出现的多种结构错误或不合理问题做了详细阐述。全书共21章，共分两篇，第1篇为机械设计课程设计指导，以减速器设计为例，着重介绍一般机械传动装置的方案选择、典型传动件的结构及承载能力设计方法和步骤；第2篇为机械设计常用标准、规范、课程设计参考图例及其他设计资料。

本书重点突出，图形准确，叙述严谨，可作为高等院校机械类、近机械类和非机械类各专业机械设计课程设计及机械设计基础课程设计的教材，也可作为其他高等职业院校与机械设计相关的课程设计教材，还可供从事机械设计工作的工程技术人员参考。

图书在版编目（CIP）数据

机械设计课程设计指导书：3D版/赵继俊等编著. —北京：机械工业出版社，2023.8

普通高等教育3D版机械类系列教材

ISBN 978-7-111-73543-4

Ⅰ.①机… Ⅱ.①赵… Ⅲ.①机械设计-课程设计-高等学校-教材 Ⅳ.①TH122

中国国家版本馆CIP数据核字（2023）第135371号

机械工业出版社（北京市百万庄大街22号　邮政编码100037）
策划编辑：段晓雅　　　　　　责任编辑：段晓雅　杨　璇
责任校对：薄萌钰　李　婷　　封面设计：张　静
责任印制：张　博
保定市中画美凯印刷有限公司印刷
2023年11月第1版第1次印刷
184mm×260mm · 13.75印张 · 337千字
标准书号：ISBN 978-7-111-73543-4
定价：45.00元

电话服务　　　　　　　　　　网络服务
客服电话：010-88361066　　机 工 官 网：www.cmpbook.com
　　　　　010-88379833　　机 工 官 博：weibo.com/cmp1952
　　　　　010-68326294　　金 书 网：www.golden-book.com
封底无防伪标均为盗版　机工教育服务网：www.cmpedu.com

虚拟现实（VR）技术是计算机图形学和人机交互技术的发展成果，具有沉浸感（Immersion）、交互性（Interaction）、构想性（Imagination）等特征，能够使用户在虚拟环境中感受并融入真实、人机和谐的场景，便捷地实现人机交互操作，并能从虚拟环境中得到丰富、自然的反馈信息。在特定应用领域中，VR技术不仅可解决用户应用的需要，若赋予丰富的想象力，还能够使人们获取新的知识，促进感性和理性认识的升华，从而深化概念，萌发新的创意。

机械工程教育与VR技术的结合，为机械工程学科的教与学带来显著变革：通过虚拟仿真的知识传达方式实现更有效的知识认知与理解。基于VR的教学方法，以三维可视化的方式传达知识，表达方式更富有感染力和表现力。VR技术使抽象、模糊成为具体、直观，将单调乏味变成丰富多变、极富趣味，令常规不可观察变为近在眼前、触手可及，通过虚拟仿真的实践方式实现知识的呈现与应用。虚拟实验与实践让学习者在创设的虚拟环境中，通过与虚拟对象的主动交互，亲身经历与感受机器拆解、装配、驱动与操控等，获得现实般的实践体验，增加学习者的直接经验，辅助将知识转化为能力。

教育部编制的《教育信息化十年发展规划（2011—2020年）》（以下简称《规划》），提出了建设数字化技能教室、仿真实训室、虚拟仿真实训教学软件、数字教育教学资源库和20000门优质网络课程及其资源，遴选和开发1500套虚拟仿真实训实验系统，建立数字教育资源共建共享机制。按照《规划》的指导思想，教育部启动了包括国家级虚拟仿真实验教学中心在内的若干建设工程，力推虚拟仿真教学资源的规划、建设与应用。近年来，很多学校陆续采用虚拟现实技术建设了各种学科专业的数字化虚拟仿真教学资源，并投入应用，取得了很好的教学效果。

"普通高等教育3D版机械类系列教材"是由山东高校机械工程教学协作组组织驻鲁高等学校教师编写的，充分体现了"三维可视化及互动学习"的特点，将有学习难度的知识点以3D教学资源的形式进行介绍，其配套的虚拟仿真教学资源由济南科明数码技术股份有限公司开发完成，并建设了"科明365"在线教育云平台（www.keming365.com）。该公司还开发有单机版、局域网版、互联网版的3D虚拟仿真教学资源，构建了"没有围墙的大学""不限时间、不限地点、自主学习"的学习资源。

古人云，天下之事，闻者不如见者知之为详，见者不如居者知之为尽。

该系列教材的陆续出版，为机械工程教育创造了理论与实践有机结合的条件，很好地解决了普遍存在的实践教学条件难以满足卓越工程师教育需要的问题。这将有利于培养制造强国战略需要的卓越工程师，助推中国制造2025战略的实施。

张进生

于济南

前　言

本书是山东高校机械工程教学协作组组织编写的"普通高等教育 3D 版机械类系列教材"之一。

党的二十大报告提出，要"推进教育数字化，建设全民终身学习的学习型社会、学习型大国"。我们要高度重视教育数字化，以数字化推动育人方式、办学模式、管理体制以及保障机制的创新，推动教育流程再造、结构重组和文化重构，促进教育研究和实践范式变革，为促进人的全面发展、实现中国式教育现代化，进而为全面建成社会主义现代化强国、实现第二个百年奋斗目标奠定坚实基础。

本书编写贯彻党的二十大精神，基于教育部高等学校机械基础课程教学指导分委员会2019 年制定的《高等学校机械基础课程教学基本要求》，并充分利用虚拟现实（VR）、增强现实（AR）等技术开发的虚拟仿真教学资源，体现"三维可视化及互动学习"的特点，将有学习难度的知识点以 3D 教学资源的形式进行介绍，力图达到"教师易教，学生易学"的目的。手机用户使用微信的"扫一扫"扫描二维码，可使用本书的 3D 虚拟仿真教学资源。二维码中有 图标的表示免费使用，有 图标的表示收费使用。本书提供免费的教学课件，欢迎选用本书的教师登录机械工业出版社教育服务网（www.cmpedu.com）下载。济南科明数码技术股份有限公司还提供互联网版、局域网版、单机版的 3D 虚拟仿真教学资源，可供师生在线（www.keming365.com）使用，该 VR 教学云平台是按照党的二十大报告要求，推动了本课程教学的教育数字化工作，在推动教育公平，增强城乡、地区、校际教育发展的协调性和平衡性方面起到了很好的作用。

本书由哈尔滨工业大学（威海）赵继俊、姜雪，山东大学（威海）马广英，山东建筑大学陈清奎，潍坊学院毕世英，烟台大学于涛共同编著。具体编写分工：赵继俊编写第 5~7、18~20 章，姜雪编写第 1~3 和 21 章，马广英编写第 8~10 章，陈清奎编写第 4 章，毕世英编写第 15~17 章，于涛编写第 11~14 章。本书配套的 3D 虚拟仿真教学资源由济南科明数码技术股份有限公司开发完成，并负责网上在线教学资源的维护、运营等工作，主要开发人员包括陈清奎、陈万顺、胡洪媛、邵辉笙、石润泽等。本书承蒙哈尔滨工业大学宋宝玉教授审阅，他对本书提出了许多宝贵意见和建议，在此表示感谢。本书的编写得到了很多老师、同学的大力支持和帮助，编者在此一并表示衷心感谢。

由于编者水平有限，书中难免存在不妥之处，敬请广大读者批评指正。

编著者
于威海

目 录

第1篇

机械设计课程设计指导

01

第1章

概　　述

1.1　机械设计课程设计的目的和内容

1. 课程设计的目的

机械设计课程是培养学生机械设计能力的技术基础课。机械设计课程设计是机械设计课程的重要实践性环节，是一次较为全面的设计训练，其主要目的如下。

1）通过课程设计，综合运用机械设计课程和其他先修课程的理论知识，培养分析和解决实际工程问题的能力，掌握机械设计的一般规律，树立正确的设计思想。

2）学会从机器的功能要求出发，合理选择执行机构和传动机构的类型，制定传动方案，合理选择标准零部件的类型和型号，正确计算零件的工作能力，确定其尺寸、形状、结构及材料，并考虑制造工艺、使用、维护、经济和安全等问题，培养机械设计能力。

3）通过课程设计，学习运用标准、规范、手册、图册、科技文献资料和计算机绘图等，以及通过虚拟仿真的实践来实现知识、信息与机械设计基本技能的培养。

在课程设计中用计算机绘图或手工绘图都能达到以上目的。

2. 课程设计的内容

课程设计的题目常为一般用途的机械传动装置，如图 1-1 所示带式输送机和工件输送机的机械传动装置——减速器。

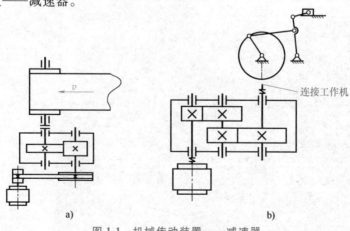

图 1-1　机械传动装置——减速器

a）带式输送机　b）工件输送机

机械设计课程设计，通常包括以下设计内容。

1）机械系统传动方案的拟定。

2）机械系统运动学、动力学参数计算。

3）传动零件设计，如带、链传动设计，齿轮传动及蜗杆传动设计等。

4）减速器装配草图设计，包括轴的结构设计，滚动轴承的选择，键和联轴器的选择及校核，箱体、润滑及附件设计。

5）减速器装配图设计。

6）编写设计计算说明书。

课程设计一般要求每个学生完成以下工作。

1）减速器装配图1张（A0）。

2）零件工作图2~3张，可选轴（A2）、齿轮（A2）和箱体（A1）等。

3）设计计算说明书1份。

完成上述全部工作后，方可进行课程设计答辩。

1.2 机械设计课程设计的步骤和应注意的问题

1. 机械设计课程设计的步骤

课程设计大致可按以下步骤进行。

（1）设计准备 阅读设计任务书，明确设计要求和工作条件；通过看实物、模型、录像、光盘或拆装实验等了解设计对象；阅读有关资料、图样；拟定设计方案。

（2）机械系统总体设计 分析设计要求，确定系统总体设计方案；由执行机构要求，进行运动学和动力学分析计算，确定工作载荷（转矩）、速度（转速）；确定系统所需功率。

（3）执行机构设计 确定执行机构具体结构，进行执行机构运动学和动力学分析。

（4）传动装置总体设计 比较和选择传动装置的方案；选定电动机类型和型号；确定总传动比和各级传动比；计算各轴转速和转矩。

（5）传动零件设计计算 设计计算各级传动的参数和主要尺寸，如减速器外传动（带、链传动等）和减速器内传动（轴、齿轮、蜗杆传动等），以及选择联轴器的类型和型号。

（6）总装图及装配图设计

（7）零件工作图设计

（8）编写设计计算说明书

（9）总结和答辩

2. 机械设计课程设计中应注意的问题

（1）循序渐进，逐步完善和提高 在设计过程中，应特别注意理论与实践的结合。设计者应充分认识到，设计过程是一项复杂的系统工作，要从机械系统整体需要考虑问题，一项优秀的设计必须经过反复推敲和认真思考才能获得，设计过程不会一帆风顺，要注意循序渐进。设计计算、绘图和修改、完善和提高，常需要交叉进行。

（2）巩固基础知识，注重设计能力的培养和训练 机械设计的内容繁多，所能涉及的设计内容都要求设计者将其明确无误地用图样表达清晰，并可经过制造装配成为产品。机械设计中有强度、刚度计算和结构设计，图样表达是设计中必备的知识和技能。学生应自觉加强理论与工程实践的结合，掌握认识、分析、解决问题的基本方法，提高设计能力。

课程设计是在教师指导下进行的，为了更好地达到培养设计能力的要求，提倡独立思考、严肃认真、精益求精的学习精神，反对照抄照搬和容忍错误的态度。

（3）吸取传统经验，发挥主观能动性，勇于创新　机械设计课程设计题目多选自工程实际，设计中有很多前人的设计经验可供借鉴。在设计过程中应注意了解、学习和继承前人的经验，同时又要充分发挥主观能动性、勇于创新，在设计实践中自觉培养创新能力以及发现问题、分析问题和解决问题的能力，但要正确处理好继承与创新的关系。

（4）树立标准化意识，正确使用标准和规范　设计中正确使用标准和规范，有利于机械零件的互换性和加工工艺性，减少设计工作量，提高产品质量，从而收到良好的经济效果。在设计中是否遵循国家标准和规范，也是评价设计质量的一项重要指标。对于需要外购的零件应采用标准件；对于自行加工的零件（键、联轴器等），其主要尺寸一般也要按标准规定；对于小规模生产的自制件，如遇到设计与标准相矛盾时才可以以设计要求为主，自行设计制造。另外，对于设计中一些非标准件的某些尺寸，如箱体宽度、轮毂宽度等，也应尽量取为标准尺寸，以利于制造、测量和安装。

（5）处理好强度计算和结构工艺性等要求的关系　任何机械零件的结构及尺寸都不可能完全由强度计算确定，而应综合考虑加工和装配工艺性、经济性和使用条件等。因此，不能把设计片面地理解为就是理论计算，或者把这些计算结果看成是绝对不可变动的，而应认为进行强度等理论计算只是为确定零件的尺寸提供一个方面的参考依据，零件的具体结构和尺寸还要通过画图，考虑其工艺性、经济性及零件间相互装配关系来最后确定。有时也可以根据结构和工艺的要求来确定结构尺寸，然后校核强度方面的要求。有些场合还可以综合考虑强度、结构工艺性、刚度等方面的经验确定零件的结构尺寸，如齿轮轮毂厚度、减速器箱体壁厚等就是按经验公式计算出近似值，然后做适当的圆整。这就是说设计工作不能把计算和绘图截然分开，而应互相依赖、互相补充、交叉进行。边计算、边画图、边修改是设计的正确方法。

（6）做好设计的时间计划　要注意掌握设计进度，每一阶段的设计都要认真检查，避免出现重大疏忽或错误，影响下一阶段设计工作的进行。

第2章

机械系统的总体设计

现代机器通常由原动机、传动系统和执行系统三个主要部分组成。此外，为保证机器正常运转，还需要一些操纵装置或控制系统，用来操纵和控制机器各组成部分协调动作。在课程设计中，由于课程教学要求和时间的限制，不进行操纵装置或控制系统的设计。

2.1 机械系统运动方案的选择

由于设计的多解性和复杂性，满足某种功能要求的机械系统运动方案可能会有很多种，因此，在考虑机械系统的运动方案时，除满足基本的功能要求外，还应遵循以下原则。

1. 机械系统应尽可能简单

机构运动链应尽量简短。在保证实现功能要求的前提下，应尽量采用构件数和运动副数少的机构，这样可以简化机器的构造，降低机器的复杂程度，提高机器系统的可靠度，减轻重量，降低成本。此外也可以减少由零件的制造误差形成的运动链的累积误差。

在选择运动副方面应注意，高副机构可以减少构件数和运动副，设计简单，而低副机构的运动副元素加工方便，容易保证配合精度以及有较高的承载能力。究竟选用何种机构，应根据具体设计要求全面衡量得失，尽可能做到扬长避短。在一般情况下，应优先考虑低副机构，而且尽量少用移动副；执行构件的运动规律要求复杂，当采用连杆机构很难完成精确设计时，应考虑采用高副机构。

在选择原动机方面，机械系统的运动与原动机的形式密切相关。目前，电动机、内燃机使用最广泛，但是要结合具体情况灵活选择。具体选择方法见本章2.2节。

2. 尽量缩小机构尺寸

机械系统的尺寸和重量随所选机构类型的不同而有很大差别。在相同传动比的情况下，周转轮系减速器的尺寸和重量比普通定轴轮系减速器要小得多。在连杆机构和齿轮机构中，也可利用齿轮传动时节圆做纯滚动的原理，或利用杠杆放大缩小的原理来缩小机构尺寸。盘形凸轮机构的尺寸也可借助杠杆原理相应缩小。

3. 机构应具有较好的动力特性

机构在机械系统中不仅传递运动，同时还要传递动力，因此要选择具有较好动力学特性的机构，尽可能选择传动角较大的机构，以提高机器的传动效率，减少功耗。尤其对于传力大的机构，这一点更为重要。

对于执行构件行程不大而短时克服工作阻力很大的机构（如冲压机械中的主机构），应采用"增力"的方法，即瞬时有较大机械增益的机构。

对于高速运转的机构，做往复运动和平面一般运动的构件，以及偏心的回转构件，它们的惯性力和惯性力矩较大，在选择机构时，应尽可能考虑机构的对称性，以减小运转过程中的动载荷和振动。

4. 机械系统应具有良好的人机性能

任何机械系统都是由人来设计，并用来为人服务的，而且大多数机械系统都要由人来操作和使用，因此在进行机械设计时，必须考虑人的生理特点，以求得人与机械系统的和谐统一。

2.2 原动机的选择

1. 类型的选择

常用原动机的类型和特点见表2-1。在设计机械系统时，要选用何种形式的原动机，主要应从以下三个方面进行分析比较。

1）分析工作机械的负载特性和要求，包括工作机械的载荷特性、工作制度、结构布置和工作环境等。

2）分析原动机本身的机械特性，包括原动机的功率、转矩、转速等，以及原动机所能适应的工作环境。应使原动机的机械特性与工作机械的负载特性相匹配。

3）进行经济性比较。当同时可用多种类型的原动机进行驱动时，经济性的分析是必不可少的，包括能源的供应和消耗以及原动机的制造、运行和维修成本的对比等。

除上述三方面外，有些原动机的选择还要考虑对环境的污染，其中包括空气污染、噪声、振动污染等，如室内工作的机械使用内燃机作为原动机就不合适。

根据各类原动机的特点，选择时可进行各种方案的比较，首先确定原动机的类型，然后根据执行机构的负载特性计算原动机的容量。有时也可先预选原动机容量，在产品设计出来后再进行校核。

2. 电动机的选择

电动机是由专门工厂生产的系列化标准产品。机械设计中需根据工作机的工作情况和运动学、动力学参数，合理选择电动机的类型、结构形式、功率和转速等，提出具体的电动机型号。以下仅讨论电动机的类型、功率及转速的选择。

表2-1 常用原动机的类型和特点

类型	功率	驱动效率	调速性能	结构尺寸	对环境的影响	其他
电动机	较大	高	好	较大	小	与被驱动的工作机械连接简便，其种类和型号较多，并具有各种运动特性，可满足不同类型机械的工作需求。但使用电动机必须具备相应的电源，对野外工作的机械及移动式机械常因缺乏所需电源而不能选用
液压马达	大	较高	好	小	较大	必须具有高压油的供给系统，应使液压系统元件有必要的制造和装配精度，否则容易漏油，这不仅影响工作效率，而且还影响工作机械的运动精度和工作环境

（续）

类型	功率	驱动效率	调速性能	结构尺寸	对环境的影响	其他
气动马达	小	较低	好	较小	小	用空气作为工作介质，容易获得。气动马达动作迅速、反应快、维护简单、成本比较低，对易燃、易爆、多尘和振动等恶劣工作环境的适应性较好。但因空气具有可压缩性，因此气动马达的工作稳定性差，起动系统的噪声较大，一般只适用于小型和轻型的工作机械
内燃机	很大	低	差	大	大	有功率范围宽、操作简便、起动迅速和便于移动等优点，大多用于野外作业的工程机械、农业机械以及船舶、车辆等。主要缺点是需要柴油和汽油作为燃料，通常对燃料的要求也比较高，在结构上也比较复杂，而且对零部件的加工精度要求也较高

（1）选择电动机的类型　电动机分为交流电动机和直流电动机两种。由于生产单位一般多采用三相交流电作为电源，因此，无特殊要求时均应选用三相交流电动机，其中以三相异步交流电动机应用最为广泛。根据不同的防护要求，电动机有开启式、防护式、全封闭自扇冷式和防爆式等不同的结构形式。

Y系列三相异步电动机为一般用途的全封闭自扇冷式电动机，由于其结构简单、工作可靠、价格低廉、维护方便等特点，因此广泛应用于不易燃、不易爆、无腐蚀和无特殊要求的机械上，如机床、鼓风机、运输机以及农业机械和食品机械等。当电动机需要经常起动、制动和正、反转时（如起重机），要求电动机有较小的转动惯量和较大的过载能力，因此应选用起重及冶金用三相异步电动机，常用的为YZ或YZR系列。

电动机的类型和结构形式应根据电源种类（交流或直流），工作条件（环境、温度、空间位置等），载荷大小和性质，起动性能和起动、制动、正反转的频繁程度来选择。另外，根据电动机与被驱动机械的连接形式决定其安装方式，一般采用卧式。

（2）选择电动机的功率　标准电动机的容量由额定功率表示。所选电动机的额定功率应等于或稍大于工作机要求的功率。容量小于工作要求，则不能保证工作机正常工作，或使电动机长期过载，发热量大而过早损坏；容量过大，则会增加成本，并且由于功率和功率因数低而造成浪费。

电动机的容量主要由运行时的发热条件限定。对于载荷比较稳定、长期连续运行的机械，只需要所选电动机的额定功率 P_{ed} 等于或稍大于电动机的实际输出功率 P_d，即 $P_{ed} \geqslant P_d$，电动机就能安全工作，不会过热，也不必校验发热和起动力矩。

电动机的实际输出功率 P_d 为

$$P_d = \frac{P_w}{\eta_\Sigma} \tag{2-1}$$

式中　P_d——工作机实际需要的电动机输出功率（kW）；

　　　P_w——工作机需要的输入功率（kW）；

η_Σ——电动机至工作机之间传动装置的总效率。

工作机需要的输入功率 P_w 应由工作机工作阻力（F 或 T）和运动参数（v 或 n_w）计算求得，即

$$P_w = \frac{Fv}{1000\eta_\Sigma} \qquad\qquad (2\text{-}2)$$

或

$$P_w = \frac{Tn_w}{9550\eta_\Sigma} \qquad\qquad (2\text{-}3)$$

式中　F——工作机的阻力（N）；

　　　v——工作机的线速度（m/s）；

　　　T——工作机的阻力矩（N·m）；

　　　n_w——工作机的转速（r/min）。

传动装置的总效率 η_Σ 可按下式计算，即

$$\eta_\Sigma = \eta_1\eta_2\cdots\eta_n \qquad\qquad (2\text{-}4)$$

式中　η_1、η_2、$\cdots$、η_n——传动装置中每一传动副（齿轮、蜗杆、带或链）、每对轴承、每

　　　　　　　　　　　　个联轴器的效率，其数值可在表 10-9 中选取。

计算总效率 η_Σ 时应注意以下几个问题。

1）轴承效率均指一对轴承效率。

2）同类型的几对运动副都要考虑其效率，不要漏掉，如有两级齿轮传动时，其效率为 $\eta_{齿轮}\eta_{齿轮} = \eta_{齿轮}^2$。

3）蜗杆传动的效率与蜗杆的参数、材料等有关，设计时可先初估蜗杆头数，初选其效率值，待蜗杆传动参数确定后，再精确计算。此外蜗杆传动的效率 $\eta_{蜗杆}$ 中已包括蜗杆轴上一对轴承的效率，因此在总效率的计算中蜗杆轴上的轴承效率不再计入其中。

4）表 10-9 中推荐的效率一般有一个选择范围，选用此表数值时，一般取中间值，当工作条件差、润滑维护不良时应取低值，反之取高值。

（3）选择电动机的转速　同一型号、同一功率的三相异步电动机，通常有几种转速可供选用。电动机转速越高，磁极越少，尺寸及重量越小，价格也越低，但传动装置的总传动比要增大，传动级数要增多，尺寸及重量增大，从而使成本增加。选用低转速电动机则相反。因此，应对电动机及传动装置做全面考虑，综合分析比较其利弊，以确定合理的电动机转速。按照工作机转速要求和传动装置的合理传动比范围，可以推算电动机转速的可选范围，即

$$n_d = i_\Sigma n_w = (i_1 i_2 i_3 \cdots i_n) n_w \qquad\qquad (2\text{-}5)$$

式中　　　　　n_d——电动机转速的可选范围；

i_1、i_2、i_3、$\cdots$、i_n——各级传动的合理传动比，见表 2-2 或表 10-9；

　　　　　　　n_w——工作机的转速。

对 Y 系列电动机，一般常用同步转速有 3000r/min、1500r/min、1000r/min、750r/min 等几种。

通常多选用同步转速为 1500r/min 和 1000r/min 的电动机，如无特殊需要，不选用转速低于 750r/min 的电动机。

表 2-2　常用传动装置的性能

选用指标		传动装置				
		平带传动	V 带传动	链传动	齿轮传动	蜗杆传动
功率（常用值）/kW		小（≤20）	中（≤100）	中（≤100）	大（最大可达 50000）	小（≤50）
单级传动比	常用值	2~4	2~4	2~5	圆柱 3~5　锥 2~3	10~40
	最大值	5	7	6	10　　　　10	80
传动效率		中	中	中	高	高
许用线速度（一般精度等级）/(m/s)		≤25	25~30	≤40	5~25[①]　3~10[①]	15~25
外廓尺寸		大	大	大	小	小
传动精度		低	低	中	高	高
工作平稳性		好	好	较差	一般	好
自锁能力		无	无	无	无	可有
过载保护作用		有	有	无	无	无
使用寿命		短	短	中等	长	中等
缓冲吸振能力		好	好	中等	差	差
要求制造及安装精度		低	低	中等	高	高
要求润滑条件		不需要	不需要	中等	高	高
环境适应性		不能接触酸、碱、油、爆炸性气体		好	一般	一般

①　上限为斜（曲）齿轮，下限为直齿轮。

选定了电动机类型、结构和同步转速，计算出所需电动机容量后，即可在设计手册中查出电动机型号、性能参数和主要尺寸。

设计传动装置一般按工作机实际需要的电动机输出功率 P_d 计算，转速按满载转速 n_m 计算。

2.3　减速器的类型、特点及应用

减速器多数已系列化，由专门厂家生产。常用减速器的类型、特点及应用见表 2-3。

表 2-3　常用减速器的类型、特点及应用

名称	运动简图	传动比范围		特点及应用
		一般	最大值	
一级圆柱齿轮减速器	（运动简图）	≤5	8	齿轮一般是直齿、斜齿或人字齿。直齿用于速度较低或载荷较轻的传动中；斜齿或人字齿用于速度较高或载荷较大的传动中

（续）

名称		运动简图	传动比范围		特点及应用
			一般	最大值	
二级圆柱齿轮减速器	展开式		8~40	60	齿轮相对轴承的位置不对称，轴应具有较大的刚度，以缓和轴在弯矩作用下产生弯曲变形所引起的载荷沿齿宽分布不均现象 用于载荷较平稳的场合，齿轮可做成直齿、斜齿或人字齿
	同轴式		8~40	60	减速器的长度较短，但轴向尺寸及重量较大，两对齿轮浸入油中深度可大致相等 中间轴承润滑较难，中间轴较长，刚性较差
	分流式		8~40	60	高速级可做成对称斜齿，低速级可做成直齿 结构较复杂，但齿轮对于轴承对称布置，载荷沿齿宽分布均匀，轴承受载均匀 中间轴的转矩相当于轴所传递转矩的1/2，可用于大功率变载荷场合
一级锥齿轮减速器			≤3	5	用于输入轴和输出轴两轴线相交的传动，可做成卧式或立式。齿轮可做成直齿、斜齿或曲齿
锥齿轮-圆柱齿轮减速器			8~15	直齿22斜齿40	锥齿轮应布置在高速级，使其尺寸不致过大造成加工困难和过大的加工误差，圆柱齿轮可做成直齿或斜齿
蜗杆减速器	蜗杆下置式		10~40	80	蜗杆与蜗轮啮合处的冷却和润滑都较好，同时蜗杆轴承的润滑也较方便，但当蜗杆圆周速度过大时，搅油损失大。一般用于蜗杆圆周速度 $v \leq 5m/s$ 时
	蜗杆上置式		10~40	80	蜗杆的圆周速度允许高一些，但蜗杆轴承的润滑不太方便，需采取特殊的结构措施。一般用于蜗杆圆周速度 $v > 5m/s$ 时

（续）

名称		运动简图	传动比范围		特点及应用
			一般	最大值	
蜗杆-齿轮（齿轮-蜗杆）减速器	蜗杆传动布置在高速级		60~90	480	传动比较单级蜗杆减速器高，比二级蜗杆减速器低，但传动效率较二级蜗杆减速器高
	齿轮传动布置在高速级			320	结构比蜗杆-齿轮减速器紧凑，但其传动效率比蜗杆-齿轮减速器低

2.4　传动装置总传动比和传动比的分配

根据电动机满载转速 n_m 及工作机的转速 n_w，可得传动装置的总传动比要求应为

$$i_\Sigma = \frac{n_m}{n_w} \tag{2-6}$$

在多级传动的传动装置中，其总传动比等于各级串联传动装置传动比的连乘积，即

$$i_\Sigma = i_1 i_2 i_3 \cdots i_n \tag{2-7}$$

式中　i_1、i_2、i_3、$\cdots$、i_n——各级串联传动装置的传动比。

如何合理选择和分配各级传动比，是传动装置设计中的一个重要问题，它将直接影响到传动装置的外廓尺寸、质量的大小及润滑条件。图 2-1 所示为两级齿轮减速器的两种传动比分配方案。两种传动比分配方案均可满足总传动比要求，但粗实线表示的方案，不仅外廓尺寸小，而且高速级大齿轮也得到了良好的润滑。

传动比分配时应考虑以下几点。

1）传动装置的传动比应尽量在推荐范围内选取（表 2-2），以符合各种传动形式的工作特点。

2）应使各传动尺寸协调，结构合理。例如，传动装置由普通 V 带传动和齿轮减速器

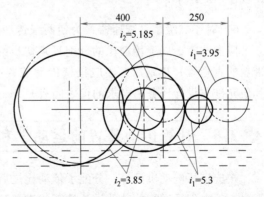

图 2-1　两级齿轮减速器的两种传动比分配方案

组成时，带传动的传动比不宜过大，否则会使大带轮的外圆半径大于齿轮减速器的中心高，造成尺寸不协调或安装不便，如图 2-2 所示。

3）应使各传动件彼此不发生干涉碰撞。例如，在二级圆柱齿轮减速器中，若高速级传动比过大，会使高速级的大齿轮轮缘与低速级输出轴相碰，如图 2-3 所示。

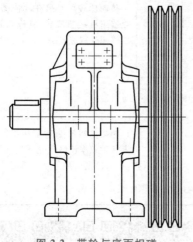

图 2-2　带轮与底面相碰

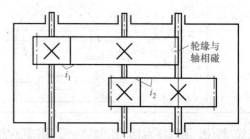

图 2-3　高速级的大齿轮轮缘与低速级输出轴相碰

4）应使各级大齿轮浸油深度合理（低速级大齿轮浸油稍深，高速级大齿轮能浸到油），要求两级大齿轮的直径相近。

根据上述原则分配传动比，是一项比较繁杂的工作，往往要经过多次试计算，拟定多种方案进行比较，最后确定一个比较合理的方案。下面给出一些分配传动比的参考数据。

1）对于展开式二级圆柱齿轮减速器，可取 $i_1 = (1.3 \sim 1.5)i_2$，$i_2 = \sqrt{(1.3 \sim 1.5)i_\Sigma}$，式中 i_1、i_2 分别为高速级和低速级的传动比，i_Σ 为总传动比，要使 i_1、i_2 均在推荐的数值范围内。

2）对于同轴式二级圆柱齿轮减速器，可取 $i_1 = i_2 = \sqrt{i_\Sigma}$。

3）对于锥齿轮-圆柱齿轮减速器，可取锥齿轮传动的传动比 $i_1 \approx 0.25 i_\Sigma$，并尽量使 $i_1 \leq 3$，以保证大锥齿轮尺寸不至于过大，便于加工和易保证加工精度。

4）对于蜗杆-齿轮减速器，可取齿轮传动比 $i_2 \approx (0.03 \sim 0.06)i_\Sigma$。

5）对于齿轮-蜗杆减速器，为获得较紧凑的箱体结构，并便于润滑，通常取齿轮传动的传动比 $i_1 = 2 \sim 2.5$。

6）对于二级蜗杆减速器，为使两级传动件浸油深度大致相等，可取 $i_1 = i_2 = \sqrt{i_\Sigma}$。

应该注意，以上传动比的分配只是初步的，待各级传动件的参数（齿轮与链轮的齿数、带轮的直径等）确定后，还应校核传动装置的实际传动比。对于一般机械，总传动比的实际值允许与设计任务书要求的值之间有 $\pm(3\% \sim 5\%)$ 的误差。

🔧 2.5　计算传动装置的运动学和动力学参数

在选定了电动机型号、分配了传动比之后，应将传动装置中各轴的转速、功率和转矩计算出来，它们是进行传动件设计计算的重要依据，现以图 2-4 所示带传动-二级圆柱齿轮减速器组成的传动系统为例，说明传动系统各轴的转速、功率和转矩的计算方法和步骤。

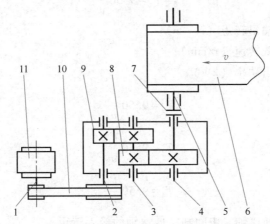

图 2-4　带传动-二级圆柱齿轮减速器组成的传动系统

1—电动机轴　2—高速轴　3—中间轴　4—低速轴　5—工作机轴　6—工作机　7—联轴器

8—低速级齿轮传动　9—高速级齿轮传动　10—带传动　11—电动机

1. 各轴的转速 n（r/min）

电动机轴的转速　　　　　　　　$n_1 = n_m$

高速轴的转速　　　　　　　$n_2 = n_1/i_b = n_m/i_b$

中间轴的转速　　　　　　　$n_3 = n_2/i_1 = n_1/i_b i_1$

低速轴的转速　　　　　　　$n_4 = n_3/i_2 = n_1/i_b i_1 i_2$

工作机轴的转速　　　　　　　　$n_5 = n_4$

式中　n_m——电动机满载转速（r/min）；

　　i_b——带传动的传动比；

i_1、i_2——高速级和低速级的传动比。

2. 各轴的输入功率 P（kW）

电动机轴的功率　　　　$P_1 = P_d$

高速轴的功率　　　　$P_2 = P_1 \eta_b$

中间轴的功率　　　　$P_3 = P_2 \eta_1 \eta_r = P_d \eta_b \eta_1 \eta_r$

低速轴的功率　　　　$P_4 = P_3 \eta_2 \eta_r = P_d \eta_b \eta_1 \eta_2 \eta_r^2$

工作机轴的功率　　　　$P_5 = P_4 \eta_c \eta_r = P_d \eta_b \eta_1 \eta_2 \eta_c \eta_r^3$

式中　　　　　　　P_d——电动机输出功率；

P_1、P_2、P_3、P_4、P_5——各轴的输入功率；

　　　　η_b——带传动的效率；

　　　　η_r——一对滚动轴承的效率；

　　η_1、η_2——高速级和低速级齿轮传动的啮合效率；

　　　　η_c——联轴器的效率。

3. 各轴的输入转矩 T（N·m）

如已知各轴的输入功率和转速，可用 $T_i = 9550 \dfrac{P_i}{n_i}$（N·m）计算各轴的输入转矩，如

$$T_d = T_1 = 9550 \frac{P_d}{n_m}$$

式中 T_d——电动机的输出转矩（N·m）；

n_m——电动机满载转速（r/min）；

P_d——电动机输出功率（kW）。

$$T_2 = 9550 \frac{P_2}{n_2}$$

$$T_3 = 9550 \frac{P_3}{n_3}$$

$$T_4 = 9550 \frac{P_4}{n_4}$$

式中 T_2、T_3、T_4——高速轴、中间轴、低速轴的输入转矩。

将上述计算结果列在表2-4中，供以后传动件设计时使用。

表2-4 传动装置运动学和动力学参数

参数	电动机轴	高速轴	中间轴	低速轴	工作机轴
转速 $n/(\text{r/min})$					
功率 P/kW					
转矩 $T/(\text{N·m})$					
传动比 i					
效率 η					

第 3 章

传动件的设计计算

传动件是各种机械传动装置的核心部件，轴、箱体等其他起支承、连接作用的零件的尺寸和结构将取决于传动件的大小和数量。在传动装置总体设计完成后，为了给装配图的绘制准备条件，应先进行传动件的设计计算，确定各级传动件的参数和主要尺寸，然后才能根据运动简图，绘制装配草图，设计出轴、箱体等其他零件。

3.1 选择联轴器类型及型号

联轴器除连接两轴并传递转矩外，有些还具有补偿两轴因制造和安装误差而造成的轴线偏移的功能，以及缓冲、吸振、安全保护等功能，因此要根据传动装置工作要求来选定联轴器类型。

电动机轴与减速器高速轴连接用的联轴器，一般选用有弹性元件的挠性联轴器，如弹性柱销联轴器等。减速器低速轴与工作机轴连接用的联轴器，由于轴的转速较低，不必要求具有较小的转动惯量，但传递转矩较大，又因为减速器与工作机常不在同一底座上，要求具有较大的轴线偏移补偿，因此常需要选用无弹性元件的挠性联轴器，如齿式联轴器等。

标准联轴器主要按传递的转矩大小和转速来选择型号，还应注意联轴器轴孔尺寸范围是否与所连接轴的直径大小相适应。

3.2 减速器外传动件设计

一般情况下，首先进行减速器外传动件的设计计算，以便使减速器设计的原始条件比较准确。在设计计算减速器内传动件后，还可以对减速器外传动件尺寸进行修改，使传动装置的设计更为合理。减速器外传动常见的有带传动、链传动或开式齿轮传动。

1. 带传动

设计带传动时，应注意检查带轮尺寸与传动装置外廓尺寸的相互关系，如小带轮外圆半径是否大于电动机中心高、大带轮外圆半径是否过大造成带轮与机器底座相干涉等。要注意带轮轴孔尺寸与电动机轴或减速器输入轴尺寸是否相适应。

带轮直径确定后，应验算带传动实际传动比和大带轮转速，并以此修正减速器传动比和输入转矩。

2. 链传动

链传动的设计以套筒滚子链为主，需确定的主要参数有链节距、排数和链节数，中心矩，链轮材料、齿数，作用在链轮轴上力的大小和方向，并验算实际的传动比。当采用单列链使传动尺寸过大时，应改用双列链或多列链，以尽量减小链节距。设计时应注意链轮外廓尺寸及轴孔尺寸应与传动装置中其他部件相适应，同时还应考虑润滑与维护方式。

3. 开式齿轮传动

开式齿轮传动一般布置在低速级，常选用直齿。因灰尘大，润滑条件差，磨损较严重，一般只需计算轮齿的弯曲强度，应将由弯曲强度求得的模数加大 10%～15%。选用材料时，要注意耐磨性和大小齿轮材料的配对。由于支承刚度较小，齿宽系数应选取小些。应注意检查大齿轮的尺寸、材料及毛坯制造方法是否相适应，如齿轮直径超过 500mm 时，一般应采用铸造毛坯，材料应是铸铁或铸钢。还应检查齿轮尺寸与传动装置总体尺寸及工作机尺寸是否相称，是否与其他零件相干涉。

开式齿轮传动设计完成后，要由选定的大、小齿轮齿数计算实际传动比。

3.3 减速器内传动件设计

在减速器外传动件设计计算完成后，各传动件的传动比可能有所变化，因而引起传动装置的运动和动力参数的改变，这时应先对其参数做相应的修改，再对减速器内传动件进行设计计算。

强度计算和结构设计的关系是，强度计算所得的尺寸是传动件结构设计的依据和基础，结构设计的尺寸要接近或大于强度计算尺寸，使其既满足强度要求，又满足啮合几何关系和结构工艺性的要求。

1. 圆柱齿轮传动

闭式齿轮传动应满足齿面接触疲劳强度和齿根弯曲疲劳强度要求。选择齿轮材料及热处理方法时，要考虑齿轮毛坯的制造。当齿轮的齿顶圆直径 $d_a \leqslant 500mm$ 时，一般采用锻造毛坯；当齿轮的齿顶圆直径 $d_a > 500mm$ 时，常因受锻造设备的限制，而采用铸造毛坯；若齿轮直径与轴的直径相差不大时，应将齿轮和轴做成一体，选材时要考虑齿轮与轴加工和工作要求的一致性；同一减速器内各级大、小齿轮材料最好对应相同，以减小材料牌号和简化工艺要求。

齿轮传动的几何参数和尺寸应分别进行标准化、圆整，并保留其精确值。例如：模数必须标准化；中心距和齿宽应该圆整；分度圆、齿顶圆和齿根圆直径、螺旋角、变位系数等啮合尺寸必须保留其精确值。为便于制造和测量，中心距应尽量圆整成尾数为 0 或 5。对直齿圆柱齿轮传动，可以通过调整模数和齿数，或采用角变位的方法来实现圆整；对斜齿圆柱齿轮传动，还可以通过调整螺旋角来实现圆整。设计齿轮结构时，轮毂直径和宽度、轮辐的厚度和孔径、轮缘宽度和内径等与正确啮合条件无关的参数，应按推荐的经验公式计算后合理圆整。

齿宽 b 是指该对齿轮的工作宽度，为补偿齿轮轴向位置加工和装配误差，小齿轮设计宽度一般大于大齿轮宽度 5～8mm。

2. 锥齿轮传动

锥齿轮传动同样应满足齿面接触疲劳强度和齿根弯曲疲劳强度要求。在几何计算中，直齿锥齿轮的锥距 R、分度圆直径 d（大端）等几何尺寸，应按大端模数和齿数精确计算，保留至小数点后三位数值。两轴交角为 90° 时，分度圆锥角 δ_1 和 δ_2 可以由齿数比 $u=z_2/z_1$ 计算，其中小锥齿轮齿数 z_1 可取 17~25。u 值的计算应达到小数点后四位，δ 值的计算应精确到秒。大、小锥齿轮的齿宽应相等，齿宽 b 的数值应圆整。

3. 蜗杆传动

由于蜗杆传动时，齿面相对滑动速度较大，效率较低，又因蜗杆轴跨度较大，因此设计时常需做热平衡计算和刚度计算。蜗杆副材料要求有较好的减摩性、耐磨性和跑合性能，其选择与滑动速度有关，可按输入转速和蜗杆估计直径初步估算；待蜗杆传动几何尺寸确定后，应校核滑动速度和传动效率，如与初估值有较大出入，则应修正计算，包括检查材料选择是否恰当。为了便于加工，蜗杆和蜗轮的螺旋线方向多采用右旋。

模数 m 和蜗杆分度圆直径 d_1 按标准选用，中心距应尽量圆整。对蜗轮进行变位时，变位系数应在 -1~+1 之间。如不符合，则应调整 d_1 值，并使蜗轮齿数增减 1~2 个。蜗杆分度圆圆周速度小于 4m/s 时，蜗杆一般下置，否则可将其上置。

3.4　轴径初步计算

轴的结构设计要在初步估算轴端最小一段轴径的基础上进行。轴端最小轴径可根据该轴所受扭矩按下式计算，即

$$d \geqslant \sqrt[3]{\dfrac{9.55 \times 10^6 P/n}{0.2[\tau]}} = C\sqrt[3]{\dfrac{P}{n}} \tag{3-1}$$

式中　P——轴所传递的功率（kW）；

$[\tau]$——许用扭转应力（MPa）；

n——轴的转速（r/min）；

C——由许用扭转应力所确定的与材料有关的系数，见表 3-1。

表 3-1　常用轴材料的许用扭转应力和 C 值

材料	Q235	45	40Cr、30SiMn、30CrMo
$[\tau]$/MPa	12~20	30~40	40~52
C	158~135	118~106	106~97

按式（3-1）初估轴径段。如有键槽还要考虑键槽对轴强度削弱的影响。对直径 $d>100$mm 的轴，有一个键槽时直径增大 3%，有两个键槽时直径增大 7%；对直径 $d<100$mm 的轴，有一个键槽时直径增大 5%~7%，有两个键槽时直径增大 10%~15%；最后对轴径尺寸要进行圆整。

若轴的外伸端用联轴器与电动机或工作机轴连接，则该轴段直径和长度必须满足联轴器的尺寸要求。若外伸轴段上安装带轮、链轮和齿轮等传动件，则估算的轴径尺寸要尽可能取标准值，见表 10-12；轴段长度可参考相应传动件结构尺寸确定。

第4章

减 速 器

装配图是在机械设计、生产及维修等各阶段不可缺少的重要技术文件。装配图不仅表明机器的工作原理，而且反映出机器中主要零部件的组成关系、结构形状和尺寸要求。减速器是工业产品中广泛应用的速度转换装置，设计时应综合考虑整机及其零部件的工作条件、材料使用、强度及刚度、生产工艺、装拆操作、调整方法以及润滑和密封等要求，协调各零部件的结构尺寸和相互位置关系，同时还要对其外观造型、成本等方面给予足够的重视。在设计的初始阶段，所有这些思考和理念都是以减速器的装配草图为基础反映出来的，装配草图是原始设计思想的集中体现。

在画装配草图之前，首先应认真阅读设计任务书，明确要进行的工作及相关要求。然后，通过观察或拆装减速器实物、观看有关音像资料、阅读减速器图册，进一步了解各有关零部件的功用、结构和制造工艺，做到对设计内容有明确的认识。

4.1 减速器结构

减速器结构因其类型、用途不同而异。但无论何种类型的减速器，其基本结构都是由轴系部件、箱体及附件三大部分组成。图 4-1~图 4-3 所示为二级圆柱齿轮减速器、锥齿轮-圆柱齿轮减速器、蜗杆减速器。图中标出了组成减速器的主要零部件名称、相互关系及箱体的部分结构尺寸。

1. 轴系部件

轴系部件包括传动件、轴和轴承组。

（1）传动件　减速器箱内传动件有圆柱齿轮、锥齿轮、蜗杆蜗轮等。减速器的传动件决定减速器的技术特性。通常根据传动件的种类对减速器命名。

（2）轴　传动件装在轴上以实现回转运动和传递功率。减速器中的轴普遍采用阶梯轴，传动件与轴一般用平键连接。

（3）轴承组　轴承组包括轴承、轴承端盖、密封装置以及调整垫片等。

轴承是支承轴的部件，由于滚动轴承摩擦系数比滑动轴承小、运动精度高，在轴颈尺寸相同时，滚动轴承宽度比滑动轴承小，可使减速器轴向结构紧凑，润滑、维护简便，且滚动轴承是标准件，所以减速器中广泛采用滚动轴承。

轴承端盖用来固定轴承、承受轴向载荷以及调整轴承间隙。轴承端盖有嵌入式和凸缘式两种。凸缘式轴承端盖调整轴承间隙方便，密封性好；嵌入式轴承端盖重量较轻。

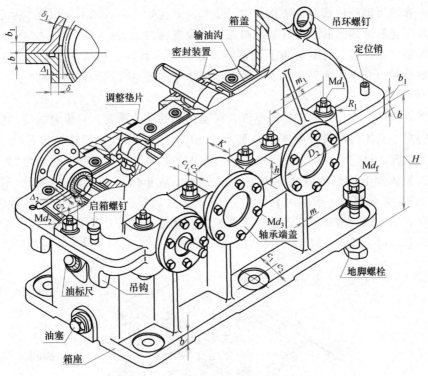

图 4-1　二级圆柱齿轮减速器

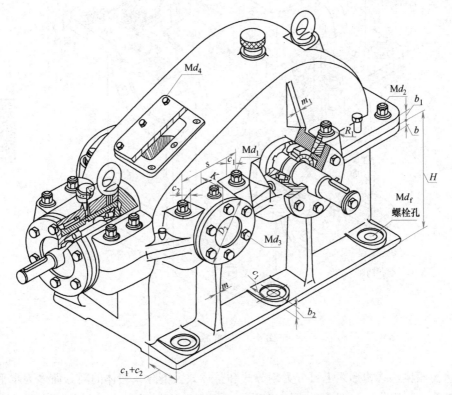

图 4-2　锥齿轮-圆柱齿轮减速器

在输入和输出轴外伸端，为防止灰尘、水气及其他杂质进入轴承，引起轴承急剧磨损和腐蚀，以及防止润滑剂外漏，需在轴承端盖孔中设置密封装置。

为了调整轴承间隙，有时也为了调整传动件（如锥齿轮、蜗轮）的轴向位置，需放置垫片。调整垫片由若干层薄钢片组成，通过增减垫片的数量来达到调整目的。

2. 箱体

减速器箱体用以支持和固定轴系零件，保证传动的啮合精度，对重要的传动件进行良好的润滑和密封。箱体的重量占减速器总重量的 50% 左右。因此，箱体结构对减速器的工作性能、加工工艺、材料消耗、质量及成本等有很大的影响，设计时必须全面考虑。

减速器箱体按毛坯制造方式的不同可以分为铸造箱体（图 4-1~图 4-3）和焊接箱体（图 4-4）。铸造箱体材料一般多用 HT150、HT200。铸造箱体较易获得合理和复杂的结构形状，刚度好，易进行切削加工；但制造周期长，质量较大，因而多用于成批生产。焊接箱体比铸造箱体壁厚薄，质量要轻 25%~50%，生产周期短，多用于单件、小批生产。

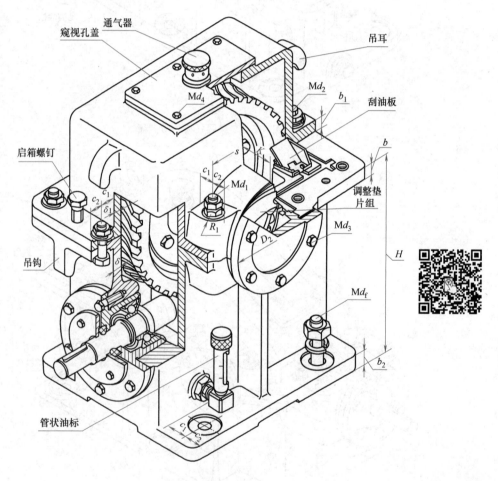

图 4-3 蜗杆减速器

减速器箱体从结构形式上可分为剖分式和整体式。剖分式箱体的剖分面多为水平面，与传动件轴线平面重合，如图 4-1~图 4-4 所示。一般减速器只有一个剖分面，而对于大型立

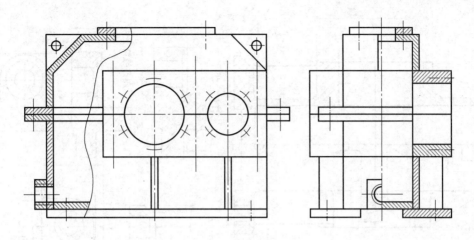

图 4-4 减速器焊接箱体

式减速器，为便于制造和安装，也可采用两个剖分面。

剖分式箱体增加了联接面凸缘和联接螺栓，使箱体质量增大。整体式箱体质量小，零件少，箱体加工量少，但轴系装配较复杂，如图 4-5 和图 4-6 所示。

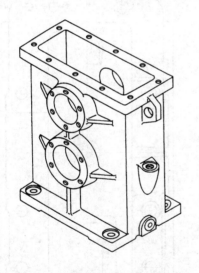

图 4-5 齿轮传动整体式铸造箱体

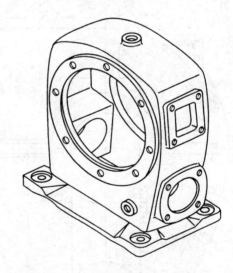

图 4-6 蜗杆传动整体式铸造箱体

箱体结构尺寸及相关零件的尺寸见图 4-7、图 4-8 及表 4-1 和表 4-2。注意根据表中公式计算的最后尺寸需圆整。

3. 附件

为了使减速器具有较好的性能，如注油、排气、通气、吊运，检查油面高度和齿轮啮合情况、保证加工精度和装拆方便等，在减速器箱体上常需设置一些附加装置和零件，简称为附件。它们包括视孔与视孔盖、通气器、油标、放油塞、定位销、启盖螺钉、吊钩、油杯等。

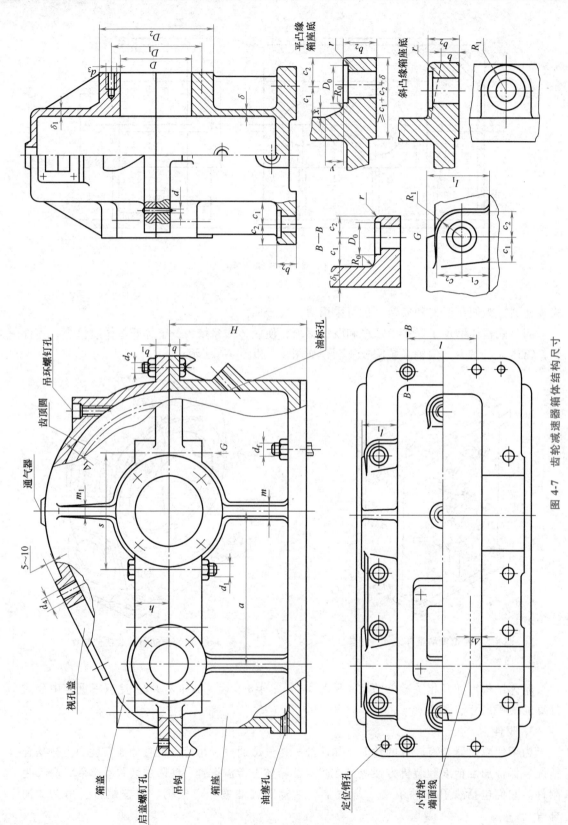

图 4-7 齿轮减速器箱体结构尺寸

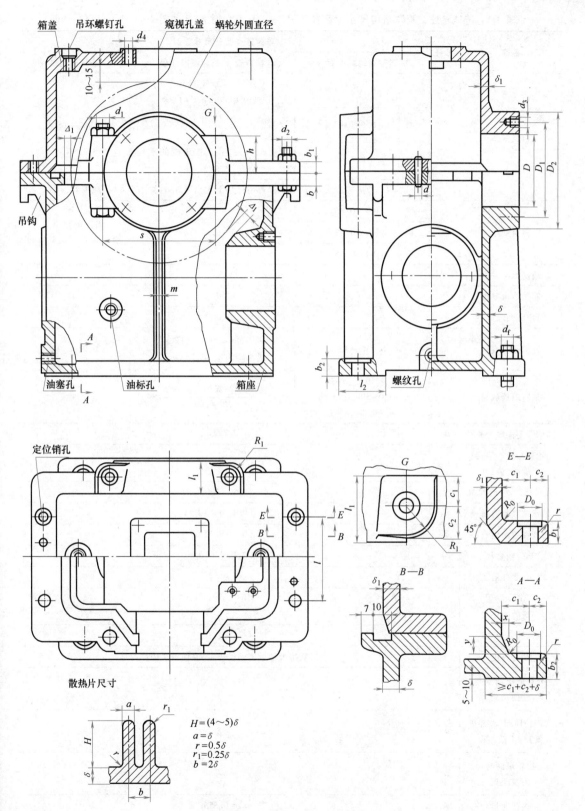

图 4-8 蜗杆减速器箱体结构尺寸

表 4-1　铸铁减速器箱体结构尺寸计算表（图 4-1～图 4-3 或图 4-7 和图 4-8）　　（单位：mm）

名称	符号	减速器类型及尺寸关系			
		圆柱齿轮减速器		锥齿轮-圆柱齿轮减速器	蜗杆减速器
箱座壁厚	δ	一级	$0.025a+1\geqslant 8$	$0.0125(d_{1m}+d_{2m})+1\geqslant 8$ 或 $0.01(d_1+d_2)+1\geqslant 8$ d_1、d_2——小、大锥齿轮的大端直径 d_{1m}、d_{2m}——小、大锥齿轮的平均直径	$0.04a+3\geqslant 8$
		二级	$0.025a+3\geqslant 8$		
		三级	$0.025a+5\geqslant 8$		
		考虑铸造工艺，所有壁厚都不应小于8，若 δ、δ_1 计算小于8时，应取8			
箱盖壁厚	δ_1	一级	$(0.8\sim 0.85)\delta\geqslant 8$	$(0.8\sim 0.85)\delta\geqslant 8$	蜗杆在上：$\approx\delta$ 蜗杆在下：$=0.85\delta\geqslant 8$
		二级	$(0.8\sim 0.85)\delta\geqslant 8$		
		三级	$(0.8\sim 0.85)\delta\geqslant 8$		
箱座凸缘厚度	b	1.5δ			
箱盖凸缘厚度	b_1	$1.5\delta_1$			
箱座底凸缘厚度	b_2	2.5δ			
地脚螺栓直径	d_f	$0.036a+12$		$0.018(d_{1m}+d_{2m})+1\geqslant 12$ 或 $0.015(d_1+d_2)+1\geqslant 12$	$0.036a+12$
地脚螺栓数目	n	$a\leqslant 250$ 时，$n=4$ $a>250\sim 500$ 时，$n=6$ $a>500$ 时，$n=8$		$n=\dfrac{\text{箱座底凸缘周长的一半}}{200\sim 300}\geqslant 4$	4
轴承旁连接螺栓直径	d_1	$0.75d_f$			
箱盖与箱座连接螺栓直径	d_2	$(0.5\sim 0.6)d_f$			
连接螺栓 d_2 的间距	l	$150\sim 200$			
轴承端盖螺钉直径	d_3	$(0.4\sim 0.5)d_f$			
窥视孔盖螺钉直径	d_4	$(0.3\sim 0.4)d_f$			
定位销直径	d	$(0.7\sim 0.8)d_2$			
d_f、d_1、d_2 至外箱壁距离	c_1	见表 4-2			
d_f、d_1、d_2 至凸缘边缘距离	c_2	见表 4-2			
轴承旁凸台半径	R_1	c_2			
凸台高度	h	根据低速级轴承座外径确定，以便扳手操作为准			
外箱壁至轴承座端面距离	l_1	$c_1+c_2+(5\sim 8)$			
大齿轮顶圆（蜗轮外圆）与内壁距离	Δ_1	$\geqslant\delta$			
齿轮端面与内壁距离	Δ_2	$\geqslant\delta$			
箱盖肋板	m_1	$m_1=0.85\delta_1$			

(续)

名称	符号	减速器类型及尺寸关系		
		圆柱齿轮减速器	锥齿轮-圆柱齿轮减速器	蜗杆减速器
箱座肋板	m	$m = 0.85\delta$		
轴承端盖外径	D_2	凸缘式端盖:$D+(5\sim5.5)d_3$;嵌入式端盖:$1.25D+10$。D 为轴承外径		
轴承旁连接螺栓距离	s	尽量靠近,以 d_1 和 d_2 互不干涉为准,一般取 $s=D_2$		

注:1. 多级传动,a 取低速级中心矩;对锥齿轮-圆柱齿轮减速器,按圆柱齿轮传动中心矩取值。
　　2. 装螺栓(如轴承旁螺栓、箱盖和箱座螺栓、地脚螺栓等)的螺栓孔直径查表 12-4。

表 4-2 c_1、c_2 值　　　　　　　　　　(单位:mm)

螺栓直径	M8	M10	M12	(M14)	M16	(M18)	M20	(M22)	M24	(M27)	M30
$c_1 \geqslant$	13	16	18	20	22	24	26	30	34	36	40
$c_2 \geqslant$	11	14	16	18	20	22	24	26	28	32	34
沉头座直径	18	22	26	30	33	36	40	43	48	53	61

注:括号内为第 2 系列。

4.2　减速器中主要传动件的润滑

减速器中的传动件需要良好的润滑,其目的是减少摩擦和磨损,提高传动效率,冷却和散热。

润滑对减速器的结构设计有直接影响,如油面高度和油量的确定关系到箱体高度的设计;轴承的润滑方式影响轴承的轴向位置和阶梯轴的轴向尺寸等(见5.3节)。因此,在设计减速器结构前,应充分考虑与减速器润滑有关的问题。

绝大多数减速器传动件都采用油润滑,其润滑方式多为浸油润滑。对高速传动,则为压力喷油润滑。

1. 浸油润滑

浸油润滑是将传动件一部分浸入润滑油中,传动件回转时,黏在其上的润滑油被带到啮合区进行润滑。同时,油池中的油被甩到箱壁上,可以散热。这种润滑方式适用于齿轮圆周速度 $v \leqslant 12$m/s、蜗杆圆周速度 $v < 10$m/s 的场合。

箱体内应有足够的润滑油,以保证润滑及散热的需要。为了避免油搅动时沉渣泛起,齿顶到油池底面的距离应大于 $30\sim50$mm,如图 4-9 所示。为保证传动件充分润滑且避免搅油损失过大,合适的浸油深度见表 4-3。由此确定减速器中心高 H,并进行圆整。

另外,还应验算油池中的油量 V 是否大于传递功率所需的油量 V_0。对于单级减速器,传递 1kW 的功率需油量为 $350\sim700\text{cm}^3$(高黏度油取大值)。对多级传动,应按级数成比例增加。若 $V<V_0$,则应适当增大 H。

设计二级或多级齿轮减速器时,应选择适宜的传动比,使各级大齿轮浸油深度适当。如果出现高速级大齿轮没有接触到油面,并且浸油深度没有达到表 4-3 中的深度范围,则可采用油轮润滑,如图 4-10 所示。

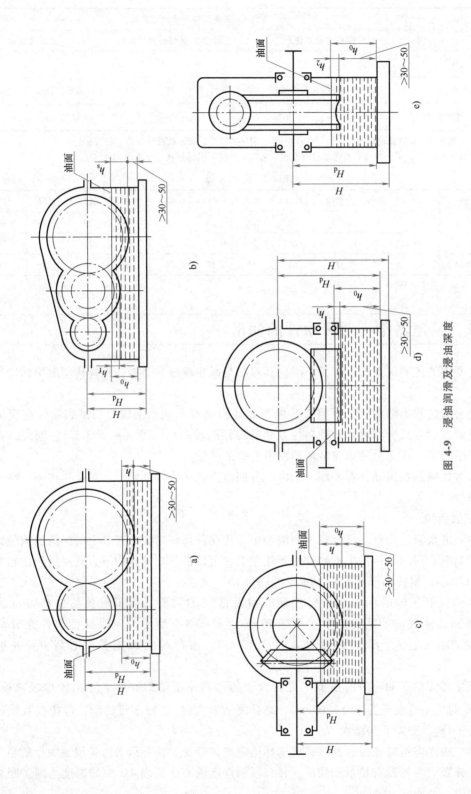

图 4-9　浸油润滑及浸油深度

表 4-3 浸油润滑时的浸油深度

减速器类型		传动件浸油深度
单级圆柱齿轮减速器 （图 4-9a）		$m<20mm$，h 约为 1 个齿高，但不小于 10mm $m>20mm$，h 约为 0.5 个齿高
二级或多级圆柱齿轮减速器 （图 4-9b）		高速级大齿轮，h_f 约为 0.7 个齿高，但不小于 10mm 低速级大齿轮，h_s 按圆周速度大小决定，速度大取小值。当 $v=0.8\sim1.2m/s$ 时，h_s 为 1 个齿高（但不小于 10mm）～1/6 个齿轮半径；当 $v=0.5\sim0.8m/s$ 时，$h_s \leqslant (1/6\sim1/3)$ 齿轮半径
锥齿轮减速器（图 4-9c）		整个齿宽浸入油中（至少半个齿宽）
蜗杆 减速器	蜗杆下置（图 4-9d）	$h_1=(0.75\sim1)h$，h 为蜗杆齿高，但油面不应高于蜗杆轴承最低一个滚动体中心
	蜗杆上置（图 4-9e）	h_2 同低速级圆柱大齿轮浸油深度

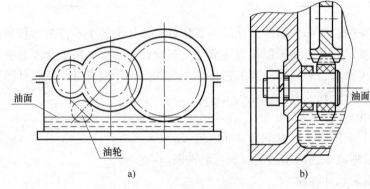

图 4-10 油轮润滑

2. 喷油润滑

当齿轮圆周速度 $v>12m/s$ 或蜗杆圆周速度 $v>10m/s$ 时，则不能采用浸油润滑，因为黏在轮齿上的油会被离心力甩掉而送不到啮合面处，而且搅油过大，会使油温升高，此时应采用喷油进行强制润滑，如图 4-11 所示，即借助于油泵把润滑油通过油嘴喷射至齿轮啮合区进行润滑。

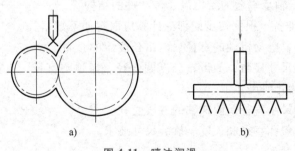

图 4-11 喷油润滑

第 5 章

装配图设计第一阶段

🔑 5.1 概述

传动装置装配图和零部件结构设计的主要任务是设计出各个零件的形状和尺寸，相对位置、装配关系和要求，并用装配图样表达清楚。在设计过程中，需综合考虑各个零件的工作状况、强度及刚度要求、制造加工和工艺条件。装配图设计应先进行装配草图设计，经反复修改完善后，再进行正式装配图设计。

1. 装配图的内容

一张完整的装配图应包括以下四方面内容。

1）完整、清晰地表达减速器全貌的一组视图。

2）全面必需的尺寸标注。

3）技术要求及调试、装配、检验方法说明。

4）零件编号、标题栏、明细栏。

2. 装配图设计前期的准备

（1）确定结构设计方案　结构设计是减速器设计的重点，通过阅读相关资料，看实物模型、录像或减速器拆装实验等，了解各个零件的功能、类型和结构，分析并初步确定减速器的结构设计方案，其中包括箱体结构、轴及轴上零件的固定方式、轴的结构、轴承的类型、润滑及密封方案、轴承端盖的结构以及传动件的结构等。

（2）原始数据的准备　根据初步的理论计算应取得如下数据。

1）电动机的型号，电动机轴的直径、伸出长度、中心高。

2）各传动件主要尺寸参数，如齿轮分度圆直径、齿顶圆直径、齿宽、中心距、锥齿轮的锥距、带轮或链轮的几何尺寸。

3）初步估算轴的最小直径及阶梯轴的各段直径。

4）联轴器型号、毂孔直径和长度、拆装尺寸要求。

5）键的类型和尺寸。

（3）图纸幅面、图样比例及视图的布置等　装配图应用 A0 或 A1 号图纸绘制，一般选主视图、俯视图、左视图，并加必要的局部视图。为加强真实感，应尽量采用 1:1 或 1:2 的比例绘制。布图之前，要估算出减速器的轮廓尺寸，并留出撰写标题栏、明细栏、零件编号、技术特性及技术要求的位置，合理布置图面，如图 5-1 所示。

3. 装配图设计的注意事项

减速器装配图设计应由内向外进行，先画内部传动件，然后画箱体、附件等。三个视图设计要穿插进行，不能对一个视图一画到底。根据此原则可将装配图设计分为三个阶段。第一阶段为轴系部件设计，包括轴、传动件和轴承组的结构设计。第二阶段为箱体和附件的结构设计。第三阶段为总成设计，包括尺寸标注，零件编号，编写技术特性、技术要求，填写标题栏、明细栏等。

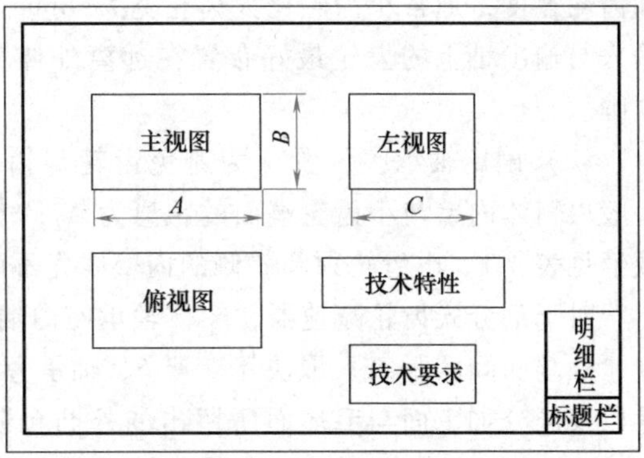

装配图的设计过程中既包括结构设计，又包括校核计算。计算与画图需交叉进行，边画图边计算，反复修改以完善设计。

图 5-1 各视图布置

装配图上某些结构，如螺栓、螺母、滚动轴承等，可以按机械制图国家标准规定的画法绘制。对同类型、尺寸、规格的螺栓连接可画一组，但所画的一组必须在各视图上表达完整，其他组用中心线表示。

课程设计是在指导教师指导下完成的，为了更好地培养同学的设计能力，提倡独立思考、严肃认真、精益求精的工作态度，绘图要严格按照标准、规范，图面、线条要干净清晰，尺寸标注要准确。

5.2 减速器装配草图设计

这一阶段的设计内容是设计轴系部件。通过绘图设计轴的结构尺寸，确定轴承的位置和型号，找出轴系上所受各力的作用点，选择键的类型和尺寸，对轴、轴承及键进行强度校核。

传动件、轴和轴承是减速器的主要零件，其他零件的结构和尺寸都随这些零件而定。绘制装配图时，要先画主要零件，后画次要零件；由箱内零件画起，逐步向外画；先画中心轮廓线，一般以俯视图为主，兼顾其他视图。估算减速器各视图的轮廓尺寸，表 5-1 中所提供的数据，可作为图 5-1 中各视图布置的参考。

表 5-1 视图大小估算表

类 型	A	B	C
一级圆柱齿轮减速器	3a	2a	2a
二级圆柱齿轮减速器	4a	2a	2a
锥齿轮-圆柱齿轮减速器	4a	2a	2a
蜗杆减速器	2a	3a	2a

注：a 为传动中心距，对于二级传动 a 为低速级中心距。

1. 圆柱齿轮减速器

（1）确定齿轮的位置 确定齿轮中心线的位置，在大致估算了所设计减速器的长、宽、高外形尺寸后，确定三个视图的位置，画出各视图中传动件的中心线。

画出齿轮的轮廓线，如图 5-2 和图 5-3 所示，先在俯视图上画出各齿轮的节线、齿顶线和齿轮宽度，通常小齿轮比大齿轮宽 $5\sim8$mm。中间轴上两齿轮的距离 Δ_4 应大于 $8\sim10$mm，输入与输出轴上的齿轮最好布置在远离外伸轴端的位置。同时，在主视图中画出节圆和齿顶圆。

（2）确定轴承座位置　为避免齿轮与箱体内壁相碰，齿轮与箱体内壁留有一定距离，一般取箱体内壁与小齿轮端面的距离为 Δ_2，大齿轮顶圆与箱体内壁的距离为 Δ_1，Δ_1、Δ_2 的数值见表 4-1。小齿轮顶圆一侧的内壁线先不画，将来由主视图确定。

对于剖分式齿轮减速器，箱体轴承座内端面常为箱体内壁。轴承座的宽度 l_2（即轴承座内、外端面间的距离）取决于壁厚 δ、轴承旁联接螺栓 d_1 及其所需的扳手空间 c_1 和 c_2 的尺寸以及区分加工面与毛坯面所留出的外凸台阶尺寸（$5\sim8$）mm。因此，轴承座宽度 $l_2=\delta+c_1+c_2+(5\sim8)$mm，其中 δ 为箱座壁厚，其数值可查表 4-1，c_1、c_2 数值见表 4-2。Δ_3 为轴承端面到箱体内壁的距离，油润滑 $\Delta_3=5\sim10$mm，脂润滑 $\Delta_3=10\sim15$mm。

（3）轴承端盖凸缘的位置　如采用凸缘式轴承端盖，在轴承座外端面以外画出轴承端盖凸缘的厚度 e 的位置。凸缘与轴承座外端面之间应留有 $1\sim2$mm 的调整垫片厚度的距离。e 的大小由轴承端盖连接螺钉直径 d_3 确定，$e=1.2d_3$，应对其圆整。

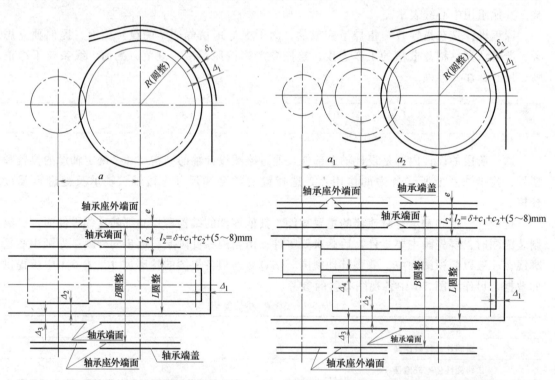

图 5-2　一级圆柱齿轮减速器装配草图第一步　　　图 5-3　二级圆柱齿轮减速器装配草图第一步

2. 锥齿轮-圆柱齿轮减速器

锥齿轮-圆柱齿轮减速器的箱体，通常是沿传动件轴线水平剖分，并以小锥齿轮轴线作为对称轴的对称结构，画出各齿轮的轮廓线，如图 5-4 所示。

在确定锥齿轮-圆柱齿轮减速器的箱体内壁线的位置时，小锥齿轮轮毂端面与箱体内壁间的距离为 Δ_2（Δ_2 数值见表 4-1），如图 5-4 所示。取大锥齿轮轮毂长度 $L=(1.2\sim1.5)d_k$，d_k 为锥齿轮轴孔直径。大锥齿轮轮毂端面与箱体轴承座内端面（通常为箱体内壁）间的距离 $\Delta_4 = (0.6 \sim 1.0)\delta$，$\delta$ 为箱座壁厚。

靠近大锥齿轮一侧的箱体轴承座内端面确定后，在俯视图中以小锥齿轮中心线作为箱体宽度方向的中心线，便可确定箱体另一侧轴承座内端面位置，箱体宽度方向关于小锥齿轮轴线是对称的。箱体采用对称结构，便于设计和制造，并且可以使中间轴及低速轴调头安装，以便根据工作需要改变输出轴的位置。

轴承座内端面距小圆柱齿轮端面的距离也为 Δ_2，小圆柱齿轮宽度大于大圆柱齿轮宽度 $5 \sim 8$mm，在俯视图中画出圆柱齿轮轮廓。一般情况下，大圆柱齿轮与大锥齿轮之间仍有足够的距离 $\Delta_5 = 10 \sim 15$mm。同时，也要画出主视图齿轮轮廓。大圆柱齿轮距箱体内底面距离应大于 $30 \sim 50$mm。画出箱盖及箱座内壁的位置，并参考圆柱齿轮减速器的说明，进一步完成箱座外壁及分箱面凸缘结构。

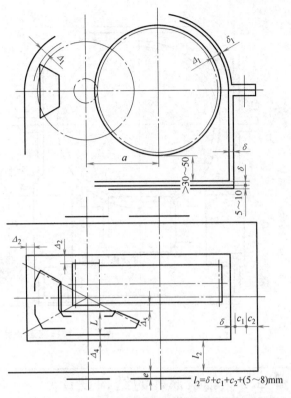

图 5-4　锥齿轮-圆柱齿轮减速器装配草图第一步

3. 蜗杆减速器

按蜗杆和蜗轮的中心线位置，首先画出蜗杆和蜗轮的轮廓线，如图 5-5 所示。在主视图中，蜗轮外圆距箱体内壁距离 $\Delta_1 = \delta$（δ 为箱座壁厚），在主视图中确定左、右、上三侧内壁及外壁的位置。取蜗杆轴承座外端面凸台高 $5 \sim 8$mm，可确定蜗杆轴承座外端面的位置。

为了提高蜗杆的刚度，应尽量缩短轴承支点间的距离。为此，蜗杆轴承需伸到箱体内，内伸部分长度与蜗轮外径及蜗杆轴承外径（或套杯外径）有关。内伸轴承座外径与轴承盖外径 D_2 相同。为使轴承座尽量向内伸长，常将圆柱形轴承座上部靠近蜗轮部分铸出一个斜面，使其与外圆间距为 Δ_1，再取 $b = 0.2(D_2 - D)$（D 为轴承外径），从而确定轴承座内端面的位置。

常用蜗杆减速器的宽度等于蜗杆轴承座外径。由箱体外表面宽度可确定箱体内壁的位置，即蜗轮轴承座内端面位置，其外端面的位置或轴承座的宽度，由轴承旁螺栓直径及箱壁厚度确定。

对下置式蜗杆减速器，为保证散热的需要，常取蜗轮轴中心高 $H = (1.8 \sim 2)a$，a 为传动中心距。在确定 H 时，应检查蜗杆轴中心高是否满足传动润滑要求。有时蜗轮、蜗杆轴伸出端用联轴器直接与工作机或电动机连接。中心高相差不大时，最好与工作机或电动机中心高相同，以便于在机架上安装。

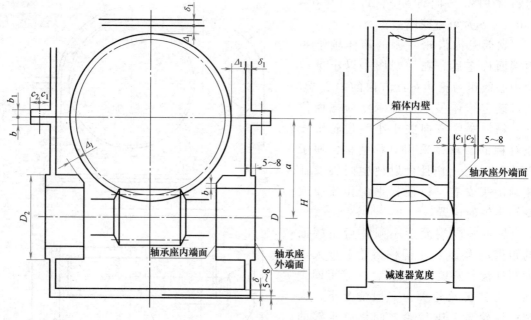

图 5-5　蜗杆减速器装配草图第一步

5.3　轴系部件的结构设计

轴系部件包括轴、齿轮、轴承、轴承端盖等多种零部件。

5.3.1　轴的结构设计

轴的结构设计除应满足强度、刚度要求以外，还要保证轴上零件的定位、固定和装拆方便，并要有良好的加工工艺性，因此常将轴设计成阶梯轴。轴的结构设计的主要内容是确定阶梯轴各轴段的直径、长度以及键槽的尺寸和位置。下面以图 5-6 所示的伸出轴为例，说明轴的结构设计方法。

1. 初步计算轴的最小直径

要初步计算轴径，可选定轴的材料及热处理方式。按许用扭转应力的计算方法初估轴径，其公式见式（3-1）。初步计算的轴径可作为轴端直径，但和联轴器孔配合时，应考虑联轴器孔径的尺寸范围。边画图边定尺寸，逐步形成阶梯轴结构。

2. 确定轴的径向尺寸和结构

确定轴的径向尺寸时，要在初估直径的基础上，考虑轴承型号、轴的强度、轴上零件的定位与固定等，以便于加工装配。

当直径变化处的端面是为了固定传动零件或联轴器时，直径变化值要大一些，轴肩高度 h 应大于 2~3 倍轮毂孔倒角 c，过渡圆角半径 r' 应小于轮毂孔的倒角 c，如图 5-6c 所示。当用轴肩固定滚动轴承时，轴肩（或套筒）直径 D 应小于轴承内圈的直径，如图 5-7a、b 所示，以便于拆卸轴承。图 5-7d、e 所示结构不正确。过渡圆角半径 r_0 应小于轴承孔的圆角半径 r，如图 5-7c 所示，以保证定位可靠。固定轴承的轴肩尺寸 D 和 r、r_0 可由手册查得。而

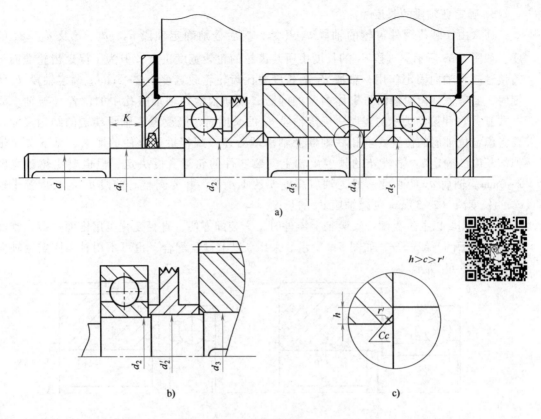

图 5-6 轴的结构

与密封标准件配合的轴径 d_1，如图 5-6a 所示，应符合密封标准件的直径要求，一般为以 0、2、5、8 结尾的轴径。

当轴径变化仅为装配方便或区别加工表面时，则相邻直径变化值可小些，稍有差别甚至选用不同的公差即可，如 d_1 和 d_2、d_2 和 d_3 的变化就是为了使轴承和齿轮装配方便。但是滚动轴承的内径是标准值，因此轴径 d_2 也应取相应的标准值，一般是以 0、5 结尾的数值。由于一根轴上的轴承通常是成对使用，故轴径 $d_5 = d_2$，如图 5-6a 所示。若 d_2 段较长，可在 d_2 和 d_3 段之间增加轴段 d_2'，如图 5-6b 所示，则轴段 d_2' 的表面粗糙度和精度都可以低于轴段 d_2，改善了轴的工艺性，安装齿轮处的直径 d_3 一般比前段大 2~5mm，既方便装配，也符合受力条件。

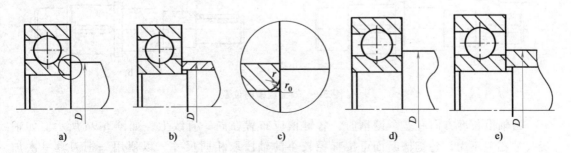

图 5-7 轴肩和套筒固定滚动轴承

3. 确定各轴段的长度

通常由安装传动件齿轮的轴段 d_3 开始，然后分别确定轴段 d_2、d_1、d 及 d_4、d_5 的长度，如图 5-6a 所示。轴段 d_3 的长度由所装齿轮的轮毂宽度决定，但为了保证齿轮端面与套筒接触起到轴向固定作用，轴段 d_3 的长度要比齿轮轮毂宽度小 2~3mm。确定轴段 d_2 的长度时，要考虑到齿轮端面与机体内壁的间距、滚动轴承在轴承座孔中的位置（与轴承润滑方式有关）和滚动轴承的宽度。确定轴段 d_1 的长度时，既要考虑轴承端盖的结构尺寸，又要考虑定位轴肩的位置要求和联轴器及轴承端盖连接螺栓拆卸方便的要求，见下文"轴外伸端长度的确定"。轴段 d 的长度由轴上安装零件的轮毂宽度决定，但也要比轮毂宽度小 2~3mm。轴肩 d_4 的长度一般为轴肩高度 h 的 1.4 倍，并要圆整。轴段 d_5 的长度等于轴段 d_2 的长度减 (2~3)mm 再减轴段 d_4 的长度。

当采用 s 以上过盈配合安装轴上零件时，为装配方便，直径变化可用锥面过渡，锥面大端应在键槽的直线部分，如图 5-8 所示。采用 s 以上过盈配合，也可不用轴向固定套轴向固定，如图 5-8b 所示。

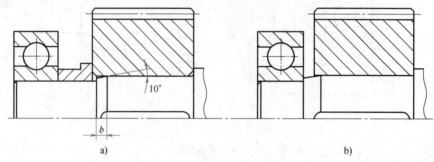

图 5-8　锥面过渡结构

当轴与齿轮配合时，如齿宽系数取值较小时，有可能导致齿宽 b 较小，因而可能出现齿轮轮毂长度 l 小于所在轴段（直径为 d）长度 l_d 的情况，此时应加长轮毂至满足 $l > l_d$。

4. 确定轴上键槽的位置和尺寸

普通平键连接的结构尺寸可按轴径大小查表确定，普通平键长度应比键所在轴段长度短些，而且要使轴上的键槽靠近轴上零件装入一侧，以便于装配时轮毂上键槽易与轴上的键对准。如图 5-9a 所示，$\Delta = 1~3mm$。图 5-9b 所示的结构不正确。Δ 值过大会使装配轴上零件时轮毂键槽与键对准困难，同时，键槽开在过渡圆角处会加重应力集中。

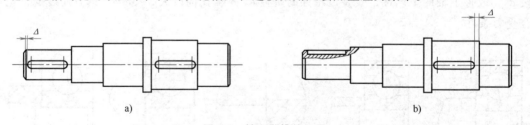

图 5-9　轴上键槽的位置

当轴沿长度方向有多个键槽时，各键槽应布置在同一直线上，如图 5-9a 所示。如轴径尺寸相差不大，各键槽断面可按直径较小的轴段取相同尺寸，以便用一把刀具一次加工完成。

5. 轴外伸端长度的确定

轴外伸端长度与轴端上的零件及轴承端盖的结构尺寸有关。

1）当使用凸缘式轴承端盖时，为便于拆卸轴承端盖连接螺钉，在轴承端盖与联轴器轮毂端面之间应留有足够的间距 K，如图 5-10a 所示，K 值由连接螺栓长度确定。

2）当轴承端盖与轴端零件都不需要拆卸，或不影响轴承端盖连接螺钉的拆卸时，如图 5-10b 所示，轴承端盖与轴端零件的间距 K 应尽量小些，不相碰即可，一般取 $K=5\sim8$mm。

3）当轴端装有弹性套柱销联轴器时，为便于更换橡胶套，在轴承端盖与联轴器轮毂端面之间应留有足够装配用的间距 K，如图 5-10c 所示，K 值可由联轴器标准查出。

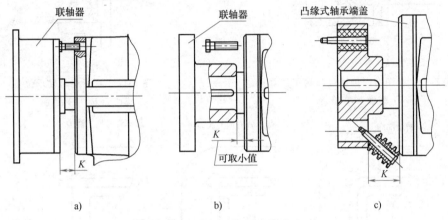

图 5-10　轴外伸端长度的确定

5.3.2　支承组合结构设计

1. 轴承型号的选择

滚动轴承类型的选择，与其所承受载荷的大小、方向及轴的转速有关。普通圆柱齿轮减速器常选用深沟球轴承、角接触球轴承或圆锥滚子轴承。当载荷平稳或轴向力相对径向力较小时，常选用深沟球轴承；当轴向力较大、载荷不平稳或载荷较大时，应该选用圆锥滚子轴承。

轴承内径是在轴的径向尺寸设计中确定的。一根轴上的两个支点宜采用同一型号的轴承，这样箱体座孔可一次镗出，以保证座孔有较高的加工精度。选择轴承型号时可初选 02 系列，并查出该轴承型号所对应的轴承外廓尺寸，再根据寿命计算结果做必要的调整。

2. 确定轴承在箱体座孔中的轴向位置

轴承的轴向位置与轴承的润滑方式有关。当轴承采用脂润滑时，要留出挡油盘的位置，轴承内侧端面与箱体内壁的距离 $\Delta_3=8\sim12$mm，如图 5-11 所示。当轴承采用箱体内的润滑油润滑时，轴承内侧端面与箱体内壁距离，可取 $\Delta_3=2\sim5$mm，如图 5-12 所示。

3. 轴承的润滑

（1）飞溅润滑　减速器中只要有一个浸入油池的旋转零件的圆周速度 $v\geqslant2$m/s 或 $dn>2\times10^5$mm·r/min 时，即可采用飞溅润滑来润滑轴承。当利用箱内传动件溅起来的油润滑轴承时，通常在箱座的凸缘面上开设油沟，使飞溅到箱盖内壁上的油经油沟进入轴承，如图 5-13 所示。在箱盖结合面与内壁相接的边缘处需加工出倒棱，以便于油流入油沟，如图 5-14 所示。

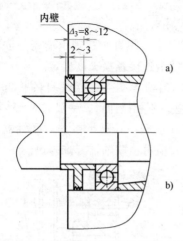

图 5-11 脂润滑时挡油盘和轴承位置
a）正确 b）错误

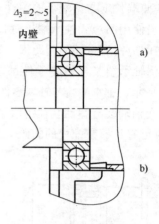

图 5-12 油润滑时轴承位置
a）正确 b）错误

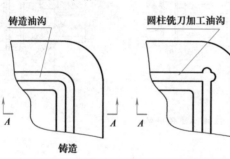

$a=5\sim8$(铸造)，$3\sim5$(机械加工)
$b=8\sim10$
$c=5$

图 5-13 油沟的形式与尺寸

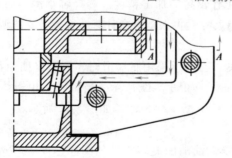

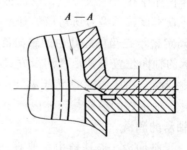

图 5-14 油沟润滑

（2）油浴润滑 下置式蜗杆的轴承，由于轴承位置较低，可以利用箱内油池中润滑油直接浸浴轴承进行润滑，但油面不应高于轴承最低滚动体的中心线，以免搅油损失过大引起轴承发热。

（3）脂润滑　当浸入油池中的传动件的圆周速度 $v<2\mathrm{m/s}$ 或 $dn<2\times10^5\mathrm{mm\cdot r/min}$ 时，轴承宜采用润滑脂润滑，润滑脂的填充量为轴承内空腔的 $1/3\sim1/2$。

为防止沿啮合的轮齿挤出的润滑油浸入轴承与润滑脂混合，造成润滑脂流失，应在箱体内侧装挡油盘。挡油盘的结构如图 5-15 所示。图 5-15b、c 下部所示结构是用钢板冲压成形的，图 5-15a 和图 5-15b、c 上部所示结构是车削成形的。在这些结构中，挡油盘材料均可选用 Q235。图 5-15a 所示的结构密封效果最好。

4. 轴承的密封

前面结合轴承的润滑介绍了轴承与箱体内侧密封用的是挡油盘的结构。轴承与箱体外侧的密封，即外密封。外密封的作用是防止润滑剂外漏以及外界的灰尘和水分等渗入。外密封分为接触式与非接触式两种。

（1）接触式密封

1）毡圈密封。将矩形截面的浸油毡圈嵌入轴承端盖的梯形槽中，对轴产生压紧作用，从而实现密封作用。毡圈密封结构简单，但磨损较快，密封效果差，主要用于脂润滑和接触面相对速度不超过 5m/s 的场合。因毡圈与轴直接接触，故要求接触处轴的表面粗糙度值 $Ra\leqslant1.6\mu\mathrm{m}$，结构如图 5-16 所示。毡圈与梯形槽的尺寸见表 14-3。

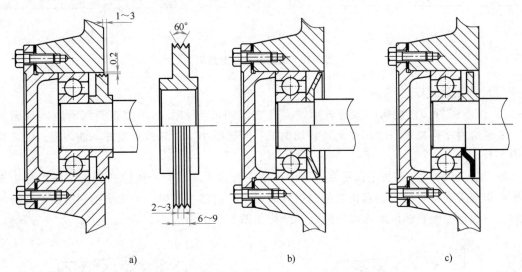

图 5-15　挡油盘的结构

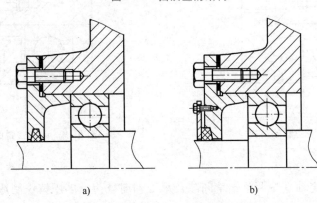

图 5-16　毡圈密封的结构

2）橡胶圈密封。将橡胶圈装入轴承端盖后可形成过盈配合，无须轴向固定。它是利用橡胶圈唇形结构部分的弹性和箍紧作用实现密封的。当以防止漏油为主时，唇向内侧，如图 5-17a 所示。当以防止外界灰尘、污物侵入为主时，唇向外侧，如图 5-17b 所示。当需要双向密封时，可使用两个橡胶圈反向安装，如图 5-17c 所示。橡胶圈密封性能好、工作可靠、使用寿命长，可用于脂润滑和油润滑，接触面相对滑动速度不超过 7m/s 的场合，因其毡圈与轴直接接触，故要求接触处轴的表面粗糙度值 $Ra \leqslant 1.6\mu m$。内包骨架橡胶密封圈及安装槽的尺寸见表 14-4。

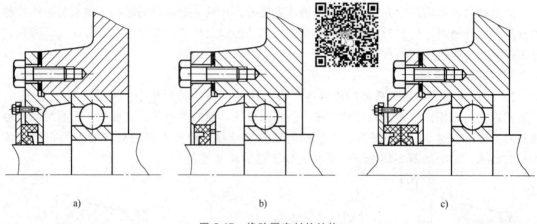

a)   b)   c)

图 5-17　橡胶圈密封的结构

  （2）非接触式密封

  1）油沟密封。它是利用轴与轴承端盖孔之间的油沟和微小间隙充满润滑脂实现密封的。油沟密封结构简单，适用于高速转动的轴。间隙越小，密封效果越好。油沟密封的结构如图 5-18 所示。

  2）迷宫密封。它是利用固定在轴上的传动件与轴承端盖间构成的曲折狭窄的缝隙中充满润滑脂来实现密封的。迷宫密封的密封效果好，密封件不磨损，可用于脂润滑和油润滑的密封，一般不受轴表面圆周速度的限制，结构如图 5-19 所示。

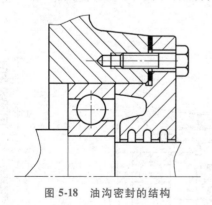

图 5-18　油沟密封的结构   图 5-19　迷宫密封的结构

  5. 轴承端盖

  轴承端盖用于固定轴承、调整轴承间隙及承受轴向载荷，多用铸铁制造，结构形式分为凸缘式和嵌入式两种，如图 5-20 和图 5-21 所示，有关结构尺寸见表 5-2。有通孔的轴承端盖为透盖，无通孔的轴承端盖为闷盖，透盖的轴孔内应设置密封装置。嵌入式轴承端盖有装O形密封圈和无密封圈两种。前者密封性能好，用于油润滑，后者用于脂润滑。

凸缘式轴承端盖便于调整轴承间隙，密封性能好，应用广泛。嵌入式轴承端盖不用螺钉连接，结构简单，但座孔中镗削环形槽的加工较麻烦。该结构不便调整轴承间隙，多用于不调整间隙的轴承处。

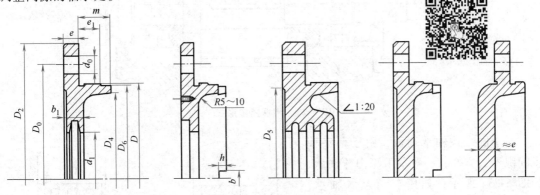

图 5-20　凸缘式轴承端盖

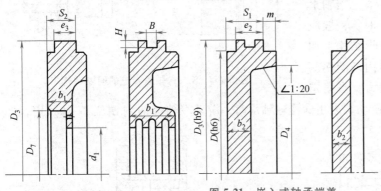

图 5-21　嵌入式轴承端盖

S_1=15～20mm
S_2=10～15mm
e_2=8～12mm
e_3=5～8mm
m由结构确定，
$D_3=D+e_2$，装有O形圈外径取整
b_2=8～10mm
其余尺寸由密封尺寸确定

表 5-2　凸缘式轴承端盖结构尺寸

$d_0=d_3+1mm$	$D_4=D-(10～15)mm$	轴承外径 D/mm	螺钉直径 d_3/mm	螺钉数
$D_0=D+2.5d_3$	$D_5=D_0-3d_3$			
$D_2=D_0+2.5d_3$	$D_6=D-(2～4)mm$	45～65	6	4
$e=1.2d_3$	b_1、d_1由密封件尺寸确定	70～100	8	4
$e_1≥e$	$b=5～8mm$	110～140	10	6
m由结构确定	$h=(0.8～1)b$	150～230	12～16	6

6. 轴承支承形式及间隙的调整

轴承的支承组合设计应从结构上保证轴系部件的固定与游隙的调整。常用的结构如下。

（1）两端固定　这种结构在轴承支点跨距小于300mm的减速器中用得最多。图5-22所示为两端固定形式，利用端盖顶住两轴承外圈的外侧，其结构简单，但应留有适当的轴向间隙（$a=0.24～0.4mm$），以避免工作中因轴系热膨胀伸长而引起轴承卡死，间隙量是靠调整垫片来控制的。

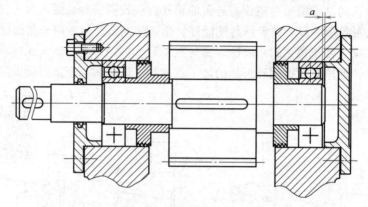

图 5-22　两端固定形式

对于嵌入式轴承端盖，由于调整轴承间隙不大方便，一般多用深沟球轴承，如图 5-23a 所示；如用于角接触轴承，应增加调整螺钉，如图 5-23b 所示。

（2）一端固定、一端游动　当轴上两轴承支点跨距大于 300mm 时，一般应采用一端固定、一端游动支承结构，如图 5-24 所示。固定端轴承的内外圈两侧均被固定，以承受双向轴向力。当固定

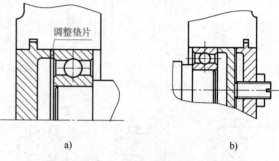

图 5-23　嵌入式轴承端盖的间隙调整

端采用一对角接触球轴承、游动端采用深沟球轴承时，游动端轴承的内圈需双向固定，外

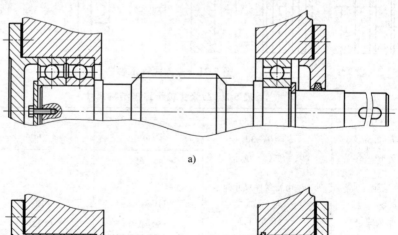

a)

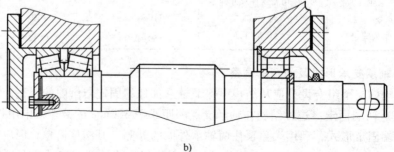

b)

图 5-24　一端固定、一端游动形式

圈不固定,如图 5-24a 所示。当游动端采用圆柱滚子轴承时,内外圈两侧均需固定,滚子相对外圈游动,如图 5-24b 所示。

(3)悬臂支承结构 锥齿轮减速器的高速轴常布置成悬臂支承结构,如图 5-25 所示。图 5-25a 所示为小锥齿轮与轴做成一体,而图 5-25b 所示为小锥齿轮与轴分开制造,两种结构形式中轴承均为正装布置,这种结构虽然支点跨距较小,刚度较差,但调整较为方便。

为保证锥齿轮传动的啮合精度,装配时需要调整小锥齿轮的轴向位置,使两锥齿轮锥顶重合。因此,小锥齿轮轴与轴承通常放在套杯内,用套杯凸缘内端面与轴承座外端面之间的垫片调整小锥齿轮的轴向位置。轴承端盖与套杯凸缘外端面之间的一组垫片用以调整轴承间隙。套杯右端的凸肩用于固定轴承外圈,其凸肩高度需根据轴承型号确定。

当小锥齿轮大端齿顶圆直径小于轴承套杯凸肩孔径时,应采用图 5-25a 所示的结构,而当小锥齿轮大端齿顶圆直径大于轴承套杯凸肩孔径时,应采用图 5-25b 所示的结构,否则不便于安装。

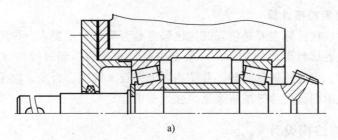

a)

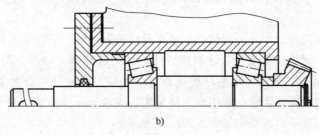

b)

图 5-25 锥齿轮悬臂支承结构

5.3.3 轴、轴承、键的校核计算

1. 确定轴上力的作用点及支点跨距

在轴的结构设计完成后,由轴上传动件和轴承的位置可以确定轴上力的作用点和轴支点之间的距离。轴上力的作用点取在传动件宽度中点。支点位置是由轴承类型确定的,向心轴承的支点可取在轴承宽度的中点,角接触轴承的支点取在离轴承外圈端面距离为 a 处,如图 5-26 所示,a 值可查轴承标准确定。确定出轴上力的作用点及轴的支点距离后,便可以进行轴、轴承和键的强度校核计算。

2. 轴的强度校核计算

根据装配草图确定出轴的结构和轴承支点及轴上力的作用点位

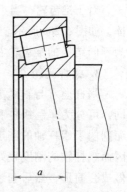

图 5-26 角接触轴承
支点位置

置，可画出轴的受力图，进行轴的受力分析并绘制弯矩图、扭矩图和当量弯矩图，然后判定轴的危险截面位置，进行强度校核计算。

减速器中各轴均为转轴，一般按弯扭合成条件进行计算，对于载荷较大、轴径小、应力集中严重的截面，还应按疲劳强度对危险截面进行安全系数校核计算。

如果校核结果不满足强度要求，应对轴的一些参数和轴径、圆角半径等做适当修改。如果轴的强度余量较大，也不必马上改变轴的结构参数，待轴承和键的校核计算完成后，综合考虑整体结构，再决定是否修改及如何修改。

对于长度较大轴，如蜗杆减速器中蜗杆轴，还要对其进行刚度计算，以保证其啮合精度。

3. 轴承寿命校核计算

轴承的预期寿命是按减速器寿命或减速器的检修期来确定的，一般取减速器检修期作为滚动轴承的预期寿命。如校核计算不符合要求，一般不轻易改变轴承的内径尺寸，可通过改变轴承类型或尺寸系列，变动轴承的额定动载荷，使之满足要求。

4. 键连接的强度校核计算

键连接的强度校核计算主要是验算其抗压强度是否满足使用要求。许用挤压应力应按连接键、轴、轮毂三者材料最弱的选取，一般是轮毂材料最弱。经过校核计算如发现强度不足，但相差不大时，可通过加长轮毂，并适当增加键长来解决。否则，应采用双键、花键或增大轴径以增加键的剖面尺寸等措施来满足强度要求。

5.3.4 传动件的结构设计

齿轮的结构设计在机械设计或机械设计基础教材中已详细介绍，这里不过多重复。

1. 圆柱齿轮

在减速器中，小齿轮的尺寸一般较小，通常设计成齿轮轴。一般情况下，当齿根圆与键槽底部的距离 $e \leq 2.5m$ 时，应将齿轮与轴制成一体，称为齿轮轴，如图5-27a所示。当 $e>2.5m$ 时，齿轮与轴分开制造，根据齿轮毛坯的获得方法不同，齿轮又可分为实心式（图5-27b）、腹板式和轮辐式，因轮辐式齿轮一般用在大型齿轮，故这里不予介绍。对于腹板式齿轮毛坯，可通过自由锻和模锻获得，其结构如图5-27c、d所示。

2. 锥齿轮

对于锥齿轮，当小锥齿轮小端齿根圆与键槽底面的距离 $e \leq 1.6m$ 时，应将齿轮与轴制成一体，如图5-28a所示。当 $e>1.6m$ 时，齿轮与轴分开制造，如图5-28b所示。图5-28c、d所示为不同结构的锥齿轮及尺寸。

3. 蜗杆蜗轮

蜗杆通常与轴做成一体，称为蜗杆轴，如图5-29所示。按蜗杆的螺旋部分加工方法不同，可分为车制蜗杆和铣制蜗杆。图5-29a所示为车制蜗杆，车削螺旋部分要有退刀槽，因而削弱了蜗杆轴的刚度。图5-29b所示为铣制蜗杆，在轴上直接铣出螺旋部分，无退刀槽，因而蜗杆轴的刚度较好。当蜗杆的螺旋部分直径过大或蜗杆与轴采用不同材料时，可将蜗杆做成套筒形，然后套装在轴上。

为了节省贵重的有色金属，蜗轮通常采用组合式结构，如图5-30所示。组合的方式又分为过盈压配式和螺栓连接式。图5-30a所示为过盈压配式，常用的配合为H7/s6或H7/r6，为增强连接的可靠性，在配合表面的接缝处装有4~8个螺钉。图5-30b所示为铰制孔螺栓连接式，也可用普通螺栓连接，其螺栓的直径和个数需由强度计算确定。

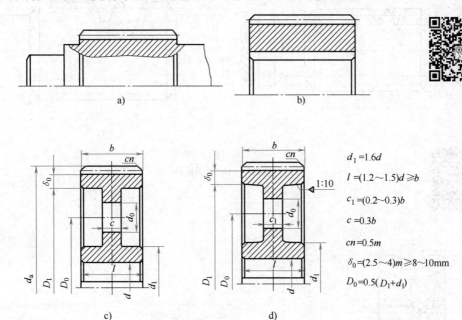

$d_1 = 1.6d$

$l = (1.2 \sim 1.5)d \geqslant b$

$c_1 = (0.2 \sim 0.3)b$

$c = 0.3b$

$cn = 0.5m$

$\delta_0 = (2.5 \sim 4)m \geqslant 8 \sim 10mm$

$D_0 = 0.5(D_1 + d_1)$

图 5-27　圆柱齿轮结构及尺寸

a）齿轮轴　b）实心式圆柱齿轮　c）$d_a \leqslant 500mm$ 自由锻　d）$d_a \leqslant 500mm$ 模锻

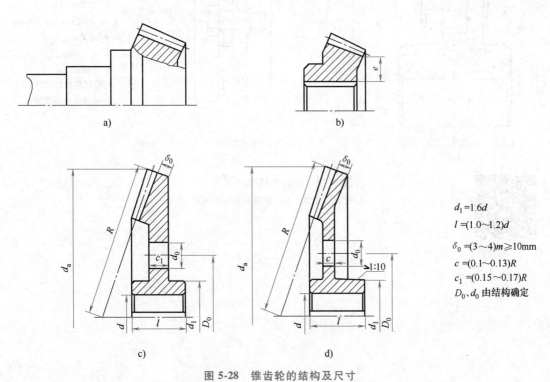

$d_1 = 1.6d$

$l = (1.0 \sim 1.2)d$

$\delta_0 = (3 \sim 4)m \geqslant 10mm$

$c = (0.1 \sim 0.13)R$

$c_1 = (0.15 \sim 0.17)R$

D_0、d_0 由结构确定

图 5-28　锥齿轮的结构及尺寸

a）锥齿轮轴　b）实心式锥齿轮　c）$d_a \leqslant 500mm$ 自由锻　d）$d_a \leqslant 500mm$ 模锻

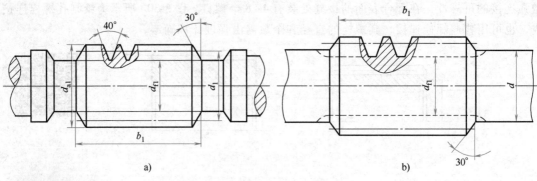

a)　　　　　　　　　　　　　　　　　　　b)

图 5-29　蜗杆的结构

a）车制蜗杆　b）铣制蜗杆

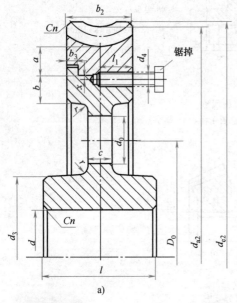

a)

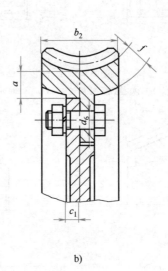

b)

$x = 1 \sim 2\,mm$

$d_3 = 1.6d$

$c = 0.3b,\ l_1 = 3d_4$

$c_1 = (0.2 \sim 0.25)b_2$

$b_3 = (0.12 \sim 0.18)b_2$

$a = b = 2m \geqslant 10\,mm$

$l = (1.2 \sim 1.8)d$

$d_4 = (1.2 \sim 1.5)m \geqslant 6\,mm$

$f \geqslant 1.7m$

$n = 2 \sim 3\,mm$

m 为模数

d_6 按强度计算确定

r、d_0、D_0 由结构确定

图 5-30　蜗轮的结构及尺寸

a）过盈压配式　b）铰制孔螺栓连接式

第6章

装配图设计第二阶段

这一阶段的设计内容主要是进行箱体及其附件的结构设计，并要进行必要的验算。画图时应先箱体，后附件；先主体，后局部；先轮廓，后细节。以主视图为主，并同时兼顾其他视图。

🔧 6.1 箱体的结构设计

减速器箱体起着支持和固定轴系零件，保证轴系运转精度、良好润滑及可靠密封等重要作用。箱体多采用剖分式结构，剖分面一般通过轴线。在重型立式减速器中，为便于制造和运输，也可采用多个剖分面。

6.1.1 箱体的刚度

为了避免箱体在加工和工作过程中产生变形而引起轴承座中心线歪斜，使齿轮产生偏载，影响减速器正常工作，在设计箱体时，首先应保证轴承座的刚度。

1. 轴承座应有足够的厚度

当轴承座孔采用凸缘式轴承端盖时，根据安装轴承端盖螺钉的需要而确定的轴承座厚度就可以满足刚度的要求。当轴承座孔采用嵌入式轴承端盖时，轴承座一般也采用由凸缘式轴承端盖所确定的轴承座厚度，如图 6-1 所示。

为了提高轴承座的刚度，一般减速器还应设置加强肋。在中、小型减速器中加外肋板，如图 6-1a 所示；在蜗杆减速器中加内肋板，如图 6-1b 所示。

2. 轴承旁螺栓位置和凸台高度的确定

为了增强轴承座的连接刚度，轴承座孔两侧的连接螺栓应尽量靠近，为此需在轴承座两侧做出凸台。图 6-2 所示为凸台的结构尺寸。在两螺栓孔不与轴承座孔以及轴承端盖螺钉孔相干涉的前提下，应尽量靠近。但对于有油沟的箱体，通常取螺栓孔距 $s \geq D_2$（D_2 为轴承端盖外径），但 s 不宜过大。对于无油沟的箱体，只需注意螺栓不要与轴承端盖螺钉孔发生干涉，此时可取 $s < D_2$。凸台高度 h 应以保证足够的扳手空间为原则，尺寸 c_1、c_2 可查表 4-2。凸台的具体高度由绘图确定。为了制造和装拆的方便，全部凸台高度应一致，采用相同尺寸的螺栓。为此应以最大的轴承座孔的凸台高度尺寸为准。

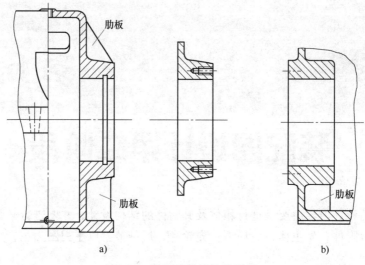

图 6-1   轴承座的厚度和肋板

图 6-2   凸台的结构尺寸

凸台结构三视图如图 6-3 所示。高速级一侧箱盖凸台与箱壁间结构关系视图（凸台位于箱壁外侧）如图 6-4 所示。

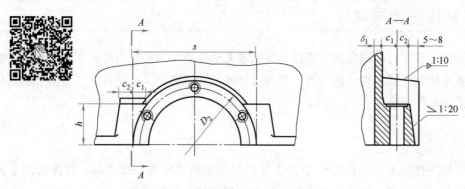

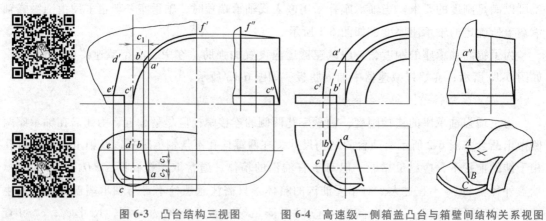

图 6-3   凸台结构三视图   图 6-4   高速级一侧箱盖凸台与箱壁间结构关系视图

3. 凸缘尺寸的确定

为了保证箱盖与箱座的连接刚度，箱盖与箱座分箱面凸缘的厚度一般取为 1.5δ（δ_1），

c_1 和 c_2 为分箱面螺栓的扳手空间尺寸，如图 6-5a 所示。为了保证箱体的支承刚度，箱座底板厚度为 2.5δ，底板宽度 B 应该超过内壁位置，取 $B = c_1 + c_2 + 2\delta$，c_1、c_2 为地脚螺栓的扳手空间。

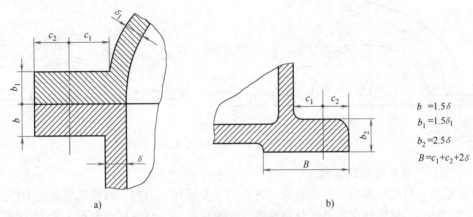

$$b = 1.5\delta$$
$$b_1 = 1.5\delta_1$$
$$b_2 = 2.5\delta$$
$$B = c_1 + c_2 + 2\delta$$

a)　　　　　　　　　　　　b)

图 6-5　分箱面凸缘与底板凸缘的尺寸

a）分箱面凸缘　b）底板凸缘

6.1.2　箱体的密封

为了保证箱盖与箱座接合面的密封，对接合面的几何精度和表面粗糙度应有一定要求，一般要精刨到表面粗糙值 $Ra < 1.6\mu m$，重要的需刮研。凸缘连接螺栓的间距不宜过大，小型减速器应小于 150mm。为了提高接合面密封性，在箱座联接凸缘上可铣出油沟，使渗向接合面的润滑油流回油池，如图 6-6 所示。

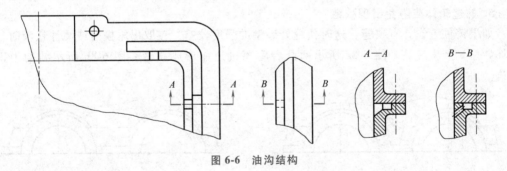

图 6-6　油沟结构

6.1.3　箱体的结构工艺性

1. 锥齿轮减速器箱体对称面的确定

锥齿轮减速器应以小锥齿轮的轴线作为箱体宽度的对称中线。这种对称结构的箱体便于设计加工，并且可以根据需要改变大锥齿轮的输出端位置。

2. 小齿轮端箱体外壁圆弧半径的确定

小齿轮端的轴承旁螺栓凸台位于箱体外壁的内侧，如图 6-7a 所示，这种结构便于设计和制造，为此，应使 $R \geq R'$，从而定出小齿轮端箱体外壁和内壁的位置，再投射到俯视图中定出小齿轮齿顶一侧的箱体内壁。

在实际的减速器中，为了减轻重量，减小结构尺寸，小齿轮端的箱体经常设计成 $R<R'$，如图 6-7b 所示。这种结构的设计和绘图相对要复杂一些。

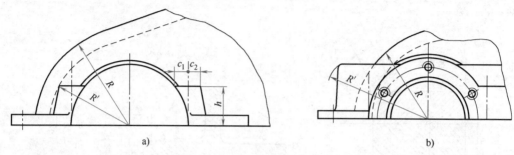

图 6-7　小齿轮端箱体内壁位置

3. 箱体凸缘连接螺栓的布置

连接箱盖与箱座的螺栓应对称布置，并且不应与吊耳、吊钩、圆锥销等发生干涉。螺栓直径 d_2 见表 4-1，螺栓数由箱体结构及尺寸大小而定，相互间距离一般不大于 150mm。

4. 减速器中心高的确定

减速器中心高 H，即分箱面到箱座地面间的高度，可按下式计算，即

$$H \geqslant \frac{d_a}{2}+(30\sim50)\,\text{mm}+\delta+(5\sim8)\,\text{mm} \qquad (6-1)$$

式中　d_a——浸入油池的最大旋转零件的外径。

若箱内油量 V 小于传递功率所需油量 V_0 时，应适当增大减速器中心高。

当减速器输入轴与电动机轴用联轴器直接连接时，如果减速器中心高 H 与电动机中心高一样则有利于制造机座及安装。因此，当两者中心高相差较少时，可调整成相同高度。

5. 铸造箱体应避免出现狭缝

如果铸件上设计有狭缝，这时狭缝处砂型的强度较差，在取出木模时或浇注铁液时，易损坏砂型，产生废品。图 6-8a 所示两凸台距离过近而形成狭缝，图 6-8b 所示结构为正确结构。

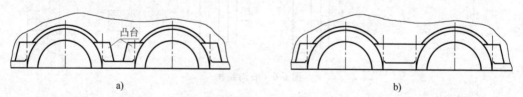

图 6-8　凸台的结构

6. 箱座底面的加工

为了减少箱座底面的加工面积，减少加工费用，中、小型箱座底面多采用图 6-9a 所示的结构形式，大型箱座底面则采用图 6-9b 所示的结构形式。

7. 箱体侧面的加工

设计铸造箱体时，箱体上的加工面与非加工面应严格分开，加工面应高出非加工表面 5~8mm，如箱体与轴承端盖的结合面（图 6-10），窥视孔盖、油标和放油塞与箱体的接合处，并且要求同侧的各加工面位于同一平面上，以利于一次装夹加工，如图 6-11 所示。

箱体与螺栓头部或螺母接触面处都应做出凸台并铣出平面，也可在箱体与螺栓头部或螺母接触面处锪出沉头座坑。图6-12所示为凸台平面及沉头座坑的加工方法，图6-12c、d所示为刀具不能从下方接近时的加工方法。

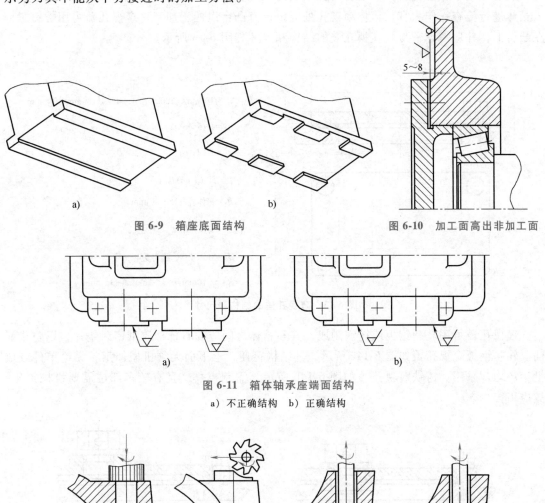

图 6-9　箱座底面结构

图 6-10　加工面高出非加工面

图 6-11　箱体轴承座端面结构
a）不正确结构　b）正确结构

图 6-12　凸台平面及沉头座坑的加工方法

🖈 6.2　附件的功能及设计

　　为了保证减速器的正常工作，还应考虑怎样便于观察、检查箱体内传动件的工作情况，如何便于润滑油的注入和污油的排放及箱体内油面高度的检查，如何才能便于箱座和箱盖的开起和精确定位，如何便于吊装、搬运等问题。因此在减速器上还要设计一系列辅助零部件，称为减速器附件。现逐一介绍这些附件的作用、结构形式、合理布局等问题。

6.2.1　窥视孔和窥视孔盖

窥视孔用于检查传动件的啮合情况、润滑状态、接触斑点及齿侧间隙，其大小以手能伸入箱体进行检查操作为宜。箱体窥视孔处应设计有凸台以便于加工。窥视孔盖可用螺钉紧固在凸台上，并应考虑密封。窥视孔盖的结构和尺寸如图 6-13 所示。

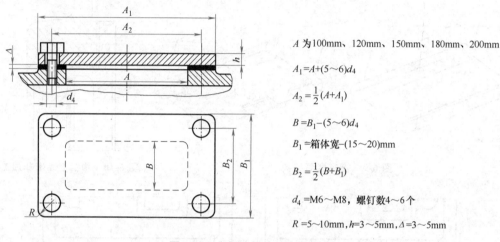

A 为100mm、120mm、150mm、180mm、200mm

$A_1 = A + (5\sim6)d_4$

$A_2 = \frac{1}{2}(A + A_1)$

$B = B_1 - (5\sim6)d_4$

$B_1 = $ 箱体宽 $-(15\sim20)$mm

$B_2 = \frac{1}{2}(B + B_1)$

$d_4 = $ M6～M8，螺钉数4～6个

$R = 5\sim10$mm，$h = 3\sim5$mm，$\Delta = 3\sim5$mm

图 6-13　窥视孔盖的结构和尺寸

窥视孔盖可用轧制钢板或铸铁制成，其和箱体之间应加石棉橡胶纸密封垫片，以防止漏油。轧制钢板窥视孔盖如图 6-14a 所示，其结构轻便，上下面无须机械加工，无论单件或成批生产均常采用。铸铁窥视孔盖如图 6-14b 所示，需制模具，且有较多部位需要机械加工，故应用较少。

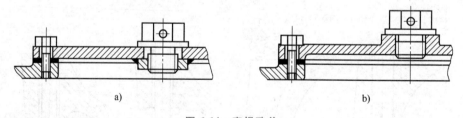

a)　　　　　　　　　　　　　　b)

图 6-14　窥视孔盖

6.2.2　通气器

减速器工作时，箱内温度升高，气体膨胀、压力增大。为使箱内受热膨胀的空气能自由地排出，保证箱体内外压力平衡，不致使润滑油沿分箱面和轴伸处或其他缝隙渗漏，通常在箱体顶部装设通气器。

如图 6-14 所示，简易式通气器的通气孔不直接通向顶端，以免灰尘落入。这种通气器用于较清洁场合的小型减速器中。简易式通气器的结构和尺寸见表 6-1。

带过滤网式通气器的结构和尺寸见表 6-2。当减速器停止工作后，过滤网可阻止灰尘随空气进入箱体内。这种通气器一般用于较重要的减速器中。

通气器多安装在窥视孔盖上或箱盖上，安装在轧制钢板窥视孔盖上时，用扁螺母固定。为防止螺母松脱落入箱体内，应将螺母焊在窥视孔盖上，如图6-14a所示。这种形式结构简单，应用广泛。安装在铸铁窥视孔盖上或箱盖上时，要在铸件上加工螺纹孔和端部平面，如图6-14b所示。

表6-1　简易式通气器的结构和尺寸　　　　　　　（单位：mm）

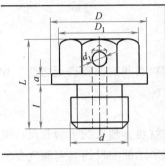

d	M12×1.25	M16×1.5	M20×1.5	M22×1.5	M27×1.5
D	18	22	30	32	38
D_1	16.5	19.6	25.4	25.4	31.2
L	19	23	28	29	34
l	10	12	15	15	18
a	2	2	4	4	4
d_1	4	5	6	7	8

表6-2　带过滤网式通气器的结构和尺寸　　　　　　　（单位：mm）

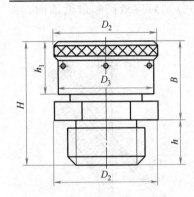
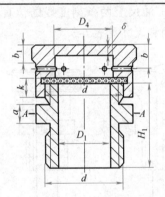
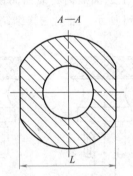

d	D_1	B	H	h	D_2	H_1	a	δ	k	b	h_1	b_1	D_3	D_4	L	孔数
M27×1.5	15	30	45	15	36	32	6	4	10	8	22	6	32	18	32	6
M36×2	20	40	60	20	48	42	8	4	12	11	29	8	42	24	41	6
M48×3	30	45	70	25	62	53	10	5	15	13	32	10	56	36	45	8

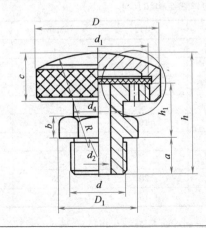
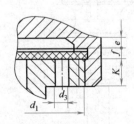

（续）

d	d_1	d_2	d_3	d_4	D	h	a	b	c	h_1	R	D_1	K	e	f
M18×1.5	M33×1.5	8	3	16	40	40	12	7	16	18	40	25.4	6	2	2
M27×1.5	M48×1.5	12	4.5	24	60	54	15	10	22	24	60	36.9	7	2	2
M36×1.5	M64×1.5	20	6	30	80	70	20	13	28	32	80	53.1	10	3	3

6.2.3 油面指示器

油面指示器又称为油标，用来指示油面高度，应设置在便于检查和油面较稳定之处，如低速轴附近。常用的油标有油尺、圆形油标、管状油标和长形油标。

1. 油尺

油尺结构简单，在减速器中应用较多。为了便于加工和节省材料，油尺的手柄和尺杆通常由两个零件铆接或焊接在一起。如图 6-15 所示。其中图 6-15c 所示的油尺还具有通气器的功能。油尺的安装，可采用螺纹连接，也可以 H9/h8 配合装入。检查油面高度时拔出油尺，用尺杆上的油痕判断油面高度。油尺上两条刻度线的位置，分别对应最高和最低油面，如图 6-15d 所示。油尺的详细结构和尺寸见表 6-3。

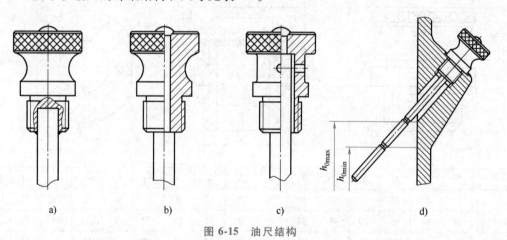

a)   b)   c)   d)

图 6-15 油尺结构

表 6-3 油尺的详细结构和尺寸　　　　　　　　　　　　　　　　　（单位：mm）

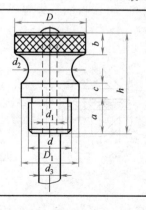

d	M12	M16	M20
d_1	4	4	6
d_2	12	16	20
d_3	6	6	8
h	28	35	42
a	10	12	15
b	6	8	10
c	4	5	6
D	20	26	32
D_1	16	22	26

油尺通常安装在箱体侧面，设计时应合理确定油尺插孔的位置及倾斜角度，既要避免箱

体内的润滑油溢出，又要便于油尺插取及油尺插孔的加工，如图 6-16 所示。当箱体高度较小不便采用侧装油尺时，可将油尺装在箱盖上，油尺可直装或斜装。

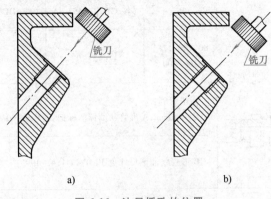

图 6-16 油尺插孔的位置
a）不正确 b）正确

2. 圆形、管状和长形油标

油尺为间接检查式油标，圆形、管状和长形油标为直接观察式油标，可直接观察油面高度，其结构和尺寸见表 6-4~表 6-6。油标安装位置不受限制。当减速器箱座高度较小时，宜选用油标。

表 6-4 压配式圆形油标的结构和尺寸（JB/T 7941.1—1995）　　（单位：mm）

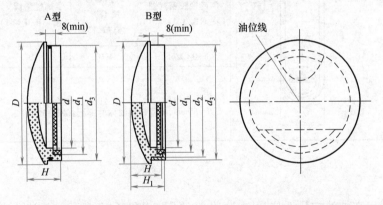

标记示例：
油标 A32
（视孔 $d=32$mm，A 形压配式圆形油标）

d	D	d_1	d_2	d_3	H	H_1	O 形橡胶密封圈
12	22	12	17	20	14	16	15×2.65
16	27	18	22	25			20×2.65
20	34	22	28	32	16	18	25×3.55
25	40	28	34	38			31.5×3.55
32	48	35	41	45	18	20	38.7×3.55
40	58	45	51	55			48.7×3.55
50	70	55	61	65	22	24	—
63	85	70	76	80			

表 6-5　管状油标的结构和尺寸（JB/T 7941.4—1995）　　　　（单位：mm）

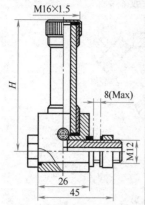

H	O 形橡胶密封圈 （按 GB/T 3452.1）	六角薄螺母 （按 GB/T 6172.1）	弹性垫圈 （按 GB/T 861）
80、100、125、 160、200	11.8×2.65	M12	12

标记示例：

H = 200mm，A 形管状油标的标记：油标 A200

B 形管状油标尺寸见 JB/T 7941.4—1995

表 6-6　长形油标的结构和尺寸（JB/T 7941.3—1995）　　　　（单位：mm）

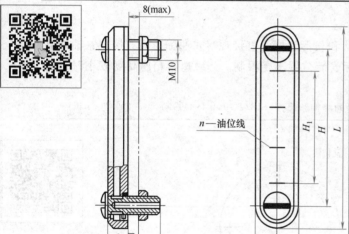

n—油位线

H	H₁	L	n（条数）

H	H_1	L	n（条数）
80	40	110	2
100	60	130	3
125	80	155	4
160	120	190	6

O 形橡胶密封圈 （按 GB/T 3452.1）	六角螺母 （按 GB/T 6172.1）	弹性垫圈 （按 GB/T 861）
10×2.65	M10	10

标记示例：

H = 80mm，A 型长形油标的标记：油标 A80

6.2.4　放油孔和螺塞

为了将污油排放干净，应在油池的最低位置处设置放油孔，如图 6-17 所示。放油孔应

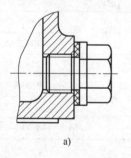

a)

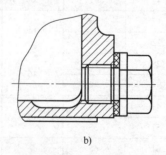

b)

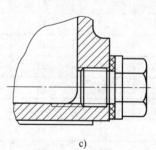

c)

图 6-17　放油孔位置

a）不正确　b）正确　c）正确（攻螺纹工艺性差）

设置在减速器不与其他部件接近的一侧，便于放油。平时放油孔用螺塞堵住，并配有封油垫圈。螺塞和封油垫片的结构和尺寸见表6-7。

表6-7 螺塞和封油垫片的结构和尺寸 （单位：mm）

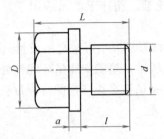
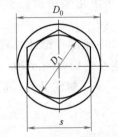
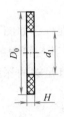

d	D_0	L	l	a	D	s	d_1	D_1	H
M14×1.5	22	22	12	3	19.6	17	15		2
M16×1.5	26	23	12	3	19.6	17	17		2
M20×1.5	30	28	15	4	25.4	22	22	≈0.95s	2
M24×2	34	31	16	4	25.4	22	26		2.5
M27×2	38	34	18	4	31.2	27	29		2.5

6.2.5 启盖螺钉

为防止漏油，在箱座与箱盖接合面处要涂有密封胶或水玻璃，接合面被粘住不宜分开。为了便于开启箱盖，可在箱盖凸缘上设有1~2个启盖螺钉。拆卸箱盖时，可先拧动此螺钉顶起箱盖。启盖螺钉的直径一般等于凸缘连接螺栓直径，螺纹的有效长度要大于凸缘厚度。螺钉端部要加工成圆形或半圆形，以免损伤螺纹，如图6-18a所示。也可在箱座凸缘上加工出启盖螺纹孔，如图6-18b所示。螺纹孔直径等于凸缘连接螺栓直径，这样需要时可用凸缘连接螺栓旋入螺纹孔顶起箱盖。

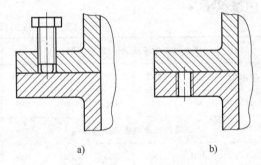

图6-18 启盖螺钉和启盖螺纹孔

6.2.6 定位销

为了保证箱体轴系座孔的镗孔精度和装配精度，需在箱体连接凸缘长度方向的两端安置两个定位销，两个定位销相距远些可提高定位精度。定位销的位置还应考虑到钻孔、铰孔方便，并且还不应妨碍邻近连接螺栓的装拆。

定位销有圆锥形和圆柱形两种结构。为保证重复拆装时定位销与销孔的紧密性和便于定位销拆卸，应采用圆锥销。一般取定位销直径$d=(0.7~0.8)d_2$，d_2为箱盖与箱座凸缘连接螺栓直径，其长度应大于上下箱体连接凸缘的总厚度，并且装配成上、下两头均有一定长度的外伸量，以便拆装，如图6-19所示。

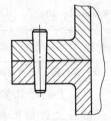

图6-19 定位销

6.2.7 起吊装置

为了拆装和搬运，应在减速器箱体上设置吊环螺钉、吊耳及吊钩。箱盖上的吊环螺钉及吊耳，一般是用来吊运箱盖的，也可用来吊运轻型减速器。箱座上的吊钩用于吊运整台减速器。

吊环螺钉为标准件，如图 6-20a 所示，设计时其公称直径大小可按起吊质量（减速器质量见表 6-8）选择，其与箱盖的连接结构如图 6-20c、d 所示。箱盖安装吊环螺钉处应设置凸台，以使吊环螺钉有足够的深度。加工螺纹孔时，应避免钻头半边切削的行程过长，以免钻头折断。

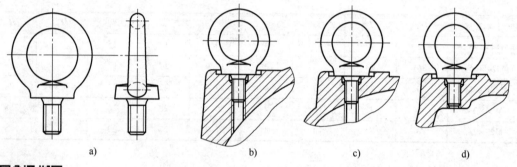

图 6-20　吊环螺钉和吊环螺钉连接结构
a）吊环螺钉　b）不正确　c）可用　d）正确

表 6-8　各类减速器的质量 m

一级圆柱齿轮减速器（a 为中心距）					二级圆柱齿轮减速器					
a/mm	100	150	200	250	300	a/mm	100×150	150×200	175×250	200×300	250×350
m/kg	40	85	155	260	350	m/kg	135	230	305	490	725
二级同轴圆柱齿轮减速器					锥齿轮减速器（R 为锥距）					
a/mm	100	150	200	250	300	R/mm	100	150	200	250	300
m/kg	120	180	330	500	600	m/kg	50	60	100	190	290
锥齿轮-圆柱齿轮减速器					蜗杆减速器					
a/mm	150	200	250	300	400	a/mm	100	120	150	180	210
R/mm	100	100	150	200	250						
m/kg	180	300	400	600	800	m/kg	65	80	160	330	350

注：锥齿轮-圆柱齿轮减速器中的 a 为圆柱齿轮的中心距，R 为锥距。

箱盖上的吊耳如图 6-21a、b 所示。在箱盖上直接铸出吊耳，可以避免采用吊环螺钉时在箱盖上进行机械加工，但吊耳的铸造工艺较螺纹孔加工复杂些。箱座上的吊钩如图 6-21c、d 所示。

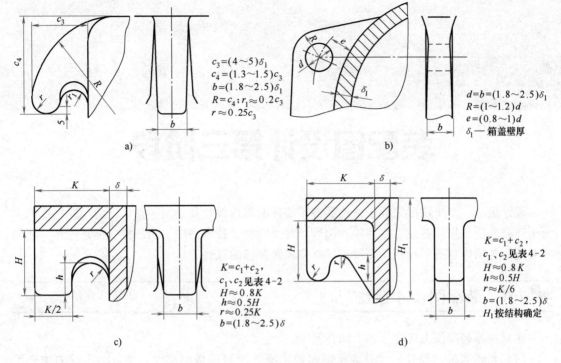

$c_3=(4\sim5)\delta_1$
$c_4=(1.3\sim1.5)c_3$
$b=(1.8\sim2.5)\delta_1$
$R=c_4$；$r_1\approx0.2c_3$
$r\approx0.25c_3$

a)

$d=b=(1.8\sim2.5)\delta_1$
$R=(1\sim1.2)d$
$e=(0.8\sim1)d$
δ_1——箱盖壁厚

b)

$K=c_1+c_2$，
c_1、c_2见表4-2
$H\approx0.8K$
$h\approx0.5H$
$r\approx0.25K$
$b=(1.8\sim2.5)\delta$

c)

$K=c_1+c_2$，
c_1、c_2见表4-2
$H\approx0.8K$
$h\approx0.5H$
$r\approx K/6$
$b=(1.8\sim2.5)\delta$
H_1按结构确定

d)

图 6-21 吊耳和吊钩的结构及尺寸
a) 吊耳 b) 吊耳 c) 吊钩 d) 吊钩

第 7 章

装配图设计第三阶段

设计第一、二阶段已完成了减速器各零部件的结构设计和绘制，在第三阶段要完成的主要工作有装配，尺寸标注，填写零件编号、技术特性、技术要求、明细栏、标题栏等，还要对装配图各项内容进行检查、修改，最终完成装配图的设计工作。

7.1 装配图尺寸标注

在减速器装配图上应标注如下四种尺寸。

（1）特性尺寸 特性尺寸是表示减速器主要性能和规格的尺寸，如传动零件的中心距及其偏差。

（2）安装尺寸 安装尺寸是表示减速器安装在机器上（地基上）或与其他零部件连接时所需要的尺寸，如箱座底面的长和宽，地脚螺纹孔的位置尺寸及直径，减速器中心高，外伸轴的配合直径、长度及伸出的距离等。

（3）外形尺寸 外形尺寸是表示减速器所占空间大小的尺寸，如减速器的总长、总宽和总高等。

（4）配合尺寸 配合尺寸是表示减速器各零件之间装配关系的尺寸及相应的配合，包括主要零件间配合处的几何尺寸、配合性质和公差等级，如轴承内圈孔与轴、轴承外圈与轴承座孔、传动零件毂孔与轴的配合等。

配合精度的选择对于减速器的工作性能、加工工艺、制造成本等影响很大，应根据国家标准和借鉴成功的设计资料认真选择确定。减速器主要零件的推荐配合见表17-7，实际配合选择举例如图7-1所示。

标注尺寸时，尺寸线的布置应力求整齐、清晰，并尽可能集中标注在反映主要结构关系的视图上。多数尺寸应标注在视图图形的外边，数字要书写工整。

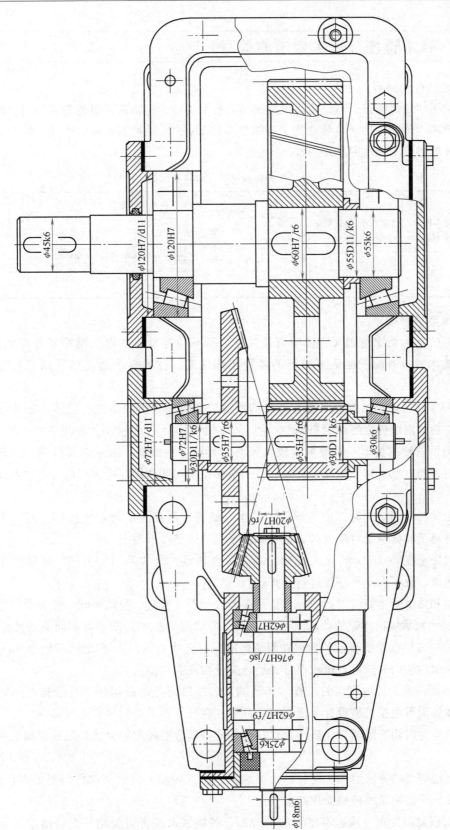

图 7-1　实际配合选择举例

7.2 技术特性与技术要求的编写

1. 技术特性的编写

在装配图明细栏附近适当位置写出减速器的技术特性，包括减速器的输入功率、输入转速、传动效率、传动特性（总传动比、各级传动比等），也可列表表示。表 7-1 列出了二级圆柱齿轮减速器技术特性的具体内容。

表 7-1 二级圆柱齿轮减速器技术特性的具体内容

输入功率 /kW	输入转速 /r·min⁻¹	传动效率 η	总传动比 i	传动特性参数							
				第一级				第二级			
				m_n/mm	β	z_2/z_1	精度等级	m_n/mm	β	z_2/z_1	精度等级

2. 技术要求的编写

装配图的技术要求使用文字说明有关装配、调整、检验、润滑、维护等方面的内容，正确编写技术要求有助于保证减速器的各种工作性能。技术要求通常包括以下几方面的内容。

（1）对零件的要求　装配前所有合格的零件要用煤油或汽油清洗，箱体内不许有任何杂物存在，箱体内壁应涂耐蚀涂料。

（2）对润滑剂的要求　润滑剂对减少传动件和轴承的摩擦、磨损以及散热、冷却起着重要的作用，同时也有助于减振、防锈。技术要求中应写明所用润滑剂的牌号、油量及更换时间等。

选择传动件的润滑剂时，应考虑传动特点、载荷性质和大小及运转速度。对于多级传动，应按高速级和低速级对润滑剂黏度要求的平均值来选择润滑剂。

对于圆周速度 $v<2$m/s 的开式齿轮传动和滚动轴承，也常采用润滑脂，可根据工作温度、运转速度、载荷大小和环境进行选择。

传动件和轴承所用润滑剂的选择方法可参考机械设计教材。换油时间一般为半年左右。

（3）滚动轴承轴向间隙的要求　当两端固定的轴承结构中采用不可调间隙的轴承（如深沟球轴承）时，在轴承端盖和轴承外圈端面间留有适当的轴向间隙 $\Delta=0.25\sim0.4$mm。对可调间隙轴承的轴向间隙可查机械设计手册，并注明轴向间隙值。

（4）传动侧隙和接触斑点的检查　传动侧隙和接触斑点是根据传动件的精度等级确定的，其具体数值可根据机械设计手册查得，并标注在技术要求中，供装配时参考。

检查侧隙时可用塞尺测量，或用铅丝放进传动件啮合的间隙中，然后测量铅丝变形后的厚度即可。

检查接触斑点的方法是在主动件的齿面涂色，使其转动，观察从动件齿面的着色情况，由此分析接触区的位置及接触面积的大小。

（5）对密封的要求　减速器箱体的剖分面、各接触面及密封处均不允许漏油。剖分面允许涂密封胶和水玻璃，不允许使用任何垫片或填料。轴伸处密封后涂上润滑脂。

（6）对试验的要求　减速器装配好后应做空载试验，正反转各1h，要求运转平稳，噪声小，连接固定处不得松动。做负载试验时，油池温升不得超过35℃，轴承温升不得超过40℃。

（7）对外观、包装和运输的要求　箱体表面应涂漆、外伸端及零件需涂油并包装严密，运输和装卸时不可倒置等。

7.3 零件编号、明细栏和标题栏

1. 零件编号

装配图中零件序号的编排有两种方法：一种是将装配图中所有零件包括标准件统一编号；另一种是把标准件和非标准件分别编号。

零件编号要完全，但不能重复，也不可遗漏。图上相同零件只能有一个序号，各自独立的组件（如滚动轴承、通气器等）可作为一个零件编号。对装配关系清楚的零件组（如螺栓、螺母及垫圈）可利用公共引线，如图7-2所示。

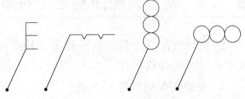

图7-2　公共引线编号方法

序号应按顺时针或逆时针方向顺序排列整齐。序号字高可比装配图中尺寸数字的高度大一号或两号。引线不能相交，并尽可能不与剖面线平行。

2. 明细栏和标题栏的编制

明细栏是整个减速器所有零件的详细目录，对每一个编号的零件都应在明细栏中列出，明细栏由下向上填写。编制明细栏的过程也是最后确定材料和标准件的过程。因此，填写时应考虑节省贵重材料，减少材料和标准件的品种规格。标准件应按规定标记完整地写出名称、材料规格及标准编号。对箱体内传动件应写出主要参数，如齿轮的模数、齿数、螺旋角等，材料应注明牌号。

装配图的明细栏和标题栏可采用国家标准格式，也可采用如图7-3和图7-4所示的课程设计推荐格式。

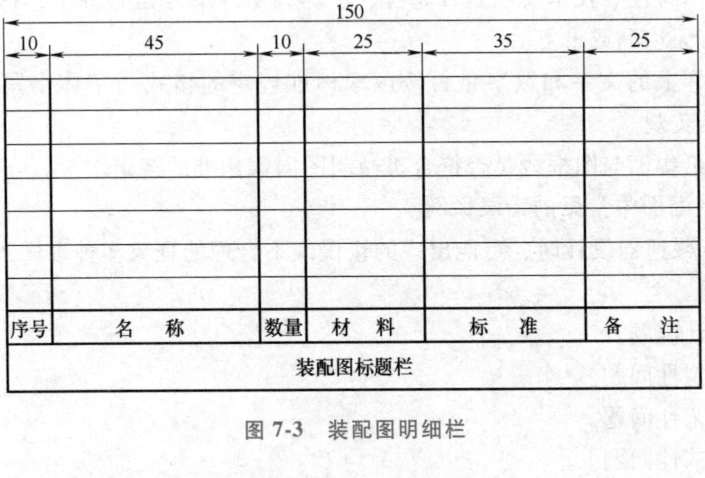

序号	名　称	数量	材料	标　准	备　注

装配图标题栏

图7-3　装配图明细栏

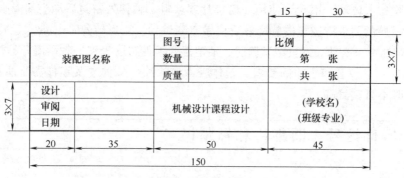

图 7-4　装配图标题栏

7.4　检查装配图及常见的错误

绘制好装配图之后，应仔细全面检查图样的设计质量，尽可能少出错误，力求提供一张能用于生产的合格图样。

1. 检查装配图的主要内容

1）检查装配图设计与设计任务书要求的传动方案是否一致，如输入、输出轴的位置等。

2）检查是否能清楚表达减速器的工作原理和装配关系，投影关系是否正确，视图是否足够，是否符合机械制图国家标准。

3）检查各零部件结构是否正确，特别要注意检查传动件、轴、轴承组合和减速器箱体在结构上以及轴向和周向定位等方面是否存在重大错误。

4）检查减速器各种附件的结构及布置是否合理。

5）检查减速器的拆装、调整、维修和润滑是否方便可行。

6）检查尺寸标注是否正确，尺寸是否符合标准系列，尺寸是否需要圆整，重要零件的位置、尺寸是否符合设计计算的要求，是否与零件工作图一致，相关零件尺寸是否协调，配合和公差等级的选择是否适当合理等。

7）检查技术特性、技术要求是否完善、正确，零件编号是否齐全，标题栏、明细栏各项是否正确，有无遗漏或重复。

8）检查图样上的文字和数字是否按国家标准规定的格式与字体书写，保证清晰和工整，图面要整洁美观。

9）检查图纸幅面与图框线是否符合机械制图国家标准的规定。

2. 减速器装配图中常见的错误举例

在初次进行减速器设计时，可能出现的错误或不合理的现象多种多样，但总的来说可归为以下 6 类问题。

1）结构设计问题。

2）铸造工艺性问题。

3）加工工艺性问题。

4）装配工艺性问题。

5）机械制图投影关系问题。

6）机械制图标准规范的使用问题。

现将在课程设计中经常并容易出错和不合理的地方以正误对比的方式列于表7-2中。

表7-2 常见正误对比

不正确结构	正确结构
齿轮轴向过定位，导致定位不可靠	安装齿轮轴段长度应小于齿轮轮毂宽度，使齿轮轴向定位可靠
嵌入式轴承端盖径向出现过定位 静止的轴承端盖与转动的轴直接接触	应在榫槽的径向留有间隙 轴承端盖的孔径应稍大于轴的直径
两齿轮啮合处的画法不正确 大小齿轮宽度相等，增加加工和装配精度要求	被压齿轮的齿顶线要用虚线画出，在上面齿轮的齿顶线用实线画出 小齿轮宽度要大于大齿轮宽度，否则难以保证齿轮的啮合宽度要求
轴肩与轴承内圈等高不便于拆装 小锥齿轮的大端齿顶圆大于套杯孔径，不便于拆装	将锥齿轮齿顶圆变小，小于套杯孔径，轴肩低于轴承内圈
与窥视孔盖连接，螺母易脱落 螺钉布置在窥视孔盖四角，故画法错误	将螺母与窥视孔盖焊接在一起 通过通气器的剖面是剖不到四角连接的螺钉的

（续）

不正确结构	正确结构

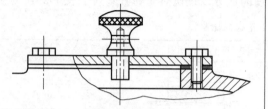

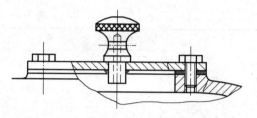

箱盖窥视孔的上凸部分缺少线条
通气器与窥视孔盖连接处缺少焊接符号
通过通气器的剖面是剖不到四角连接的螺钉的

通过在剖面中加局部剖面来展示螺钉连接

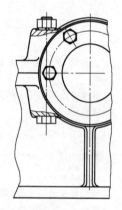

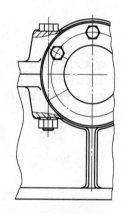

轴承旁螺栓凸台与箱座凸缘间的距离偏小，螺栓无法从下方装入
轴承端盖螺钉位置错误

轴承旁螺栓改变方向，由上向下安装
减速器箱盖与箱座分箱面间不能开螺纹孔，改变螺纹孔位置

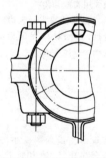

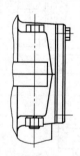

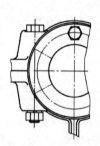

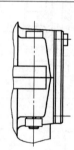

螺栓、螺钉投影关系错误

在减速器中连接螺钉、螺栓要满足三视图的投影关系

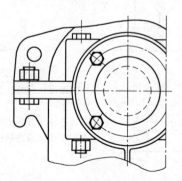

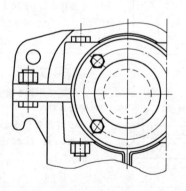

铸造箱体凸台、肋板画法错误

轴承旁连接螺栓的凸台、轴承外圆壁面、肋板等都应有铸造起模斜度

（续）

不正确结构	正确结构
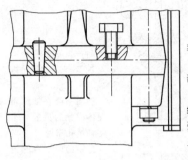 圆锥销画法错误　箱座吊钩处线多余　分箱面线和局部剖视图画法错误　相邻两零件剖面线方向错误，在一张图样同一零件上剖面线方向错误	圆锥销下部应伸出箱座，否则拆卸困难　去掉吊钩与箱座凸缘间的线　分箱面线应为实线，局部剖视图分界线不应截止在两零件的接缝处　相邻零件剖面线方向要相反，在一张图样上同一零件的剖面线方向要一致 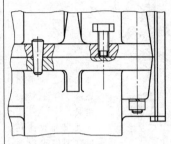
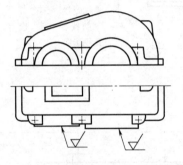 两轴承座外端面结构设计不正确	箱体同侧的各轴承座外端面应处在同一平面上，以便于加工 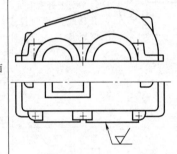
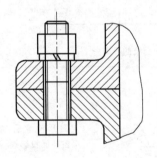 铸造箱盖与箱座凸缘连接螺栓处，未经机械加工，易引起螺栓偏载	在箱盖与箱座凸缘螺栓连接处，锪出沉头座，保证支承面与螺栓轴线垂直 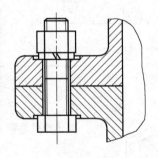
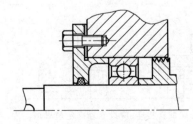 轴伸出段的截断画法不正确　轴上有配合要求轴段结构不正确	应截去伸出段的中间部分，保留轴头部分　轴承配合轴段加轴肩，降低加工成本，方便拆装 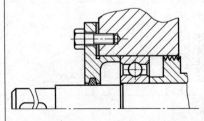

（续）

不正确结构	正确结构

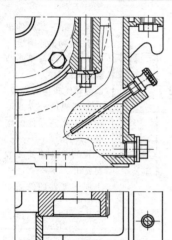

同一根轴上两键槽规格不统一

油沟在轴承靠近箱体内侧，结构错误

油尺和放油孔过渡凹坑投影关系错误

油尺与箱座连接画法错误

平面上开孔，从孔轴线剖开的投影错误

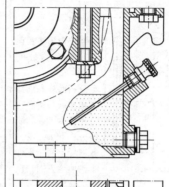

同一根轴上两键槽宽度要一致，便于机械加工

油沟不能在轴承靠箱体内侧的位置与箱体轴承孔相遇

分箱面向下看的俯视图中，油尺和凹槽都可见

油尺与箱座间是用螺纹连接

轴线剖开后，应有孔投影线

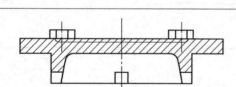

轴承端盖为减少加工面，内凹1~2mm，剖面线错误

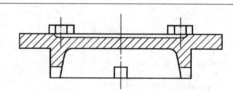

应以内凹底面作为剖面线的界限

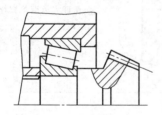

轴承外圈投影关系错误

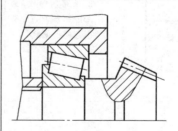

剖开轴承后，应保留外圈投影线

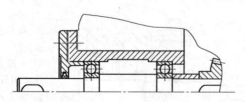

轴向定位错误
套杯内孔过渡线投影错误

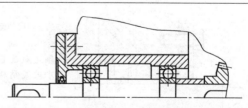

轴外伸端一般与联轴器相连，应设有轴向定位轴肩。为减小内孔的加工面，存在内凹圆柱面的过渡线

（续）

不正确结构	正确结构	
垫片画法错误 轴承位置错误 螺栓位置错误		垫片内径不能小于轴承孔直径 　轴承端面不应与箱体内壁平齐 　螺栓中心与箱体外壁距离为 c_1
销画法错误 剖面线方向错误		圆锥销上下两端均应出头,便于拆卸 　相邻两零件剖面线方向应相反

第 8 章

零件工作图设计

零件工作图是在完成装配设计的基础上绘制的。零件工作图是零件制造、检验和制定工艺规程的主要技术文件，它应完整清楚地表达零件的结构和尺寸，图样上应注明尺寸公差、几何公差和表面粗糙度，写明材料、热处理方式及其他技术要求等。

零件工作图既要反映设计意图，又要考虑制造的可能性、合理性及经济性。正确的零件工作图可以降低生产成本、提高生产率和机器的使用性能等。

机器的零件有标准件和非标准件两类。标准件一般外购，无须绘制零件工作图，只需要列出清单进行采购即可。非标准件一般需自制，必须绘制出每个零件的工作图，便于组织生产。

8.1 零件工作图的内容

1. 视图选择

每个零件必须单独绘制在一张标准图幅中，视图选择应符合机械制图的规定，要正确选择基本视图及必要的剖视图、向视图，将零件内部结构和尺寸完整、清晰、准确地表达出来。

在零件工作图中所表达的结构和尺寸应与装配图一致，视图中应尽可能采用 1：1 比例尺以增加真实感。

2. 尺寸标注

零件工作图中的尺寸是制造和检验零件的依据，要仔细标注。尺寸标注要符合机械制图的规定，尺寸要完整又不重复。

在标注尺寸前，应根据零件的加工工艺，正确选择基准面，以利于加工和检验，避免加工过程中做不必要的复杂数学计算。大部分尺寸最好标注在最能反映零件结构特征的视图上。

3. 尺寸公差与几何公差

零件工作图上所有的配合部位和精度要求较高的地方都应标注公称尺寸和极限偏差数值，如配合的孔、中心距等。

对于没有配合关系而精度要求不高的尺寸极限偏差可不标出，以简化图样标注。但对未注尺寸的公差应在技术要求中采用 GB/T 1804 的标准编号和未注公差等级符号表示。

零件工作图上要标注必要的几何公差。因为零件在装配时，不仅尺寸误差，而且几何形状和相对位置误差都会影响零件装配质量及工作性能。几何公差是评定零件加工质量的重要指标之一。

几何公差可用类比法或计算法确定，但要注意各公差数值的协调，应使形状公差小于位置公差，位置公差小于尺寸公差。

4. 表面粗糙度

零件的表面都应注明表面粗糙度。如果较多的表面具有相同的表面粗糙度，则要集中在图样右下角标注，并加"（√）"符号，但只允许就一个表面粗糙度进行这样的标注。

表面粗糙度一般可根据对各表面的工作要求和尺寸公差等级来决定，在满足工作要求的条件下，应尽量放宽对零件表面粗糙度的要求。

5. 技术要求

技术要求是指一些不便在图上用图形或符号表示，但在制造或检验时又必须保证的要求。它的内容随不同零件、不同要求及不同加工方法而有所区别，其中主要应注明：

1）对材料的力学性能和化学成分的要求，如热处理方法（正火、调质、淬火等）及热处理后表面应达到硬度等。

2）表面处理（渗碳、碳氮共渗、渗氮、喷丸等）、表面涂层或镀层（涂漆、镀铬、镀镍等）以及表面修饰（去飞边、清砂等）。

3）对铸锻毛坯件的要求，如时效处理、去毛刺等要求。

4）对加工的要求，如轴端是否保留中心孔、是否需要在装配中加工、是否与其他零件一起配合加工（如有的孔要求配钻、配铰等）。

5）图中未注明的尺寸，如圆角、倒角等。

6）对线性尺寸未注明尺寸公差和几何公差的要求。

7）齿轮类零件啮合参数、特性及部分公差要求。

8）其他特殊要求，如许用不平衡力矩、包装、搬运等要求。

在技术要求中，文字应简练、明确、完整，不应含糊，以免引起误会，而且各项要求中所述内容和表达方法均应符合机械制图国家标准的规定。

6. 标题栏

在图样右下角应画出零件工作图标题栏，如图8-1所示。标题栏内应注明图号、零件工作图名称、材料及数量、比例及设计者、审阅者姓名等。

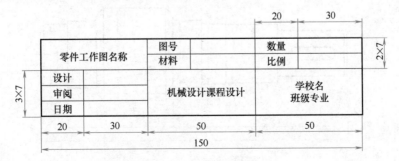

图 8-1 零件工作图标题栏

8.2 轴类零件工作图

1. 视图

轴类零件工作图一般只需要一个主视图。在有键槽和孔的地方，可增加必要的局部剖视图。对于退刀槽、中心孔等细小结构，必要时应绘制局部放大图，以便确切地表达形状并标注尺寸。

2. 尺寸标注

轴类零件一般都是回转体，因此主要是标注直径尺寸和轴向尺寸。标注直径尺寸时应特别注意有配合关系的部位。当各轴段直径有几段相同时，都应逐一标注，不得省略。即使是圆角或倒角也应标注完全，不要遗漏，也可在技术要求中给予说明，不要给后续机械加工造成困惑或给操作者带来不便。

标注轴向尺寸时，应以工艺基准面作为主要基准面，通常有轴孔配合端面基准面及轴端基准面。应使尺寸标注既反映加工工艺要求，又满足装配尺寸链的精度要求，不允许出现封闭尺寸。图 8-2 所示为转轴，其主要基准面选择在轴肩 A—A 处，其是大齿轮的轴向定位面，同时也影响其他零件在轴上的装配位置。只要正确定出轴肩 A—A 的位置，各零件在轴上的位置就能得到保证。图 8-3 所示为齿轮轴，其轴向尺寸主要基准面选择在轴肩 A—A 处，该处是滚动轴承的定位面，图上用轴向尺寸 L_1 确定这个位置。这里应特别注意保证两轴承间的相对位置尺寸 L_2。

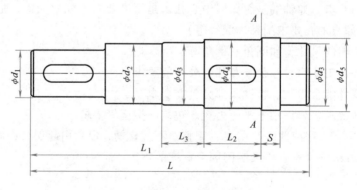

图 8-2 转轴

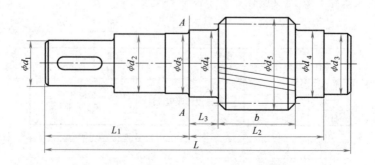

图 8-3 齿轮轴

3. 尺寸公差和几何公差标注

（1）尺寸公差 在设计轴类零件时，对安装齿轮、蜗轮、带轮、联轴器以及滚动轴承等零件的轴段，应标注好径向尺寸和轴向尺寸。对于径向尺寸，应按装配图中已选定的配合种类查出上、下极限偏差数值，标在相应的尺寸上。对于轴向尺寸，首先应选好基准面，用轴中最不重要的一段轴向尺寸作为尺寸的封闭环而不标注。

键槽尺寸公差应符合键槽的剖面尺寸公差。

（2）几何公差 表8-1列出了轴类零件工作图上应该标注的几何公差项目。

表 8-1 轴类零件工作图上应该标注的几何公差项目

内容	项目	符号	公差等级	对工作性能的影响
形状公差	与传动件、轴承相配合的圆柱面圆度	○	6~7级	影响传动件、轴承与轴配合的松紧及对中性
	与传动件、轴承相配合的圆柱面圆柱度	⌭	6级	
位置公差	与传动件、轴承相配合的圆柱面相对于轴线的径向圆跳动或全跳动	↗↗	6~7级	导致传动件、轴承的运转偏心
	齿轮、轴承的定位端面相对于轴线的端面圆跳动或全跳动	↗↗	6~7级	影响齿轮、轴承的定位及受载的均匀性
	键槽对轴线的对称度	=	7~9级	影响键受载的均匀性及拆装的难易程度

轴的尺寸公差和几何公差标注方法如图8-4所示，其中公差数值可查阅相关标准。

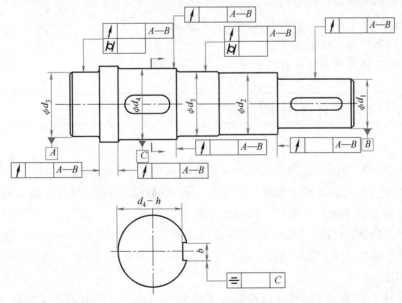

图 8-4 轴的尺寸公差和几何公差标注方法

4. 表面粗糙度的标注

轴的各个表面都要进行机械加工，故各表面都应注明表面粗糙度值。轴的表面粗糙度 Ra 推荐值见表8-2。

表 8-2　轴的表面粗糙度 Ra 推荐值　　　　　　　（单位：μm）

加工表面	表面粗糙度 Ra 推荐值		
与传动件、联轴器配合的表面	3.2~0.8		
与传动件、联轴器定位的端面	6.3~1.6		
与普通精度滚动轴承配合的表面	0.8（轴承内径 ≤80mm）		1.6（轴承内径 ≥80mm）
普通精度滚动轴承的定位端面	1.6		
平键键槽	3.2 或 6.3（工作表面）		6.3 或 12.5（非工作表面）
密封处的轴表面	毡圈	橡胶密封圈	间隙、曲路式密封
	密封处圆周速度/m·s^{-1}		
	≤3	>3~5　　>5~10	3.2~1.6
	3.2 或 1.6	1.6 或 0.8　　0.8 或 0.4	
螺纹牙工作面	6h 精度螺纹 1.6		
非配合的圆柱面	3.2 或 6.3		
自由端面和倒角表面	6.3 或 12.5		
中心孔的锥表面	3.2		

5. 技术要求

轴类零件的技术要求包括下列几个方面。

1）热处理要求，如热处理方法、热处理后的硬度、渗碳深度及淬火深度等。

2）对加工要求，如是否要保留中心孔，若需保留，应在零件图上画出或说明。

3）对未注明的圆角、倒角的说明。

4）对线性尺寸未注尺寸公差和几何公差的要求。

5）对个别部位修饰加工的要求。

6）对较长的轴进行毛坯校直的要求。

8.3　齿轮类零件工作图

1. 视图

齿轮类零件一般用两个视图表示。主视图通常采用通过齿轮轴线的全剖或半剖视图，左视图可采用以表达毂孔和键槽的形状、尺寸为主的局部视图。若齿轮是轮辐结构，则应详细画出视图，并附加必要的局部视图，如轮辐的横剖视图。

对于组合式的蜗轮结构，则应先画出蜗轮组件图，再分别画出组件的各零件图。齿轮轴与蜗杆轴的视图与轴类零件工作图相似，为了表达齿形的有关特征及参数，应画出局部剖视图。

2. 尺寸标注

齿轮类零件工作图的径向尺寸以轴线为基准标出，轴向尺寸则以加工端面为基准标出。分度圆和齿顶圆直径是设计及制造的重要尺寸，在图中必须标出。齿根圆直径一般不必标注。轮毂孔是加工、装配的重要基准，应标出轮毂内、外径尺寸。还应标出轮缘内侧直径以及腹板孔的位置和尺寸。锥齿轮的锥距和锥角是保证啮合的重要尺寸。标注时，锥距应精确到 0.01mm，锥角应精确到秒，还应标注出基准端面到锥顶的距离，因为其要影响到锥齿轮的啮合精度,必须在加工时予以控制。锥齿轮的尺寸标注如图 8-5 所示。

3. 尺寸公差和几何公差标注

(1) 以轮毂孔为基准标注的公差 轮毂孔不仅是装配的基准,也是切齿和检测加工精度的基准。孔的加工质量直接影响到零件的旋转精度。轮毂孔的尺寸精度按齿轮的精度查表 18-12 得到。以孔为基准标准的尺寸极限偏差和几何公差,如图 8-6~图 8-8 所示。几何公差有基准端面圆跳动公差、齿顶圆或齿顶锥面圆跳动公差,其数值可查齿轮坯公差得到。对蜗轮还应标注蜗轮孔中心线至滚刀中心的尺寸极限偏差,如图 8-7 中的 $a\pm f_a$。

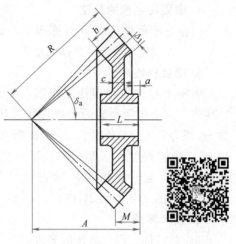

图 8-5 锥齿轮的尺寸标注

(2) 以端面为基准标注的公差 轮毂孔的端面是装配定位基准,也是轮齿切制时的定位基准,其将影响安装质量和切齿精度。所以应标出基准端面对孔中心线的垂直度或端面圆跳动公差。

以端面为基准标注的毛坯尺寸极限偏差:对锥齿轮为基准端面至锥体大端的距离(轮冠距)$M_{-\Delta M}^{0}$,如图 8-8 所示,ΔM 数值见表 19-14;对蜗轮为基准端面至蜗轮中间平面的距离 $M\pm f_x$,如图 8-7 所示,规定该尺寸极限偏差是为了保证在切齿时滚刀能获得正确的位置,以满足切齿精度的要求。

(3) 齿顶圆柱面的公差 齿轮的齿顶圆作为测量基准时有两种情况:一种为加工时用齿顶圆定位或对正,此时需要控制齿顶圆的径向圆跳动;另一种为用齿顶圆定位检验齿厚偏差,因此应标注尺寸极限偏差和几何公差,如图 8-6 和图 8-7 所示。对于锥齿轮,还应标出顶锥角极限偏差 $\delta_a{}_{0}^{+\Delta\delta_a}$,如图 8-8 所示(可从表 19-14 中查得 $\Delta\delta_a$),以及大端顶圆极限偏差,可查表 19-12 获得。

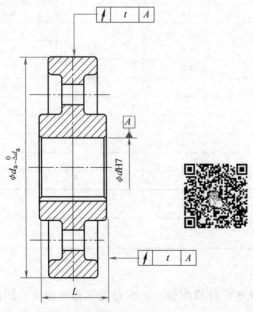

图 8-6 圆柱齿轮毛坯尺寸及公差

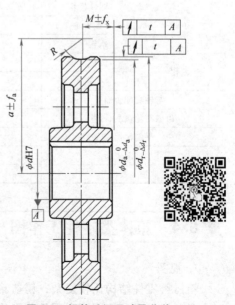

图 8-7 蜗轮毛坯尺寸及公差

4. 表面粗糙度的标注

齿轮类零件的所有表面都应标注表面粗糙度值，表面粗糙度 Ra 推荐值见表8-3。

5. 啮合特性表

齿轮类零件应在零件工作图右上角位置列出啮合特性表。表中包括齿轮的主要参数（法向模数 m_n、齿数 z、压力角 α、变位系数 x、分度圆直径 d、齿顶高系数 h_a^*、顶隙系数 c^* 及螺旋角 β 等）及相应各检查项目公差数值。齿轮的啮合特性表详见第21章工作图（图21-7、图21-9、图21-12）。

6. 技术要求

1）对铸件、锻件毛坯的要求。

2）对热处理的要求，如热处理方法、热处理后的硬度、渗碳深度及淬火深度等。

3）对材料的力学性能和化学成分的要求。

4）对未注倒角、圆角的说明。

5）对机械加工未注公差尺寸的公差等级要求。

6）对高速齿轮平衡试验的要求。

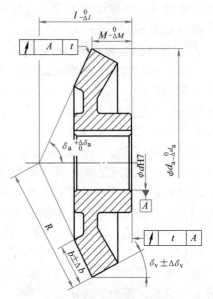

图8-8 锥齿轮毛坯尺寸及公差

表8-3 齿轮类零件的表面粗糙度 Ra 推荐值 　　　　（单位：μm）

传动精度		6	7	8	9
加工表面		表面粗糙度 Ra 推荐值			
轮齿工作面	圆柱齿轮	0.8~0.4	1.6~0.8	3.2~1.6	6.3~3.2
	锥齿轮		0.8	1.6	3.2
	蜗轮蜗杆		0.8	1.6	3.2
顶圆	圆柱齿轮		1.6	3.2	6.3
	锥齿轮			3.2	3.2
	蜗轮蜗杆		1.6	1.6	3.2
轴孔	圆柱齿轮		0.8	1.6	
	锥齿轮				3.2
与轴肩配合面		3.2~1.6			
齿圈与轮体配合面		3.2~1.6			
平键键槽		3.2~1.6(工作面),6.3(非工作面)			
其他加工表面		12.5~6.3			
非加工表面		100~50			

8.4 箱体类零件工作图

1. 视图

箱体类零件结构比较复杂，铸造箱体通常设计成剖分式，由箱盖和箱座组成，因此箱体工作图要按箱盖和箱座两个零件分别绘制。

为了正确、完整、清晰地表达出箱盖和箱座的结构形式和尺寸，其工作图通常需要绘制三个视图，并加以必要的剖视图、局部视图。当两孔不在一条轴线时，可采用阶梯剖表示。对于游标孔、放油孔、窥视孔、螺钉孔等细节结构，可采用局部剖表示。

2. 尺寸标注

箱体类零件形状多样，尺寸繁多。它的尺寸标注要较轴类零件和齿轮类零件复杂。标注时既要考虑加工及测量的要求，又要清晰明了，一目了然。箱体尺寸分为定形尺寸和定位尺寸两类，标注时应注意两者的区别。

（1）定形尺寸 定形尺寸是表示箱体各部分形状大小的尺寸，如各种孔径及其深度、凸缘尺寸、圆角半径、槽的长和宽及深度、箱体类零件的壁厚、长宽、高等。这类尺寸应直接标出，而不应有任何计算。图 8-9 所示为箱体的宽度和壁厚的尺寸标注，图 8-10 所示为轴承座孔的尺寸标注，图中虚线框内的尺寸标注方法是不正确的（下同）。

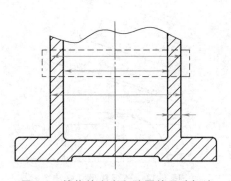

图 8-9 箱体的宽度和壁厚的尺寸标注

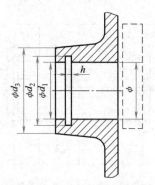

图 8-10 轴承座孔的尺寸标注

（2）定位尺寸 定位尺寸是确定箱体各部位相对于基准的位置尺寸，如孔的中心线、圆心位置及其他部位的平面与基准的距离等。对于这些尺寸一是要防止遗漏，二是应注意定位尺寸应从基准或辅助基准直接标出。图 8-10 所示尺寸是以轴承座孔中心线作为基准进行标注的。

基准的确定是定位尺寸标注的关键，最好采用加工基准作为尺寸标注的基准，这样便于加工和测量，如箱盖和箱座的高度方向最好以剖分面为基准，如不能以此加工面作为基准时，应采用计算上比较方便的基准。例如，箱盖的宽度尺寸可以采用宽度的对称中心线作为基准，如图 8-11 所示。箱座长度方向可取轴承座孔中心作为基准，如图 8-12 所示地脚螺栓长度方向孔距的尺寸标注。

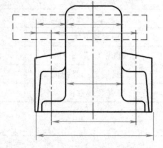

图 8-11 箱盖宽度及
螺纹孔距标注

影响机器工作性能的尺寸应直接标出，以保证加工精确性，如轴承座孔的中心距应按齿轮传动中心距标注并加注极限偏差 $\pm f_a$。又如采用嵌入式轴承端盖时，箱盖和箱座上沟槽位置尺寸将影响轴承的轴向固定，其尺寸标注如图 8-13 所示。

考虑制造工艺性，箱体类零件大多为铸件，因此标注尺寸时要便于木模的制作。木模常由一些基本形体拼接而成，在基本形体的定位尺寸标出后，定形尺寸即以自己的基准标出。图 8-14 所示为窥视孔尺寸标注。其他如油尺孔、放油孔等也与此类似。所有圆角、倒角、

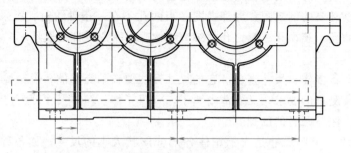

图 8-12　地脚螺栓长度方向孔距的尺寸标注

起模斜度等都必须标注或在技术文件中予以说明。

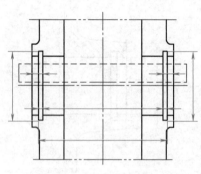

图 8-13　箱体上沟槽位置标注

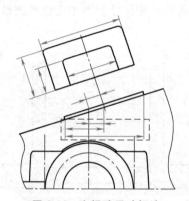

图 8-14　窥视孔尺寸标注

（3）表面粗糙度和几何公差　箱体类零件的工作表面粗糙度 Ra 数值和几何公差等级见表 8-4 和表 8-5，标注图例如图 21-16 和图 21-17 所示。

表 8-4　箱体类零件的工作表面粗糙度 Ra 数值　　　　　　（单位：μm）

加工表面	Ra	加工表面	Ra
减速器剖分面	3.2~1.6	减速器底面	12.5~6.3
轴承座孔面	3.2~1.6	轴承座孔外端面	6.3~3.2
圆锥销孔面	1.6~0.8	螺栓孔座面	12.5~6.3
嵌入式端盖凸缘槽面	6.3~3.2	油塞孔座面	12.5~6.3
窥视孔接触面	12.5~6.3	其他非配合表面	12.5~6.3

表 8-5　箱体类零件的几何公差等级

类别	项目	等级	作用
形状公差	轴承座孔的圆度或圆柱度	6~7	影响箱体与轴承的配合性能及对中性
	剖分面的平面度	7~8	影响剖分面的密合性能
位置公差	轴承座孔轴线间的平行度	*	影响齿面接触斑点及传动的平稳性
	两轴承座孔轴线的垂直度	7~8	影响传动精度及载荷分布的均匀性
	两轴承座孔轴线的同轴度	6~8	影响轴系安装及齿面载荷分布的均匀性
	轴承座孔轴线与端面的垂直度	7~8	影响轴承固定及轴向载荷分布的均匀性
	轴承座孔轴线对剖分面的位置度	<0.3mm	影响孔系精度及轴系装配

注："＊"由齿轮精度等级和尺寸决定。

（4）技术要求　箱体类零件工作图的技术要求一般包括下列几方面的内容。

1）铸件的清砂、清洗、表面防护的要求。

2）剖分面上定位销孔的加工，应在镗轴承座孔之前进行。箱座和箱盖用螺栓连接后配钻、配铰，以保证起到定位的作用。

3）箱座和箱盖轴承座孔的加工，应在箱座和箱盖用螺栓连接，并装入定位销后进行。镗孔时，结合面处禁放任何衬垫。

4）铸件的时效处理要求。

5）对铸件质量的要求，不许有缩孔、砂眼和渗漏现象等。

6）未注明的起模斜度、倒角及圆角的说明。

7）组装后分箱面处不许有渗漏现象，必要时可涂密封胶等的说明。

8）未注线性尺寸公差和几何公差的说明。

第 9 章

设计计算说明书的编写及答辩准备

🔩 9.1　设计计算说明书的内容

设计计算说明书是设计计算的整理和总结，是设计的理论依据，是审核设计是否合理、经济可靠的技术文件之一。因此，编写设计计算说明书是设计工作的重要组成部分。设计计算说明书应在完成全部设计计算及图样绘制后进行编写，具体内容依据设计任务而定。对于以减速器为主的机械传动装置设计，其内容大致包括：

1）目录（标题及页码）。
2）设计任务书（设计题目）。
3）传动方案的拟定与分析（附传动方案简图）。
4）电动机的选择。
5）传动装置运动参数和动力参数的计算。
6）传动件的设计计算。
7）轴及轴系零件的结构设计。
8）轴的校核计算。
9）滚动轴承的选择计算。
10）键连接的选择计算。
11）联轴器的选择。
12）箱体的结构设计及附件的选择（蜗杆传动热平衡计算）。
13）润滑方式、润滑油牌号及密封装置的选择。
14）设计小结（课程设计的体会、设计的优缺点、设计中存在的问题）。
15）参考资料（编号、作者、书名、出版地、出版单位、出版年份）。

举例如下：

[1] 邱宣怀. 机械设计 [M]. 4 版. 北京：高等教育出版社，1997.

此外，如对制造和使用有一些必须加以说明的技术要求，如装配、拆卸、安装和维护等，也可以写入。

🔩 9.2　设计计算说明书的编写要求

设计计算说明书要求文字简洁，书写工整，条理清晰，层次分明。除系统地阐述设计过程中所涉及的所有设计计算项目外，还应对设计的合理性、经济性以及对加工和装配的工艺性等方面做出必要的说明，同时还要注意下列事项。

1）说明书标题应层次分明，应按内容顺序列出标题。标题应准确表明正文内容，还要简要醒目。计算过程列出计算公式，代入有关数据，写出计算结果，标明单位，并写出根据计算结果所得出的结论或说明。

2）所引用的计算公式或数据要注明来源，主要参数、尺寸、规格和计算结果要在每页右侧主要结果栏中列出。

3）清楚地说明计算内容，说明书中应附有必要的简图，如总体方案图、机构运动简图、机构运动原理图、轴和轴系的受力简图、轴的结构简图、弯矩图和扭矩图等。在简图中，对主要零件要统一编号。

4）设计计算说明书中使用的参数符号，必须前后一致，不能混乱。

5）设计计算说明书要用16开纸编写，标注页码，最后加封面装订成册。

9.3 设计计算说明书的格式

设计计算说明书封面格式如图 9-1 所示。设计计算说明书书写格式如图 9-2 所示。

图 9-1 设计计算说明书封面格式

图 9-2 设计计算说明书书写格式

9.4 答辩准备

1. 答辩资料的整理

在完成全部图样的设计和设计计算说明书的编写之后，应将装订好的设计计算说明书和折叠好的图样一并装入设计资料袋中，准备答辩。图样的折叠方式如图9-3所示。

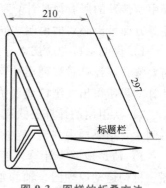

2. 准备答辩

课程设计完成后，应对课程设计进行一下系统总结，并准备参加课程设计的答辩。

答辩是课程设计教学环节中的最后一个环节，准备答辩的过程是一个对整个设计过程的回顾、总结和学习的过程。总结应从方案分析、材料选择、强度计算、设计资料和标准运用、结构设计和加工工艺等各个方面，分析所做设计的优缺点及应改进的方面。

图 9-3　图样的折叠方法

答辩是课程设计中不可缺少的重要环节。答辩中所提的问题主要涉及设计方法、设计步骤、计算原理、结构设计、制造工艺、视图的表达、机械制图标准的执行和应用、公差配合的选择与标注、材料和热处理方法的选择等多个方面。

答辩之前，所有的设计图样和设计计算说明书必须经指导教师审查和签字。

课程设计成绩的评定，是以设计图样、设计计算说明书和答辩中回答问题的情况为主要依据，并参考学生在课程设计过程中的表现给出综合成绩。

3. 答辩思考题目

1）如何根据工作机所需功率确定所选电动机的额定功率？工作机所需电动机的功率与电动机的额定功率之间的关系如何？设计传动装置时采用哪一功率进行计算？

2）电动机转速的高低对设计方案有何影响？

3）机械传动装置的总效率如何计算？确定总效率时要注意哪些问题？

4）传动比的分配原则有哪些？传动比的分配对总体方案有何影响？

5）分配的传动比与传动件的实际传动比是否相同？

6）工作机的实际转速不符合设计要求的误差范围时如何处理？

7）减速器中各相邻轴间的功率、转速、转矩的关系是什么？

8）传动装置中同一轴的输入功率与输出功率是否相同？设计传动件或轴时采用哪个功率？

9）带传动设计的主要内容有哪些？如何判断带传动的设计结果是否合理？

10）链传动的主要设计内容有哪些？如何判断链传动设计是否合理？

11）开式齿轮传动设计与闭式齿轮传动设计有何区别？

12）根据减速器的设计过程，简述一般机械传动装置的设计过程。

13）一个机械传动系统主要由哪几部分组成？

14）为什么带传动通常布置在高速级，而链传动要布置在低速级？

15）在锥齿轮-圆柱齿轮减速器中，为何锥齿轮一般布置在高速级？

16）在多级传动中为何一般将蜗杆传动布置在高速级？

17）减速器中齿轮的模数 m 和齿数 z 是如何确定的？为什么低速级齿轮的模数 m_2 大于高速级齿轮的模数 m_1？

18）在蜗杆传动中如何选择蜗杆的头数 z_1？为什么蜗轮的齿数 z_2 不应小于 z_{2min}，最好不大于80？

19）为什么蜗杆传动效率低于齿轮传动效率？蜗杆传动效率包括哪几部分？

20）你所设计的传动件中哪些参数是标准的？哪些参数应该圆整？哪些参数不应圆整？为什么？

21）锥齿轮传动的锥距 R 能否圆整？为什么？

22）试述你所设计的齿轮传动的主要失效形式和所采用的设计准则。

23）在什么情况下做成齿轮轴？什么情况下齿轮与轴分开？

24）你所设计的齿轮轮齿是如何加工的？大小齿轮的硬度为什么有差别？哪一个齿轮硬度高些？

25）简述获得软（硬）齿面齿轮的热处理方式及软（硬）齿面闭式齿轮传动的设计准则。

26）如何确定齿轮宽度 b？为什么小齿轮宽度要大于大齿轮宽度？

27）你所设计的蜗杆、蜗轮的材料是如何选择的？在强度计算中所用接触应力 $[\sigma]_H$ 是如何确定的？

28）你所设计的传动件啮合点受力方向是如何确定的？传动件上的力如何传递到箱体上？

29）在你所设计的减速器中传动件是如何润滑的？油面高度如何确定？

30）轴承的润滑方式有哪些？在结构设计上要考虑哪些问题？

31）简述尺寸大小、生产批量对齿轮结构形式的影响，并说明这些结构各自的特点。

32）在齿轮传动设计时，如何选择齿宽系数 ϕ_d（或 ϕ_a）？如何确定轮齿宽度 b_1 和 b_2？

33）影响齿轮齿面接触疲劳强度的主要参数是什么？影响齿根弯曲疲劳强度的主要参数是什么？

34）螺栓连接的典型受力情况有哪几种？你所设计的减速器地脚螺栓连接受哪几种力作用？你所设计的减速器地脚螺栓的直径是如何确定的？

35）简述螺栓连接的防松方法。在你的设计中采用了哪些防松方法？

36）齿轮传动为什么要有侧隙？侧隙用哪些公差项目来保证？

37）在装配图的技术要求中，为什么要对传动件提出接触斑点的要求？如何检验？

38）装配图的作用是什么？装配图应包括哪些方面的内容？

39）为什么在装配图上要写技术要求？技术要求中要有哪些内容？

40）设计时为何先进行装配草图设计？减速器装配草图设计包括哪些内容？

41）装配图上应标注哪几类尺寸？举例说明。

42）为什么转轴多设计成阶梯轴？以减速器中的输入轴为例，说明各轴段直径和长度如何确定。

43）试述转轴的设计步骤与设计特点。

44）按轴的受载情况，轴分为哪几类？你所设计的减速器中各轴属于哪类？举例说明轴在工作时某一截面上存在哪种应力。

45）以输出轴为例，说明轴与轴上零件采用什么样的配合？轴上零件是怎样定位的？

46）减速器箱盖与箱座接触处定位销的作用是什么？销孔的位置如何确定？销孔在何时加工？

47）启盖螺钉的作用是什么？如何确定其位置？

48）传动件的浸油深度如何确定？如何测量？

49）伸出轴与端盖间的密封件有哪几种？你在设计中选择了哪种密封件？选择的依据是什么？

50）为了保证轴承的润滑与密封，你在减速器结构设计中采用了哪些措施？

51）轴承采用脂润滑时为什么要用挡油盘？挡油盘为什么要伸出箱体内壁？

52）滚动轴承采用脂润滑还是油润滑的根据是什么？

53）布置减速器箱盖与箱座的连接螺栓、定位销、游标及吊耳的位置时应考虑哪些问题？

54）通气器的作用是什么？应安装在哪个部位？你选用的通气器有何特点？

55）窥视孔有何作用？窥视孔的大小及位置应如何确定？

56）简述油标的用途、种类以及安装位置的确定方法。

57）放油螺塞的作用是什么？放油孔应开在哪个部位？

58）轴承旁凸台的结构、尺寸如何确定？

59）如何确定轴承旁连接螺栓的直径和螺栓间的距离？

60）箱体上螺栓连接处扳手空间根据什么确定？

61）在箱体上为什么要加工沉头座坑？沉头座坑如何加工？

62）轴承端盖起什么作用？有哪几种形式？

63）轴承端盖与箱体之间所加垫片的作用是什么？

64）箱体上同一轴线的两轴承座孔直径为何尽量相等？

65）如何确定箱体的中心高？如何确定剖分面凸缘和底座凸缘的宽度和厚度？

66）为什么轴承两旁的连接螺栓要尽量靠近轴承座孔中心线？如何合理确定螺栓中心线位置及凸台高度？

67）常见的轴的失效形式有哪些？设计中如何防止？

68）设计轴的结构时要考虑哪些因素？试说明你所设计的减速器低速轴各个变截面的作用及截面尺寸变化大小确定的原则。

69）对轴进行强度校核时，如何确定危险剖面位置？

70）挡油盘的作用是什么？有哪些结构形式？

71）轴承在轴上如何安装和拆卸？在设计轴的结构时如何考虑轴承的拆装？

72）为什么滚动轴承内圈与轴的配合采用基孔制，而轴承外圈与轴承座孔的配合采用基轴制？

73）试述轴承的正、反装形式的特点及适用范围。

74）结合你的设计，说明如何考虑向心推力轴承轴向力 F_a 的方向。

75）调整垫片的作用是什么？当采用嵌入式轴承端盖时，轴承的轴向游隙如何调整？

76）锥齿轮或蜗轮为什么需要调整轴向位置？如何调整？

77）设计轴承组合结构时，如何考虑角接触轴承的布置？

78）在轴的强度计算中，计算弯矩 $M_{ca} = \sqrt{M^2 + (\alpha T)^2}$ 时，α 的含义是什么？其大小如何确定？

79）在轴的结构设计中，定位轴肩和非定位轴肩的高度如何确定？

80）设计轴的结构应考虑哪些问题？

81）降低轴上应力集中可采取哪些措施？

82）如何保证齿轮在轴上轴向定位可靠？为确保滚动轴承的拆卸方便，其轴肩高度如何确定？

83）轴端中心孔有何作用？中心孔有几种形式？各在什么情况下采用？

84）一根轴上哪些轴段直径必须圆整成标准值？

85）轴肩处圆角与齿轮毂孔的倒角或圆角有何关系？

86）轴的哪些部位需设置退刀槽？哪些部位需要留有砂轮越程槽？

87）轴在不同轴段上有两个键槽时，其位置如何确定？为什么？

88）试述减速器中低速轴上零件的拆装顺序？

89）你设计的减速器有哪些附件？它们各自的功用是什么？

90）轴的几何公差有哪些？标注的目的是什么？怎样对这些几何公差进行检验？

91）在轴的零件工作图上，其轴向尺寸标注原则是什么？

92）轴毂连接主要有哪些类型？键连接有哪些类型？

93）A、B、C型普通平键结构上有何不同？如何合理选择？

94）矩形花键与渐开线花键的定心方式有何不同？各有什么特点？

95）普通平键有哪些失效形式？主要失效形式是什么？怎样进行强度校核？

96）常用的联轴器有哪些类型？根据什么选择？

97）试述弹性联轴器的特点。为何弹性柱销联轴器多用于高速轴与电动机轴之间的连接？

98）选择联轴器的主要依据是什么？

99）齿轮联轴器为何能补偿所连接两轴的轴向位移？

100）电动机轴与减速器高速轴间在什么情况下可采用齿轮联轴器？

第 2 篇

机械设计课程设计常用资料

02

第10章

常用数据和一般标准

10.1 常用数据

机械设计课程设计常用数据见表10-1~表10-9。

表10-1 国内部分标准代号

代号	名 称	代号	名 称
GB	国家标准	ZB	国家专业标准
/Z	指导性技术文件	/T	推荐性技术文件
JB	机械行业标准	ZBJ	机电行业标准
YB	冶金行业标准	JB/ZQ	重型机械行业标准
HG	化学行业标准	Q/ZB	重型机械行业统一标准
SY	石油行业标准	SH	石油化工行业标准
FJ	纺织行业标准	FZ	纺织行业标准
QB	轻工业行业标准	SG	轻工业部标准

表10-2 常用材料密度

材料名称	密度/(g/cm³)	材料名称	密度/(g/cm³)	材料名称	密度/(g/cm³)
碳素钢	7.8~7.85	铅	11.37	无填料的电木	1.2
合金钢	7.9	锡	7.29	赛璐珞	1.4
球墨铸铁	7.3	镁合金	1.74	酚醛层压板	1.3~1.45
灰铸铁	7.0	硅钢片	7.55~7.8	尼龙 6	1.13~1.14
纯铜	8.9	锡基轴承合金	7.34~7.75	尼龙 66	1.14~1.15
黄铜	8.4~8.85	铅基轴承合金	9.33~10.67	尼龙 1010	1.04~1.06
锡青铜	8.7~8.9	胶木板、纤维板	1.3~1.4	木材	0.7~0.9
无锡青铜	7.5~8.2	玻璃	2.4~2.6	石灰石	2.4~2.6
辗压磷青铜	8.8	有机玻璃	1.18~1.19	花岗石	2.6~3
冷拉青铜	8.8	矿物油	0.92	砌砖	1.9~2.3
工业用铝	2.7	橡胶石棉板	1.5~2.0	混凝土	1.8~2.45

表10-3 常用材料模量及泊松比

名称	弹性模量 E/GPa	切变模量 G/GPa	泊松比 μ	名称	弹性模量 E/GPa	切变模量 G/GPa	泊松比 μ
铸铁	118~126	45	0.3	轧制锰青铜	108	40	0.35
球墨铸铁	173	61	0.3	硬铝合金	71	27	—
碳素钢、镍铬钢、合金钢	206	81	0.3	铅	17	7	0.42
铸钢	202	70~84	0.3	有机玻璃	2.35~29.4	—	—
铸铝青铜	103	42	0.3	电木	1.96~2.94	0.69~2.06	0.35~0.38
铸锡青铜	103	42	0.3	夹布酚醛塑料	3.92~8.83	—	—
轧制磷锡青铜	113	41	0.3	尼龙 1010	1.07	—	—
轧制纯铜	110	40	0.32	聚四氟乙烯	1.14~1.42	—	—

表 10-4　黑色金属硬度对照表

洛氏硬度 HRC	维氏硬度 HV	布氏硬度 $F/D^2=30N/mm^2$ HBW	洛氏硬度 HRC	维氏硬度 HV	布氏硬度 $F/D^2=30N/mm^2$ HBW	洛氏硬度 HRC	维氏硬度 HV	布氏硬度 $F/D^2=30N/mm^2$ HBW	洛氏硬度 HRC	维氏硬度 HV	布氏硬度 $F/D^2=30N/mm^2$ HBW
68	909	—	55	596	—	42	404	391	29	280	276
67	879	—	54	578	—	41	393	380	28	273	269
66	850	—	53	561	—	40	381	370	27	266	263
65	822	—	52	544	—	39	371	360	26	259	257
64	795	—	51	527	—	38	360	350	25	253	251
63	770	—	50	512	—	37	350	341	24	247	245
62	745	—	49	497	—	36	340	332	23	241	240
61	721	—	48	482	—	35	331	323	22	235	234
60	698	—	47	468	449	34	321	314	21	230	229
59	676	—	46	454	436	33	313	306	20	226	225
58	655	—	45	441	424	32	304	298			
57	635	—	44	428	413	31	296	291			
56	615	—	43	416	401	30	288	283			

表 10-5　常用材料极限强度近似关系

名称	极限强度					
	对称应力疲劳极限			脉动应力疲劳极限		
	拉压疲劳极限 σ_{-1t}	弯曲疲劳极限 σ_{-1}	扭转疲劳极限 τ_{-1}	拉压脉动疲劳极限 σ_{0t}	弯曲脉动疲劳极限 σ_0	扭转脉动疲劳极限 τ_0
结构钢	$\approx 0.3R_m$	$\approx 0.43R_m$	$\approx 0.25R_m$	$\approx 1.42\sigma_{-1t}$	$\approx 1.33\sigma_{-1}$	$\approx 1.5\tau_{-1}$
铸铁	$\approx 0.225R_m$	$\approx 0.45R_m$	$\approx 0.36R_m$	$\approx 1.42\sigma_{-1t}$	$\approx 1.35\sigma_{-1}$	$\approx 1.35\tau_{-1}$
铝合金	$\approx \frac{R_m}{6}+73.5MPa$	$\approx \frac{R_m}{6}+73.5MPa$	$\approx(0.55\sim0.58)\sigma_{-1}$	$\approx 1.5\sigma_{-1t}$		

表 10-6　常用材料滑动摩擦因数

摩擦副材料	滑动摩擦因数 μ		摩擦副材料	滑动摩擦因数 μ	
	无润滑	有润滑		无润滑	有润滑
钢-钢	0.1	0.05~0.1	铸铁-皮革	0.28	0.12
钢-软钢	0.2	0.1~0.2	软钢-青铜	0.18	0.07~0.15
钢-铸铁	0.18	0.05~0.15	青铜-青铜	0.15~0.20	0.04~0.10
钢-黄铜	0.19	0.03	青铜-夹布胶木	0.23	—
钢-青铜	0.15~0.18	0.07~0.15	铝-淬火 T8 钢	0.17	0.02
钢-铝	0.17	0.02	铝-黄铜	0.27	0.02
软钢-铸铁	0.18	0.05~0.15	软钢-榆木	0.25	—
钢-轴承合金	0.2	0.04	铸铁-槲木	0.3~0.5	0.2
钢-夹布胶木	0.22	—	铸铁-榆、杨木	0.4	0.1
铸铁-铸铁	0.15	0.07~0.12	青铜-槲木	0.3	—
铸铁-青铜	0.15~0.21	0.07~0.15	铝-夹布胶木	0.26	—

表 10-7　滚动摩擦力臂

摩擦材料	滚动摩擦力臂 k/mm	摩擦材料	滚动摩擦力臂 k/mm
低碳钢与低碳钢	0.05	木材与木材	0.5~0.8
淬火钢与淬火钢	0.01	圆锥形车轮	0.8~1
铸铁与铸铁	0.05	圆柱形车轮	0.5~0.7
木材与钢	0.3~0.4		

表 10-8　摩擦副的摩擦因数

名称			摩擦因数 μ	名称		摩擦因数 μ
滚动轴承	深沟球轴承	径向载荷	0.002	滑动轴承	液体摩擦	0.001~0.008
		轴向载荷	0.004		半液体摩擦	0.008~0.08
	角接触球轴承	径向载荷	0.003		半干摩擦	0.1~0.5
				轧辊轴承	层压胶木轴瓦	0.004~0.006
		轴向载荷	0.005		青铜轴瓦(用于热轧辊)	0.07~0.1
	圆锥滚子轴承	径向载荷	0.008		青铜轴瓦(用于冷轧辊)	0.04~0.08
		轴向载荷	0.02		特殊密封的液体摩擦轴承	0.003~0.005
	圆柱滚子轴承		0.002		特殊密封的半液体摩擦轴承	0.005~0.01
	滚针轴承		0.008	密封软填料盒中填料与轴的摩擦		0.2
				热钢在辊道上的摩擦		0.3
	推力球轴承		0.003	制动器普通石棉制动带(无润滑),p=0.2~0.6MPa		0.35~0.48
	调心滚子轴承		0.004	离合器装有黄铜丝的压制石棉带,p=0.2~1.2MPa		0.34~0.4

表 10-9　机械传动效率和传动比参考值

类　别		效率 η	单级传动比	
			最大	常用
圆柱齿轮传动	7 级精度(稀油润滑)	0.98	≤10	≤5
	8 级精度(稀油润滑)	0.97		
	9 级精度(稀油润滑)	0.96		
	开式传动(脂润滑)	0.94~0.96	≤15	≤6
锥齿轮传动	7 级精度(稀油润滑)	0.97	≤6	≤3
	8 级精度(稀油润滑)	0.94~0.97		
	开式传动(脂润滑)	0.92~0.95	≤6	≤4
带传动	平带	0.97	≤5	≤3
	V 带	0.95	≤7	≤4
链传动	开式	0.90~0.93	≤7	≤4
	闭式	0.95~0.97		
蜗杆传动	自锁蜗杆	0.40~0.45	开式≤100	15~60
	单头蜗杆	0.70~0.75	闭式≤80	10~40
	双头蜗杆	0.75~0.82		
	四头蜗杆	0.82~0.92		

（续）

类　别		效率 η	单级传动比	
			最大	常用
一对滚动轴承	球轴承	0.99	—	—
	滚子轴承	0.98		
一对滑动轴承	润滑不良	0.94	—	—
	润滑正常	0.97		
	液体润滑	0.99		
联轴器	齿式联轴器	0.99	—	—
	弹性联轴器	0.99 ~ 0.995		
	万向联轴器	0.95 ~ 0.98		
螺旋传动	滑动螺旋	0.30 ~ 0.60	—	—
	滚动螺旋	0.85 ~ 0.90		
	静压螺旋	0.99		

10.2　一般标准

机械设计课程设计一般标准见表 10-10 ~ 表 10-16。

表 10-10　图纸幅面和图框格式　　　　　（单位：mm）

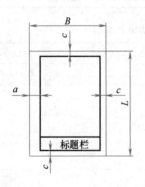
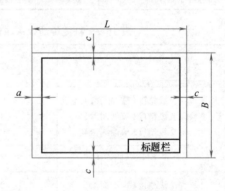

幅面种类		基本幅面（第一选择）					加长幅面（第二选择）				
幅面代号		A0	A1	A2	A3	A4	A3×3	A3×4	A4×3	A4×4	A4×5
宽度×长度 ($B×L$)		841× 1189	594× 841	420× 594	297× 420	210× 297	420× 891	420× 1189	297× 630	297× 841	297× 1051
留装订边	装订边宽 a	25					—	—	—	—	—
	其他周边宽 c	10			5		—	—	—	—	—
不留装订边	周边宽 e	20			10		—	—	—	—	—

表 10-11　图样比例

原值比例	1:1
放大比例	2:1（2.5:1）　　　（4:1）　5:1　$1\times10^{n}:1$　$2\times10^{n}:1$ （$2.5\times10^{n}:1$）　　（$4\times10^{n}:1$）　$5\times10^{n}:1$
缩小比例	（1:1.5）　1:2　（1:2.5）　　（1:3）　（1:4）　　1:5　1:1×10^{n}　（1:1.5×10^{n}） 1:2×10^{n}　（1:2.5×10^{n}）　（1:3×10^{n}）　（1:4×10^{n}）　1:5×10^{n}　（1:6×10^{n}）

注：1. 表中 n 为正整数。

2. 括号内是必要时也允许选用的比例。

3. 在同一图样上，各视图应采用相同的比例。当某个视图需要采用不同比例时，必须另行标注。

4. 当图中孔的直径或薄片的厚度等于或小于 2mm，以及斜度或锥度较小时，可不按比例而夸大画出。

表 10-12　标准尺寸　　　　　　　　　　　　　　　　　（单位：mm）

10~100						100~1000					
R			R′			R			R′		
R10	R20	R40	R′10	R′20	R′40	R10	R20	R40	R′10	R′20	R′40
10.0	10.0		10	10		100	100	100	100	100	100
								106			105
	11.2			11			112	112		110	110
								118			120
12.5	12.5	12.5	12	12	12	125	125	125	125	125	125
		13.2			13			132			130
	14.0	14.0		14	14		140	140		140	140
		15.0			15			150			150
16.0	16.0	16.0	16	16	16	160	160	160	160	160	160
		17.0			17			170			170
	18.0	18.0		18	18		180	180		180	180
		19.0			19			190			190
20.0	20.0	20.0	20	20	20	200	200	200	200	200	200
		21.2			21			212			210
	22.4	22.4		22	22		224	224		220	220
		23.6			24			236			240
25.0	25.0	25.0	25	25	25	250	250	250	250	250	250
		26.5			26			265			260
	28.0	28.0		28	28		280	280		280	280
		30.0			30			300			300
31.5	31.5	31.5	32	32	32	315	315	315	320	320	320
		33.5			34			335			340
	35.5	35.5		36	36		355	355		360	360
		37.5			38			375			380
40.0	40.0	40.0	40	40	40	400	400	400	400	400	400
		42.5			42			425			420
	45.0	45.0		45	45		450	450		450	450
		47.5			48			475			480
50.0	50.0	50.0	50	50	50	500	500	500	500	500	500
		53.0			53			530			530
	56.0	56.0		56	56		560	560		560	560
		60.0			60			600			600
63.0	63.0	63.0	63	63	63	630	630	630	630	630	630
		67.0			67			670			670
	71.0	71.0		71	71		710	710		710	710
		75.0			75			750			750
80.0	80.0	80.0	80	80	80	800	800	800	800	800	800
		85.0			85			850			850
	90.0	90.0		90	90		900	900		900	900
		95.0			95			950			950
100.0	100.0	100.0	100	100	100	1000	1000	1000	1000	1000	1000

注：1. 本标准适用于机械制造业中有互换性或系列化要求的主要尺寸（如安装连接尺寸、配合尺寸、决定产品系列的公称尺寸等）及其他结构尺寸。对已有专用标准规定的尺寸，可按专用标准选用。

2. 选用时，应首先在优先数系 R 中选用标准尺寸，按照 R10、R20、R40 的顺序优先选用。如果必须将数值圆整时，可在相应 R′系列中选用标准尺寸，选用顺序为 R′10、R′20、R′40。

表 10-13　中心孔　　　　　　　　　　　　　　　　　　　（单位：mm）

A 型 不带护锥的中心孔	B 型 带护锥的中心孔	C 型 带螺纹的中心孔
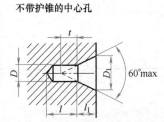	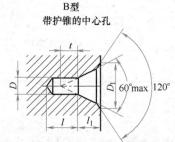	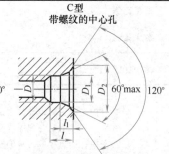

A、B 型						C 型					选择中心孔参考数据		
	A 型			B 型							原料端部 最小直径 D_0	轴装原料 最大直径 D_c	零件最大 重量/t
D	D_1	参考		D_1	参考		D	D_1	D_2	l	参考		
		l_1	t		l_1	t					l_1			
2	4.25	1.95	1.8	6.3	2.54	1.8	—	—	—	—	—	8	10~18	0.12
2.5	5.30	2.42	2.2	8.0	3.20	2.2	—	—	—	—	—	10	10~30	0.2
3.15	6.70	3.07	2.8	10.0	4.03	2.8	M3	3.2	5.8	2.6	1.8	12	30~50	0.5
4	8.50	3.90	3.5	12.5	5.05	3.5	M4	4.3	7.4	3.2	2.1	15	50~80	0.8
(5)	10.6	4.85	4.4	16.0	6.41	4.4	M5	5.3	8.8	4.0	2.4	20	80~120	1
6.3	13.20	5.98	5.5	18.0	7.36	5.5	M6	6.4	10.5	5.0	2.8	25	120~180	1.5
(8)	17.00	7.79	7.0	22.4	9.36	7.0	M8	8.4	13.2	6.0	3.3	30	180~220	2
10	21.20	9.70	8.7	28.0	11.66	8.7	M10	10.5	16.3	7.5	3.8	—	—	—

中心孔表示法			
要求	标注示例	解释	图样上标注
在完工的零件上 要求保留中心孔	GB/T 4459.5- B3.15/6.7	采用 B 型中心孔，$D =$ 3.15mm，$D_1 = 6.7$mm，在 完工的零件上要求保留 中心孔	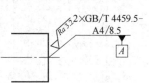
在完工的零件上 可以保留中心孔	GB/T 4459.5- A4/8.5	采用 A 型中心孔，$D =$ 4mm，$D_1 = 8.5$mm，在完 工的零件上可以保留也 可以不保留中心孔	同一轴的两端中心孔相同， 可只在其一端标注，但应注出 数量。
在完工的零件上 不允许保留中心孔	GB/T 4459.5- A4/8.5	采用 A 型中心孔，$D =$ 4mm，$D_1 = 8.5$mm，在完 工的零件上不允许保留 中心孔	中心孔表面粗糙度代号和以 中心孔轴线为基准的基准代号 可在引出线上标出

注：尺寸 l_1 取决于中心钻的长度。

表 10-14　零件倒角的推荐值　　　　　　　　　　　　　　（单位：mm）

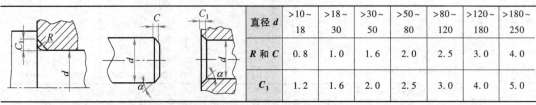

直径 d	>10~ 18	>18~ 30	>30~ 50	>50~ 80	>80~ 120	>120~ 180	>180~ 250
R 和 C	0.8	1.0	1.6	2.0	2.5	3.0	4.0
C_1	1.2	1.6	2.0	2.5	3.0	4.0	5.0

注：1. 与滚动轴承相配合的轴及座孔处的圆角半径，见轴承手册。

　　2. α 一般采用45°，也可以采用30°或60°。

表 10-15　圆柱形零件自由表面过渡圆角半径　　　　（单位：mm）

D-d	2	5	8	10	15	20	25	30	35	40	50	55	65	70
R	1	2	3	4	5	8	10	12	12	16	16	20	20	25

表 10-16　回转面及端面砂轮越程槽　　　　（单位：mm）

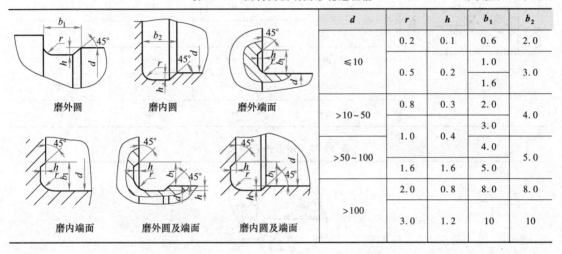

磨外圆　　磨内圆　　磨外端面
磨内端面　　磨外圆及端面　　磨内圆及端面

d	r	h	b_1	b_2
≤ 10	0.2	0.1	0.6	2.0
	0.5	0.2	1.0	3.0
			1.6	
> 10 ~ 50	0.8	0.3	2.0	4.0
	1.0	0.4	3.0	
> 50 ~ 100			4.0	5.0
	1.6	1.6	5.0	
> 100	2.0	0.8	8.0	8.0
	3.0	1.2	10	10

10.3　铸件结构设计一般规范

铸件结构设计一般规范见表 10-17～表 10-21。

表 10-17　铸件最小壁厚　　　　（单位：mm）

铸造方法	铸件尺寸	铸钢	灰铸铁	球墨铸铁	可锻铸铁	铝合金	铜合金
砂型	≤ 200×200	8	6	6	5	3	3 ~ 5
	> 200×200 ~ 500×500	> 10 ~ 12	> 6 ~ 10	12	8	4	6 ~ 8
	> 500×500	15 ~ 20	15 ~ 20			6	

表 10-18　铸造斜度

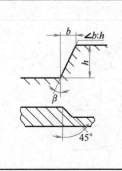

斜度 b：h	角度 β	使用范围
1：5	11°30′	h<25mm 的钢和铸铁件
1：10	5°30′	h 在 25~500mm 时的钢和铸铁件
1：20	3°	
1：50	1°	h>500mm 时的钢和铸铁件
1：100	30′	有色金属铸件

注：当设计不同壁厚的铸件时，在转折点处的斜角最大还可增大到 30°～45°。

表 10-19　铸造过渡尺寸　　　　　　　　　　　　　（单位：mm）

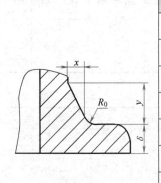

铸铁和铸钢件的壁厚 δ	x	y	R_0
>10~15	3	15	5
>15~20	4	20	5
>20~25	5	25	5
>25~30	6	30	8
>30~35	7	35	8
>35~40	8	40	10
>40~45	9	45	10
>45~50	10	50	10

表 10-20　铸造外圆角尺寸

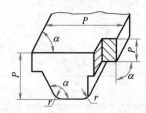

表面的最小边尺寸 P/mm	r/mm					
	外圆角 α					
	≤50°	51°~75°	76°~105°	106°~135°	136°~165°	>165°
≤25	2	2	2	4	6	8
>25~60	2	4	4	6	10	16
>60~160	4	4	6	8	16	25
>160~250	4	8	8	12	20	30
>250~400	6	8	10	16	25	40
>400~600	6	8	12	20	30	50

表 10-21　铸造内圆角尺寸

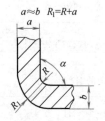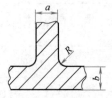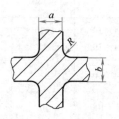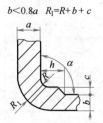

（续）

$\dfrac{a+b}{2}$/mm	R/mm											
	内圆角 α											
	≤50°		51°~75°		76°~105°		106°~135°		136°~165°		>165°	
	钢	铁	钢	铁	钢	铁	钢	铁	钢	铁	钢	铁
≤8	4	4	4	4	6	4	8	6	16	10	20	16
9~12	4	4	4	4	6	6	10	8	16	12	25	20
13~16	4	4	6	4	8	6	12	10	20	16	30	25
17~20	6	4	8	6	10	8	16	12	25	20	40	30
21~27	6	6	10	8	12	10	20	16	30	25	50	40
28~35	8	6	12	10	16	12	25	20	40	30	60	50

	c/mm 和 h/mm			
b/a	<0.4	0.5~0.65	0.66~0.8	>0.8
$c\approx$	0.7($a-b$)	0.8($a-b$)	$a-b$	—
$h\approx$ 钢	8c			
$h\approx$ 铁	9c			

10.4 焊缝符号

焊缝符号见表 10-22 和表 10-23。

表 10-22 常用焊缝的基本符号及标注示例

名称	基本符号	标注示例
I 形焊缝		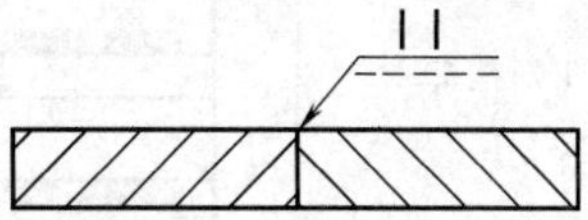
V 形焊缝		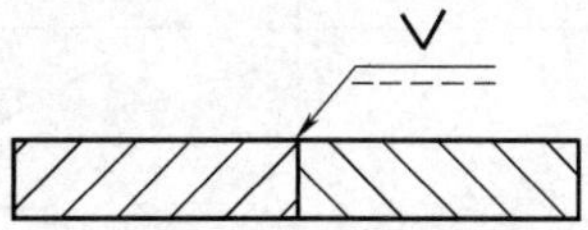
单边 V 形焊缝		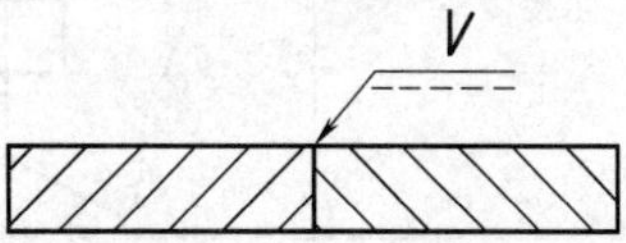
角焊缝	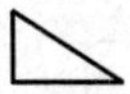	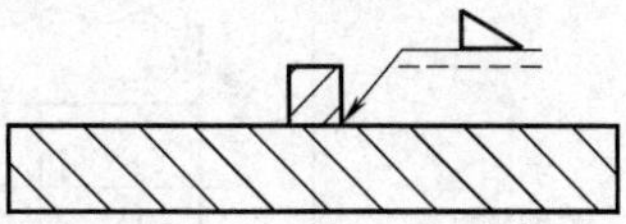
带钝边 U 形焊缝		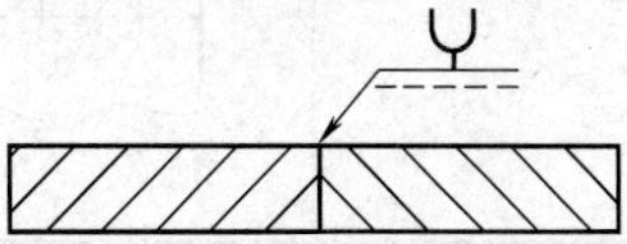

（续）

名称	基本符号	标注示例
带钝边 V 形焊缝		
点焊缝		
塞焊缝		

表 10-23 常用焊缝标注示例

接头形式	标注示例	说明
对接接头		带钝边 V 形焊缝；坡口角度为 α；根部间隙为 b；圆圈〇表示环绕工件周围施焊
T 形接头		K 表示双面角焊缝；K 为焊脚尺寸；n 表示有 n 段焊缝；l 表示焊缝长度；e 表示焊缝间距
角接接头		匚表示按开口方向的三面焊缝；◿表示单面角焊缝；K 为焊角尺寸
搭接接头		d 为熔核直径；〇表示点焊缝；e 表示点焊间距；n 表示 n 个焊点；L 为焊点与板边的距离

第 11 章

常用材料

11.1 黑色金属材料

表 11-1　钢常用热处理方法及应用

名称	说　明	应　用
退火	退火是将钢件加热到临界温度以上 30°～50℃,保温一段时间,然后再缓慢地冷却下来(一般用炉冷)	用来消除铸、锻、焊零件的内应力,降低硬度,以易于切削加工,细化金属晶粒,改善组织,增强韧性
正火	正火是将钢件加热到临界温度以上 30°～50℃,保温一段时间,然后在空气中冷却,冷却速度比退火快	用来处理低碳和中碳结构钢及渗碳零件,使其组织细化,增加强度及韧性,减小内应力,改善切削性能
淬火	淬火是将钢件加热到临界温度以上的温度,保温一段时间,然后在水、盐水或油中急剧冷却,使其得到高硬度	用来提高钢的硬度和强度极限,但淬火时会引起内应力而使钢变脆,所以淬火后必须回火
回火	回火是将淬硬的钢件加热到临界温度以下的某一温度,保温一段时间,然后在空气中或油中冷却	用来消除淬火后的脆性和内应力,提高钢的塑性和冲击韧度
调质	淬火后高温回火	用来使钢获得高的韧性和足够的强度,很多重要零件是经过调质处理的
表面淬火	仅对零件表层进行淬火,使零件表层有高的硬度和耐磨性,而心部保持原有的强度和韧性	常用来处理轮齿的表面
渗碳	使表面增碳,渗碳层深度 0.4～6mm 或大于 6mm,硬度为 56～65HRC	增加钢件的耐磨性、表面硬度、抗拉强度及疲劳极限,适用于低碳、中碳($w_C < 0.40\%$)结构钢的中小型零件和大型的重载荷、受冲击、耐磨的零件
渗氮	使表面增氮,氮化层为 0.025～0.8mm,而渗氮时间需 40～50 多小时,硬度很高(1200HV),耐磨、耐蚀性高	增加钢件的耐磨性、表面硬度、疲劳极限和抗蚀能力,适用于结构钢和铸铁,如气缸套、气门座、机床主轴、丝杠等耐磨零件以及在潮湿碱水和燃烧气体介质的环境中工作的零件,如水泵轴、排气阀等零件
碳氮共渗	使表面增加碳与氮,扩散层深度较浅,为 0.02～3.0mm;硬度高,在共渗层为 0.02～0.04mm 时硬度为 66～70HRC	增加结构钢、工具钢制件的耐磨性、表面硬度、疲劳极限,提高刀具切削性能和使用寿命,适用于要求硬度高、耐磨的中、小型及薄片的零件和刀具等

表 11-2　普通碳素钢

牌号	等级	拉伸试验								断后伸长率 A（%）					冲击试验		应用举例
		上屈服强度 R_{eH}/MPa						抗拉强度 R_m/MPa		钢材厚度或直径/mm					温度/℃	V 形缺口试样的冲击吸收能量（纵向）/J	
		钢材厚度或直径/mm								≤40	>40~60	>60~100	>100~150	>150~200			
		≤16	>16~40	>40~60	>60~100	>100~150	>150~200										
		不小于								不小于						不小于	
Q195	—	195	185	—	—	—	—	315~390		33	—	—	—	—	—	—	塑性好，常用其轧制薄板、拉制线材、制钉和焊接钢管
Q215	A	215	205	195	185	175	165	335~450		31	30	29	27	26	—	—	金属结构件、拉杆、套圈、铆钉、螺栓、短轴、心轴、凸轮（载荷不大）、垫圈；渗碳零件及焊接件
	B														20	27	
Q235	A	235	225	215	215	195	185	375~500		26	25	24	22	21	—	—	金属结构件、心部强度要求不高的渗碳或液体碳氮共渗零件；吊钩、拉杆、套圈、气缸、齿轮、螺栓、螺母、连杆、轮轴、楔、盖及焊接件
	B														20	27	
	C														—		
	D														−20		
Q275	A	275	265	255	245	225	215	410~540		22	21	20	18	17	—	—	轴、轴销、制动杆、螺母、螺栓、垫圈、连杆、齿轮以及其他强度较高的零件，焊接性较好
	B														20	27	
	C														0		
	D														−20		

表 11-3　优质碳素钢

牌号	试样毛坯尺寸/mm	推荐热处理温度/℃			力学性能					钢材交货状态硬度 HBW		应用举例
		正火	淬火	回火	R_m/MPa	R_{eL}/MPa	A（%）	Z（%）	KU_2/J	不大于		
					不小于					未热处理钢	退火钢	
15	25	920	—	—	375	225	27	55	—	143	—	用于受力不大、韧性要求较高的零件、渗碳零件、紧固件、冲模锻件及不需要热处理的低载荷零件，如螺栓、螺钉、法兰盘及化工贮器
20	25	910	—	—	410	245	25	55	—	156	—	渗碳、液体碳氮共渗后用作重型或中型机械受载不太大的轴、螺栓、螺母、开口销、吊钩、垫圈、齿轮、链轮

（续）

牌号	试样毛坯尺寸/mm	推荐热处理温度/℃ 正火	推荐热处理温度/℃ 淬火	推荐热处理温度/℃ 回火	R_m/MPa	R_{eL}/MPa	A(%)	Z(%)	KU_2/J	钢材交货状态硬度HBW 不大于 未热处理钢	钢材交货状态硬度HBW 不大于 退火钢	应用举例
					不小于							
25	25	900	870	600	450	275	23	50	71	170	—	用于制造焊接设备和不受高应力的零件,如轴、辊子、垫圈、螺栓、螺钉、螺母、吊环螺钉
30	25	880	860	600	490	295	21	50	63	179	—	用作重型机械上韧性要求高的锻件及其制件,如气缸、拉杆、吊环机架
35	25	870	850	600	530	315	20	45	55	197	—	用于制作曲轴、转轴、轴销、杠杆、连杆、螺栓、螺母、垫圈、飞轮等,多在正火、调质下使用
40	25	860	840	600	570	335	19	45	47	217	187	热处理后用于制造机床零件,重型、中型机械的曲轴、轴、齿轮、连杆、键、拉杆、活塞等
45	25	850	840	600	600	355	16	40	39	229	197	用于要求综合力学性能高的各种零件,通常在正火或调质下使用,用于制造轴、齿轮、齿条、链轮、螺栓、螺母、销、键、拉杆等
50	25	830	830	600	630	375	14	40	31	241	207	用于要求有一定耐磨性、能承受一定冲击作用的零件,如轮圈、轮缘、轧辊、摩擦盘等
15Mn	25	920	—	—	410	245	26	55	—	163	—	制作心部力学性能要求较高且须渗碳的零件
25Mn	25	900	870	600	490	295	22	50	71	207	—	用作渗碳件,如凸轮、齿轮、联轴器、铰链、销轴
40Mn	25	860	840	600	590	355	17	45	47	229	207	用于制造承受疲劳载荷的零件,如轴、曲轴、连杆及高应力下工作的螺栓、螺母等
50Mn	25	830	830	600	645	390	13	40	31	255	217	用于制造耐磨性要求很高、在高载荷作用下的热处理零件,如齿轮、齿轮轴、摩擦盘、凸轮等
65Mn	25	830	—	—	735	430	9	30	—	285	229	耐磨性好,用来制作圆盘、衬板、齿轮、外花键、弹簧等

表 11-4　合金结构钢

牌号	试样毛坯尺寸/mm	热处理 淬火 温度/℃	热处理 淬火 冷却剂	热处理 回火 温度/℃	热处理 回火 冷却剂	力学性能 抗拉强度 R_m/MPa	力学性能 下屈服强度 R_{eL}/MPa	力学性能 断后伸长率 A(%)	力学性能 断面收缩率 Z(%)	力学性能 冲击吸收能量 KU_2/J	钢材退火或高温回火供应状态HBW	特性应用举例
						不小于					不大于	
20Mn2	15	850 880	水、油 水、油	200 440	水、空 水、空	785	590	10	40	47	187	截面小时与20Cr相当,用于做渗碳小齿轮、小轴、钢套、链板等,渗碳淬火后硬度为56~62HRC

（续）

牌号	试样毛坯尺寸/mm	热处理				力学性能					钢材退火或高温回火供应状态 HBW	特性应用举例
		淬火		回火		抗拉强度 R_m /MPa	下屈服强度 R_{eL} /MPa	断后伸长率 A (%)	断面收缩率 Z (%)	冲击吸收能量 KU_2 /J		
		温度 /℃	冷却剂	温度 /℃	冷却剂							
						不小于					不大于	
35Mn2	25	840	水	500	水	835	685	12	45	55	207	对于截面较小零件可代替 40Cr, 可做直径 ≤ 15mm 的重要用途的冷墩螺栓及小轴等, 表面淬火后硬度为 40~50HRC
45Mn2	25	840	油	550	水、油	885	735	10	45	47	217	用于制造在较高应力与磨损条件下的零件, 可做万向联轴器、齿轮、齿轮轴、蜗杆、曲轴、连杆、外花键和摩擦盘等, 表面淬火后硬度为 45~55HRC
35SiMn	25	900	水	570	水、油	885	735	15	45	47	229	可代替 40Cr 用来制作中、小型轴类、齿轮类零件及 430℃ 以下工作的重要零件, 表面淬火后硬度为 45~55HRC
42SiMn	25	880	水	590	水	885	735	15	40	47	229	与 35SiMn 相同, 可代替 34CrMo、40Cr 钢做大齿圈, 适用于制作表面淬火件, 表面淬火后硬度为 45~55HRC
20MnV	15	880	水、油	200	水、空	785	590	10	40	55	187	相当于 20CrNi 的渗碳钢, 渗碳淬火后硬度为 56~62HRC
20CrMnTi	15	第一次 880 第二次 870	油	200	水、空	1080	835	10	45	55	217	强度、韧性均较高, 可代替镍铬钢用来制作承受高速、中等或重载荷以及冲击、磨损等的重要零件, 表面渗碳后硬度为 56~62HRC
20CrMnMo	15	850	油	200	水、空	1180	885	10	45	55	217	用于要求表面硬度高、耐磨且心部有较高强度、韧性的零件, 如传动齿轮和曲轴等, 渗碳淬火后硬度为 56~62HRC

（续）

牌号	试样毛坯尺寸/mm	热处理				力学性能					钢材退火或高温回火供应状态 HBW	特性应用举例
		淬火		回火		抗拉强度 R_m/MPa	下屈服强度 R_{eL}/MPa	断后伸长率 A（%）	断面收缩率 Z（%）	冲击吸收能量 KU_2/J		
		温度/℃	冷却剂	温度/℃	冷却剂	不小于					不大于	
20Cr	15	第一次880 第二次780~820	水、油	200	水、空	835	540	10	40	47	179	用于要求心部强度较高，承受磨损、尺寸较大的渗碳零件，如齿轮、齿轮轴、蜗杆、凸轮、活塞销等；也用于速度较大、受中等冲击的调质零件，渗碳淬火后硬度为56~62HRC
40Cr	25	850	油	520	水、油	980	785	9	45	47	207	用于承受交变载荷、中等速度、中等载荷、强烈磨损而无很大冲击的重要零件，如重要的齿轮、轴、曲轴、连杆、螺栓、螺母等零件，表面淬火后硬度为48~55HRC
20CrNi	25	850	水、油	460	水、油	785	590	10	50	63	197	用于制造承受较高载荷的渗碳零件，如齿轮、外花键、活塞销等
40CrNi	25	850	油	500	水、油	980	785	10	45	55	241	用于制造要求强度高、韧性高的零件，如齿轮、轴、链条、连杆等

表 11-5　灰铸铁

牌号	铸件壁厚/mm	最小抗拉强度 R_m/MPa	硬度 HBW	应用举例
HT100	2.5~10	130	110~166	盖、外罩、油盘、手轮、手把、支架等
	10~20	100	93~140	
	20~30	90	87~131	
	30~50	80	82~122	
HT150	2.5~10	175	137~205	端盖、轴承座、阀壳、管子及管路附件，手轮，一般机床底座、床身及其他复杂零件滑座、工作台等
	10~20	145	119~179	
	20~30	130	110~166	
	30~50	120	141~157	
HT200	2.5~10	220	157~236	气缸、齿轮、底架、箱体、飞轮、机床床身及承受中等压力的油缸、液压泵和阀的壳体
	10~20	195	148~222	
	20~30	170	134~200	
	30~50	160	128~192	

（续）

牌号	铸件壁厚/mm	最小抗拉强度 R_m/MPa	硬度 HBW	应用举例
HT250	4.0~10	270	175~262	阀壳、油缸、气缸、联轴器、箱体、外壳、飞轮衬套、轴承座等
	10~20	240	164~246	
	20~30	220	157~236	
	30~50	200	150~225	
HT300	10~20	290	182~272	齿轮、凸轮、车床卡盘、剪床、压力机的机身、转塔自动车床及其他重载荷机床铸有导轨的床身、高压油缸、液压泵和滑阀的壳体等
	20~30	250	168~251	
	30~50	230	161~241	
HT350	10~20	340	199~299	
	20~30	290	182~272	
	30~50	260	171~257	

注：灰铸铁的硬度是由经验公式计算得到的。

表 11-6　球墨铸铁

牌号	抗拉强度 R_m/MPa min	屈服强度 $R_{p0.2}$/MPa min	伸长率 A(%) min	硬度 HBW	用　　途
QT350-22L	350	220	22	≤160	减速器箱体、管、阀体、阀盖、压缩机气缸、拨叉、离合器壳等
QT400-18L	400	240	18	120~175	
QT400-15	400	250	15	120~180	
QT450-10	450	310	10	160~210	油泵齿轮、阀门体、车辆轴瓦、凸轮、犁铧、减速器箱体、轴承座等
QT500-7	500	320	7	170~230	
QT550-5	550	350	5	180~250	
QT600-3	600	370	3	190~270	曲轴、凸轮轴、齿轮轴、机床主轴、缸体、缸套、连杆、矿车轮、农机零件等
QT700-2	700	420	2	225~305	
QT800-2	800	480	2	245~335	
QT900-2	900	600	2	280~360	曲轴、凸轮轴、连杆、履带式拖拉机链轨板等

表 11-7　一般工程用铸造碳素钢

牌号	抗拉强度 R_m/MPa	屈服强度 R_{eH}($R_{p0.2}$)/MPa	断后伸长率 A(%)	根据合同选择		硬度		应用举例
				断面收缩率 Z(%)	冲击吸收能量 kV/J	正火回火 HBW	表面淬火 HRC	
	最小值							
ZG200-400	400	200	25	40	30	—	—	各种形状的机件、如机座、变速箱壳等
ZG230-450	450	230	22	32	25	≥131	—	铸造平坦的零件、如机座、机盖、箱体、铁砧台,工作温度在450℃以下的管路附件等,焊接性能好

（续）

牌号	抗拉强度 R_m /MPa	屈服强度 R_{eH} ($R_{p0.2}$) /MPa	断后伸长率 A (%)	根据合同选择		硬度		应用举例
				断面收缩率 Z (%)	冲击吸收能量 kV/J	正火回火 HBW	表面淬火 HRC	
			最小值					
ZG270-500	500	270	18	25	22	≥143	40~45	各种形状的机件,如飞轮、机架、蒸汽锤、桩锤、联轴器、水压机工作缸、横梁等,焊接性能尚可
ZG310-570	570	310	15	21	15	≥153	40~50	各种形状的机件,如联轴器、气缸、齿轮、齿轮圈及重载荷机架等
ZG340-640	640	340	10	18	10	169~229	45~50	起重运输机中齿轮、联轴器及重要的机件等

11.2　有色金属材料

表 11-8　铸造铜合金

合金牌号 合金名称	铸造方法	力学性能				特性与应用举例
		抗拉强度 R_m/MPa	屈服强度 $R_{p0.2}$/MPa	断后伸长率 A (%)	布氏硬度 HBW	
		不小于				
ZCuSn5Pb5Zn5 5-5-5 锡青铜	S、J、R	200	90	13	60*	耐磨性和耐蚀性好,易加工,铸造性和气密性较好,用于较高载荷、中等滑动速度下工作的耐磨、耐蚀零件,如轴瓦、衬套、缸套、油塞、离合器、蜗轮等
	Li、La	250	100	13	65*	
ZCuSn10Pb1 10-1 锡青铜	S、R	220	130	3	80*	硬度高,耐磨性好,不易产生咬死现象,有较好的铸造和可加工性,在大气和淡水中有良好的耐磨性 可用于高载荷(20MPa以下)和高滑动速度(8m/s)下工作的耐磨零件,如连杆、衬套、轴瓦、齿轮、蜗轮等
	J	310	170	2	90*	
	Li	330	170	4	90*	
	La	360	170	6	90*	
ZCuSn10Zn2 10-2 锡青铜	S	240	120	12	70*	耐腐蚀、耐磨损、可加工性好,铸造性好,铸件致密性较高,气密性较好 用作中等及较高载荷和小滑动速度下工作的重要管配件以及阀、旋塞、泵体、齿轮、叶轮和蜗轮等
	J	245	140	6	80*	
	Li、La	270	140	7	80*	
ZCuAl8Mn13Fe3Ni2 8-13-3-2 铝青铜	S	645	280	20	160	力学性能好,耐蚀性、耐磨性、铸造性好,可焊接、制造强度高、耐蚀的重要铸件,如船舶螺旋桨、高压阀体、泵体、耐压耐磨的蜗轮、齿轮、法兰、衬套等
	J	670	310	18	170	
ZCuAl9Mn2 9-2 铝青铜	S、R	390	150	20	85	力学性能好,耐蚀性、耐磨性、铸造性好,可焊接但不易钎焊,用于制造耐磨、结构简单的大型铸件,如衬套、齿轮、蜗轮及增压器内气封
	J	440	160	20	95	

（续）

合金牌号 合金名称	铸造方法	力学性能				特性与应用举例
		抗拉强度 R_m/MPa	屈服强度 $R_{p0.2}$/MPa	断后伸长率 A（%）	布氏硬度 HBW	
		不小于				
ZCuAl10Fe3 10-3 铝青铜	S	490	180	13	100*	力学性能好，耐蚀性、耐磨性、抗氧化性好，可焊接但不易钎焊，大型铸件700℃空冷可防止变脆，制造强度高、耐蚀的零件，如蜗轮、轴承、衬套管嘴、耐热管配件
	J	540	200	15	110*	
	Li、La	540	200	15	110*	
ZCuAl9Fe4Ni4Mn2 9-4-4-2 铝青铜	S	630	250	16	160	力学性能好，用于制造耐磨性好、400℃以下具有耐热性、铸造性好的重要铸件和船舶螺旋桨、耐磨和400℃以下工作的零件（如轴承、法兰、阀体、导向套管）
ZCuZn25Al6Fe3Mn3 25-6-3-3 铝黄铜	S	725	380	10	160*	有很好的性能，铸造性良好，耐蚀性较好，有应力腐蚀开裂倾向、可以焊接 适用于高强度、耐磨零件，如桥梁支架板、螺母、螺杆、耐磨板、滑块和蜗轮等
	J	740	400	7	170*	
	Li、La	740	400	7	170*	
ZCuZn38Mn2Pb2 38-2-2 锰黄铜	S	245	—	10	70	有较好力学性能和耐蚀性，耐磨性较好，可加工性良好 用于制造一般用途的结构件和船舶仪表等外形简单的铸件，如套筒、衬套、轴瓦、滑块等
	J	345	—	18	80	

注：1. 铸造方法代号：S——砂型铸造；J——金属型铸造；Li——离心铸造；La——连续铸造；R——熔模铸造。
    2. 有"*"符号的数据为参考值。

表 11-9 铸造轴承合金

组别	牌号	主要化学成分（质量分数，%）						HBW	应用举例
		Sb	Cu	Pb	Sn	Cd	As	不小于	
锡锑轴承合金	ZSnSb11Cu6	10.0~12.0	5.5~6.5		余量			27	适用于大型高速内燃机、涡轮机、透平压缩机、高速内燃机、电动机轴承等
	ZSnSb4Cu4	4.0~5.0	4.0~5.0		余量			20	耐蚀、耐热、耐磨，适用于涡轮机、内燃机高速轴承
	ZSnSb8Cu4	7.0~8.0	3.0~4.0		余量			24	适用于一般大型机器滑动轴承，载荷压力较大
铅锑轴承合金	ZPbSb16Sn16Cu2	15.0~17.0	1.5~2.0	余量	15.0~17.0			30	用于浇注下列各种机器轴承衬，蒸汽涡轮机、发电机、压缩机、轧钢机、离心泵等
	ZPbSb15Sn5Cu3Cd2	14.0~16.0	2.5~3.0	余量	5.0~6.0	1.75~2.25	0.6~1.0	32	用于浇注汽油发动机的轴承，各种功率压缩机的外伸轴承，功率 100~250kW 的电动机、球磨机、小型轧钢机的齿轮箱及矿山泵等轴承等

第 12 章

连接件与紧固件

12.1 螺纹

表 12-1 普通螺纹基本尺寸（GB/T 196—2003）　　　　（单位：mm）

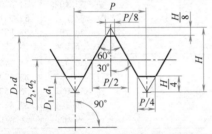

$H = 0.866P$

$d_2 = d - 0.6495P$

$d_1 = d - 1.0825P$

D、d—内、外螺纹基本大径（公称直径）

D_2、d_2—内、外螺纹基本中径

D_1、d_1—内、外螺纹基本小径

P—螺距

标记示例：

M24×1.5（细牙普通螺纹，公称直径 24mm，螺距 1.5mm）

公称直径 D、d		螺距 P		中径 D_2、d_2	小径 D_1、d_1	公称直径 D、d		螺距 P		中径 D_2、d_2	小径 D_1、d_1
第一系列	第二系列	粗牙	细牙			第一系列	第二系列	粗牙	细牙		
3		0.5		2.675	2.459		14	2		12.701	11.835
			0.35	2.773	2.621				1.5	13.026	12.376
	3.5	0.6		3.110	2.850				1.25	13.188	12.647
			0.35	3.273	3.121				1	13.350	12.917
4		0.7		3.545	3.242	16		2		14.701	13.835
			0.5	3.675	3.459				1.5	15.026	14.376
	4.5	0.75		4.013	3.688				1	15.350	14.917
			0.5	4.175	3.959		18	2.5		16.376	15.294
5		0.8		4.480	4.134				2	16.701	15.835
			0.5	4.675	4.459				1.5	17.026	16.376
6		1		5.350	4.917				1	17.350	16.917
			0.75	5.513	5.188	20		2.5		18.376	17.294
8		1.25		7.188	6.647				2	18.701	17.835
			1	7.350	6.917				1.5	19.026	18.376
			0.75	7.513	7.188				1	19.350	18.917
10		1.5		9.026	8.376	24		3		22.051	20.752
			1.25	9.188	8.647				2	22.701	21.835
			1	9.350	8.917				1.5	23.026	22.376
			0.75	9.513	9.188				1	23.350	22.917
12		1.75		10.863	10.106	27		3		25.051	23.752
			1.5	11.026	10.376				2	25.701	24.835
			1.25	11.188	10.647				1.5	26.026	25.376
			1	11.350	10.917				1	26.350	25.917

（续）

公称直径 D、d 第一系列	第二系列	螺距 P 粗牙	细牙	中径 D2、d2	小径 D1、d1
30		3.5		27.727	26.211
			3	28.051	26.752
			2	28.701	27.835
			1.5	29.026	28.376
			1	29.350	28.917
	33	3.5		30.727	29.211
			3	31.051	29.752
			2	31.701	30.835
			1.5	32.026	31.376
36		4		33.402	31.670
			3	34.051	32.752
			2	34.701	33.835
			1.5	35.026	34.376
	39	4		36.402	34.670
			3	37.051	35.752
			2	37.701	36.835
			1.5	38.026	37.376
42		4.5		39.077	37.129
			4	39.402	37.670
			3	40.051	38.752
			2	40.701	39.835
			1.5	41.026	40.376
	45	4.5		42.077	40.129
			4	42.402	40.670
			3	43.051	41.752
			2	43.701	42.835
			1.5	44.026	43.376
48		5		44.752	42.587
			4	45.402	43.670
			3	46.051	44.752
			2	46.701	45.835
			1.5	47.026	46.376
	52	5		48.752	46.587
			4	49.402	47.670
			3	50.051	48.752
			2	50.701	49.835
			1.5	51.026	50.376
56		5.5		52.428	50.046
			4	53.402	51.670
			3	54.051	52.752
			2	54.701	53.835
			1.5	55.026	54.376
	60	5.5		56.428	54.046
			4	57.402	55.670
			3	58.051	56.752
			2	58.701	57.835
			1.5	59.026	58.376

注：优先选用第一系列，其次第二系列，第三系列（表中未列出）尽可能不用。

表 12-2　普通螺纹旋合长度（GB/T 197—2018）　　　（单位：mm）

公称直径 D、d >	≤	螺距 P	旋合长度 S ≤	N >	N ≤	L >
1.4	2.8	0.2	0.5	0.5	1.5	1.5
		0.25	0.6	0.6	1.9	1.9
		0.35	0.8	0.8	2.6	2.6
		0.4	1	1	3	3
		0.45	1.3	1.3	3.8	3.8
2.8	5.6	0.35	1	1	3	3
		0.5	1.5	1.5	4.5	4.5
		0.6	1.7	1.7	5	5
		0.7	2	2	6	6
		0.75	2.2	2.2	6.7	6.7
		0.8	2.5	2.5	7.5	7.5
5.6	11.2	0.75	2.4	2.4	7.1	7.1
		1	3	3	9	9
		1.25	4	4	12	12
		1.5	5	5	15	15
11.2	22.4	1	3.8	3.8	11	11
		1.25	4.5	4.5	13	13
		1.5	5.6	5.6	16	16
		1.75	6	6	18	18
		2	8	8	24	24
		2.5	10	10	30	30
22.4	45	1	4	4	12	12
		1.5	6.3	6.3	19	19
		2	8.5	8.5	25	25
		3	12	12	36	36
		3.5	15	15	45	45
		4	18	18	53	53
		4.5	21	21	63	63
45	90	1.5	7.5	7.5	22	22
		2	9.5	9.5	28	28
		3	15	15	45	45
		4	19	19	56	56
		5	24	24	71	71
		5.5	28	28	85	85
		6	32	32	95	95
90	180	2	12	12	36	36
		3	18	18	53	53
		4	24	24	71	71
		6	36	36	106	106
		8	45	45	132	132
180	355	3	20	20	60	60
		4	26	26	80	80
		6	40	40	118	118
		8	50	50	150	150

注：S——短旋合长度；N——中等旋合长度；L——长旋合长度。

表12-3　普通螺纹收尾、肩距、退刀槽、倒角（GB/T 3—1997）　（单位：mm）

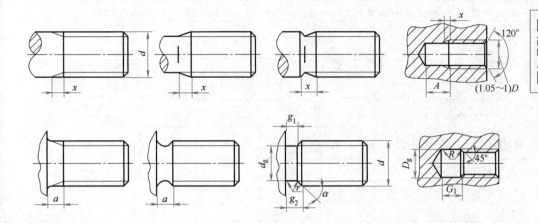

螺距 P	外螺纹									内螺纹							
	收尾 x max		肩距 a max			退刀槽				收尾 x max		肩距 A		退刀槽			
	一般	短的	一般	长的	短的	g_2 max	g_1 min	r ≈	d_g	一般	短的	一般	长的	G_1 一般	G_1 短的	R ≈	D_g
0.5	1.25	0.7	1.5	2	1	1.5	0.8	0.2	$d-0.8$	2	1	3	4	2	1	0.2	
0.6	1.5	0.75	1.8	2.4	1.2	1.8	0.9		$d-1$	2.4	1.2	3.2	4.8	2.4	1.2	0.3	$D+0.3$
0.7	1.75	0.9	2.1	2.8	1.4	21.1	1.1	0.4	$d-1.1$	2.8	1.4	3.5	5.6	2.8	1.4	0.4	
0.75	1.9	1	2.25	3	1.5	2.25	1.2		$d-1.2$	3	1.5	3.8	5.6	3	1.5	0.4	
0.8	2	1	2.4	3.2	1.6	2.4	1.3		$d-1.3$	3.2	1.6	4	6.4	3.2	1.6	0.4	
1	2.5	1.25	3	4	2	3	1.6	0.6	$d-1.6$	4	2	5	8	4	2	0.5	
1.25	3.2	1.6	4	5	2.5	3.75	2		$d-2$	5	2.5	6	10	5	2.5	0.6	
1.5	3.8	1.9	4.5	6	3	4.5	2.5	0.8	$d-2.3$	6	3	7	12	6	3	0.8	
1.75	4.3	2.2	5.3	7	3.5	5.25	3	1	$d-2.6$	7	3.5	9	14	7	3.5	0.9	
2	5	2.5	6	8	4	6	3.4		$d-3$	8	4	10	16	8	4	1	
2.5	6.3	3.2	7.5	10	5	7.5	4.4	1.2	$d-3.6$	10	5	12	18	10	5	1.2	$D+0.5$
3	7.5	3.8	9	12	6	9	5.2	1.6	$d-4.4$	12	6	14	22	12	6	1.5	
3.5	9	4.5	10.5	14	7	10.5	6.2		$d-5$	14	7	16	24	14	7	1.8	
4	10	5	12	16	8	12	7	2	$d-5.7$	16	8	18	26	16	8	2	
4.5	11	5.5	13.5	18	9	13.5	8	2.5	$d-6.4$	18	9	21	29	18	9	2.2	
5	12.5	6.3	15	20	10	15	9		$d-7$	20	10	23	32	20	10	2.5	
5.5	14	7	16.5	22	11	17.5	11	3.2	$d-7.7$	22	11	25	35	22	11	2.8	
6	15	7.5	18	24	12	18	11		$d-8.3$	24	12	28	38	24	12	3	

注：1. 外螺纹倒角一般为45°，也可采用60°或30°倒角；倒角深度应大于或等于牙型高度，过渡角 α 应不小于30°。内螺纹入口端面的倒角一般为120°，也可采用90°倒角。端面倒角直径为（1.05~1）D（D 为螺纹公称直径）。

2. 应优先选用"一般"长度的收尾和肩距。

表 12-4　螺栓与螺钉通孔及沉孔尺寸　　　　　　　　　　　　　　　（单位：mm）

螺纹规格	螺栓和螺钉通孔直径 d_0 (GB/T 5277—1985)			沉头螺钉用沉孔 (GB/T 152.2—2014)				内六角圆柱头螺钉用沉孔 (GB/T 152.3—1988)				六角头螺栓和六角螺母用沉孔 (GB/T 152.4—1988)			
d	精装配	中等装配	粗装配	D_c	$t\approx$	d_h	α	d_2	t	d_3	d_1	d_2	d_3	d_1	t
M3	3.2	3.4	3.6	6.3	1.55	3.4		6.0	3.4		3.4	9		3.4	
M4	4.3	4.5	4.8	9.4	2.55	4.5		8.0	4.6		4.5	10		4.5	
M5	5.3	5.5	5.8	10.4	2.58	5.5		10.0	5.7	—	5.5	11		5.5	
M6	6.4	6.6	7	12.6	3.13	6.6		11.0	6.8		6.6	13		6.6	
M8	8.4	9	10	17.3	4.28	9		15.0	9.0		9.0	18		9.0	
M10	10.5	11	12	20.0	4.65	11		18.0	11.0		11.0	22		11.0	
M12	13	13.5	14.5					20.0	13.0	16	13.5	26	16	13.5	
M14	15	15.5	16.5				$90°\pm1°$	24.0	15.0	18	15.5	30	18	13.5	只要能制出与通孔轴线垂直线的圆平面即可
M16	17	17.5	18.5					26.0	17.5	20	17.5	33	20	17.5	
M18	19	20	21					—	—	—	—	36	20	20.0	
M20	21	22	24					33.0	21.5	24	22.0	40	24	22.0	
M22	23	24	26	—	—	—		—	—	—	—	43	26	24	
M24	25	26	28					40.0	25.5	28	26.0	48	28	26	
M27	28	30	32					—	—	—	—	53	33	30	
M30	31	33	35					48.0	32.0	36.0	33.0	61	36	33	
M36	37	39	42					57.0	38.0	42.0	39.0	71	42	39	

表 12-5　普通粗牙螺柱、螺钉的余留长度和钻孔深度　　　　　　　　（单位：mm）

拧入深度 L 可参考表 12-6 或由设计者决定
钻孔深度 $L_2 = L + l_2$；螺纹孔深度 $L_1 = L + l_1$

螺纹直径 d	余留长度			末端长度 a
	内螺纹 l_1	外螺纹 l	钻孔 l_2	
5	1.5	2.5	6	2~3
6	2	3.5	7	2.5~4
8	2.5	4	9	
10	3	4.5	10	3.5~5
12	3.5	5.5	13	
14、16、18、20、22	4	6	14	4.5~6.5
	5	7	17	
24、27	6	8	20	5.5~8
30	7	10	23	
36	8	11	26	7~11
42	9	12	30	
48	10	13	33	10~15
56	11	16	36	

表 12-6 普通粗牙螺柱、螺钉的拧入深度和螺纹尺寸 （单位：mm）

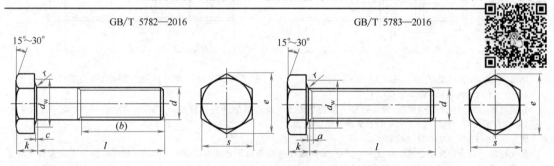

d	d_0	用于钢或青铜		用于铸铁		用于铝	
		h	L	h	L	h	L
6	5	8	6	12	10	15	12
8	6.8	10	8	15	12	20	16
10	8.5	12	10	18	15	24	20
12	10.2	15	12	22	18	28	24
16	14	20	16	28	24	36	32
20	17.5	25	20	35	30	45	40
24	21	30	24	42	35	55	48
30	26.5	36	30	50	45	70	60
36	32	45	36	65	55	80	72
42	37.5	50	42	75	65	95	85

注：h 为内螺纹通孔长度；L 为双头螺柱或螺钉拧入深度；d_0 为攻螺纹前的钻孔直径。

12.2 螺栓、螺柱与螺钉

表 12-7 六角头螺栓—A 级和 B 级（GB/T 5782—2016）
六角头螺栓—全螺纹—A 级和 B 级（GB/T 5783—2016） （单位：mm）

GB/T 5782—2016   GB/T 5783—2016

标记示例：

螺纹规格 d = M12、公称长度 l = 80mm、性能等级为 8.8 级、表面不经处理、A 级六角头螺栓的标记为

螺栓 GB/T 5782 M12×80

标记示例：

螺纹规格 d = M12、公称长度 l = 80mm、性能等级为 8.8 级、表面不经处理、全螺纹、A 级六角头螺栓的标记为

螺栓 GB/T 5783 M12×80

螺纹规格 d			M3	M4	M5	M6	M8	M10	M12	(M14)	M16	(M18)	M20	(M22)	M24	(M27)	M30	M36
b 参考	$l \leqslant 125$		12	14	16	18	22	26	30	34	38	42	46	50	54	60	66	72
	$125 < l \leqslant 200$		18	20	22	24	28	32	36	40	44	48	52	56	60	66	72	84
	$l > 200$		31	33	33	37	41	45	49	53	57	61	65	69	73	79	85	97
a	max		1.5	2.1	2.4	3	3.75	4.5	5.25	6	6	7.5	7.5	7.5	9	9	10.5	12
c	max		0.4	0.4	0.5	0.5	0.6	0.6	0.6	0.6	0.8	0.8	0.8	0.8	0.8	0.8	0.8	0.8
	min		0.15	0.15	0.15	0.15	0.15	0.15	0.15	0.15	0.2	0.2	0.2	0.2	0.2	0.2	0.2	0.2
d_w	max	A	4.57	5.88	6.88	8.88	11.63	14.63	16.63	19.64	22.49	25.34	28.19	31.71	33.61	—	—	—
		B	4.45	5.74	6.74	8.74	11.47	14.47	16.47	19.15	22	24.85	27.7	31.35	33.25	38	42.75	51.11

（续）

螺纹规格 d			M3	M4	M5	M6	M8	M10	M12	(M14)	M16	(M18)	M20	(M22)	M24	(M27)	M30	M36
e	min	A	6.01	7.66	8.79	11.05	14.38	17.77	20.03	23.35	26.75	30.14	33.53	37.72	39.98	—	—	—
		B	5.88	7.5	8.63	10.89	14.20	17.59	19.85	22.78	26.17	29.56	32.95	37.29	39.55	45.2	50.85	60.79
k	公称		2	2.8	3.5	4	5.3	6.4	7.5	8.8	10	11.5	12.5	14	15	17	18.7	22.5
r	min		0.1	0.2	0.2	0.25	0.4	0.4	0.6	0.6	0.6	0.6	0.8	0.8	0.8	1	1	1
s	公称		5.5	7	8	10	13	16	18	21	24	27	30	34	36	41	46	55
l 范围			20~30	25~40	25~50	30~60	35~80	40~100	45~120	60~140	55~160	60~180	65~200	70~220	80~240	90~260	90~300	110~360
l 范围（全螺纹）			6~30	8~40	10~50	12~60	16~80	20~100	25~120	30~140	30~160	35~180	40~150	45~220	50~150	90~260	90~300	110~360
l 系列			6、8、10、12、16、20~70（5进位）、80~160（10进位）、180~360（20进位）															

技术条件	材料	力学性能等级	螺纹公差	公差产品等级		表面处理
	钢	5.6、8.8、9.8、10.9	6g	A 级用于 $d \le 24$mm 和 $l \le 10d$ 或 $l \le 150$mm	B 级用于 $d > 24$mm 或 $l > 10d$ 或 $l > 150$mm	不经处理、电镀或钝化

注：1. A、B 为产品等级，A 级最精确，C 级最不精确。C 级产品详见 GB/T 5780—2016、GB/T 5781—2016。

2. 括号内为第二系列螺纹规格，尽量不采用。

表 12-8　双头螺柱 $b_m = 1.25d$（GB/T 898—1988）、$b_m = 1d$（GB/T 897—1988）

$b_m = 1.5d$（GB/T 899—1988）　　　　　　（单位：mm）

 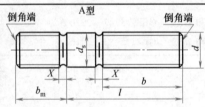 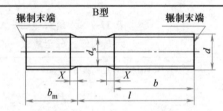

标记示例：

两端均为粗牙普通螺纹、$d = 10$mm、$l = 50$mm、性能等级为 4.8 级、不经表面处理、B 型、$b_m = 1.25d$ 的双头螺柱的标记为

螺柱　GB/T 898 M10×50

旋入机体一端为粗牙普通螺纹、旋入螺母一端为螺距 $P = 1$mm 的细牙普通螺纹、$d = 10$mm、$l = 50$mm、性能等级为 4.8 级、不经表面处理、A 型、$b_m = 1.25d$ 的双头螺柱的标记为

螺柱　GB/T 898 AM10-M10×1×50

旋入机体一端为过渡配合螺纹的第一种配合、旋入螺母一端为粗牙普通螺纹、$d = 10$mm、$l = 50$mm、性能等级为 8.8 级、镀锌钝化、B 型、$b_m = 1.25d$ 的双头螺柱的标记为

螺柱　GB/T 898 GM10-M10×50-8.8-Zn·D

螺纹规格 d		$d_s \approx$ 螺纹中径（B 型）									
螺纹规格 d		M5	M6	M8	M10	M12	M16	(M18)	M20	M24	M30
b_m	GB 897	5	6	8	10	12	16	18	20	24	30
	GB 898	6	8	10	12	15	20	22	25	30	38
	GB 899	8	10	12	15	18	24	27	30	36	45
d_s	min	4.7	5.70	7.64	9.64	11.57	15.57	17.57	19.48	23.48	29.48
	max	5.0	6.00	8.00	10.00	12.00	16.00	18.00	20.00	24.00	30.00
X	max	1.5P									
l 范围 对应 b 值		$\dfrac{16~22}{10}$	$\dfrac{20~22}{10}$	$\dfrac{20~22}{12}$	$\dfrac{25~28}{14}$	$\dfrac{25~30}{16}$	$\dfrac{30~38}{30}$	$\dfrac{35~40}{22}$	$\dfrac{35~40}{25}$	$\dfrac{45~50}{30}$	$\dfrac{60~65}{40}$
		$\dfrac{25~50}{16}$	$\dfrac{25~30}{14}$	$\dfrac{25~30}{16}$	$\dfrac{30~38}{16}$	$\dfrac{32~40}{20}$	$\dfrac{40~55}{30}$	$\dfrac{45~60}{35}$	$\dfrac{45~65}{35}$	$\dfrac{55~75}{45}$	$\dfrac{70~90}{50}$

（续）

$d_s \approx$ 螺纹中径（B型）									
螺纹规格 d	M5	M6	M8	M10	M12	M16	（M18）	M20	M24	M30
l 范围 对应 b 值	—	$\dfrac{32\sim75}{18}$	$\dfrac{32\sim90}{22}$	$\dfrac{40\sim120}{26}$	$\dfrac{45\sim120}{30}$	$\dfrac{60\sim120}{38}$	$\dfrac{65\sim120}{42}$	$\dfrac{70\sim120}{46}$	$\dfrac{80\sim120}{54}$	$\dfrac{95\sim120}{66}$
	—	—	—	$\dfrac{130}{32}$	$\dfrac{130\sim180}{36}$	$\dfrac{130\sim200}{44}$	$\dfrac{130\sim200}{48}$	$\dfrac{130\sim200}{52}$	$\dfrac{130\sim200}{60}$	$\dfrac{130\sim200}{72}$
	—	—	—	—	—	—	—	—	—	$\dfrac{210\sim250}{85}$
范围	16~50	20~75	20~90	25~130	25~180	30~200	35~200	35~200	45~200	60~250
l 系列	16、(18)、20、(22)、25、(28)、30、(32)、35、(38)、40~100(5 进位)、110~260(10 进位)、280、300									

注：1. 括号内的规格尽量不用。

2. 螺纹公差 6g 过渡配合螺纹代号为 GM、G₂M。（螺纹公差 6g 过渡配合螺纹代号为 GM、G_2M。）

3. $b_m = 1d$ 一般用于钢对钢，$b_m = (1.25\sim1.5)d$ 一般用于钢对铸铁。

4. 末端按 GB/T 2—2016 的规定。

表 12-9　六角头加强杆螺栓（GB/T 27—2013）　　　　　　　（单位：mm）

允许制造的形式

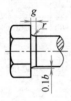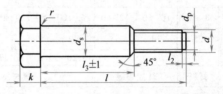

标记示例：

螺纹规格为 M12、d_s 尺寸按表规定、公称长度 l=80mm、性能等级 8.8 级、表面氧化处理、A 级的六角头加强杆螺栓标记为

螺栓　GB/T 27　M12×80

当 d_s 按 m6 制造时应标记为

螺栓　GB/T 27　M12m6×80

螺纹规格 d		M6	M8	M10	M12	（M14）	M16	（M18）	M20	（M22）	M24	（M27）	M30
d_s(h9)	max	7	9	11	13	15	17	19	21	23	25	28	32
s	max	10	13	16	18	21	24	27	30	34	36	41	46
k	公称	4	5	6	7	8	9	10	11	12	13	15	17
r	min	0.25	0.4	0.4	0.6	0.6	0.6	0.6	0.8	0.8	0.8	1	1
d_p		4	5.5	7	8.5	10	12	13	15	17	18	21	23
l_2		1.5		2			3			4			5
e_{min}	A	11.05	14.38	17.77	20.03	23.35	26.75	30.14	33.53	37.72	39.98	—	—
	B	10.89	14.20	17.59	19.85	22.78	26.17	29.56	32.95	37.29	39.55	45.20	50.85
g		2.5				3.5				5			
l_3		13~ 53	10~ 65	12~ 102	13~ 158	15~ 155	17~ 172	20~ 170	23~ 168	25~ 165	27~ 162	33~ 158	30~ 180
l 范围		25~ 65	25~ 80	30~ 120	35~ 180	40~ 180	45~ 200	50~ 200	55~ 200	60~ 200	65~ 200	75~ 200	80~ 230
l 系列		25、(28)、30、(32)、35、(38)、40、45、50、(55)、60、(65)、70、(75)、80、85、90、(95)、100~260(10 进位)、280、300											

表 12-10　内六角圆柱头螺钉（GB/T 70.1—2008）　　　　　　（单位：mm）

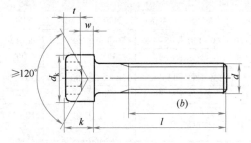

标记示例：
螺纹规格为 M8、公称长度 l = 20mm、性能等级为 8.8 级、表面氧化的 A 级内六角圆柱螺钉的标记为
螺钉　GB/T 70.1 M8×20

螺纹规格 d	M5	M6	M8	M10	M12	M16	M20	M24	M30	M36
b（参考）	22	24	28	32	36	44	52	60	72	84
d_k（max）	8.5	10	13	16	18	24	30	36	45	54
e（min）	4.58	5.72	6.86	9.15	11.42	16	19.44	21.73	25.15	30.85
k（max）	5	6	8	10	12	16	20	24	30	36
s（公称）	4	5	6	8	10	14	17	19	22	27
t（min）	2.5	3	4	5	6	8	10	12	15.5	19
l 范围（公称）	8~50	10~60	12~80	16~100	20~120	25~160	30~200	40~200	45~200	55~200
制成全螺纹时 l≤	25	30	35	40	45	55	65	80	90	110
l 系列（公称）	8、10、12、16、20~70（5 进位）、70~160（10 进位）、180、200										

技术条件	材料	性能等级	螺纹公差		产品等级	表面处理
	钢	8.8、10.9、12.9	12.9 级为 5g 或 6g， 其他性能等级为 6g		A	氧化

表 12-11　开槽盘头螺钉（GB/T 67—2016），开槽沉头螺钉（GB/T 68—2016）

（单位：mm）

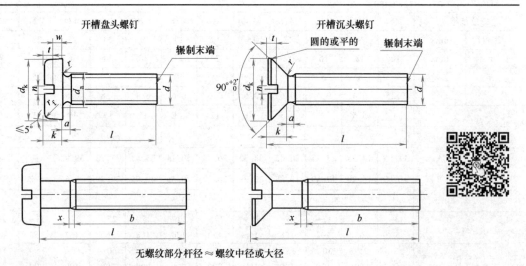

无螺纹部分杆径≈螺纹中径或大径

标记示例：
螺纹规格为 M5、公称长度 l = 20mm、性能等级 4.8 级、表面不经处理的 A 级开槽盘头螺钉（或开槽沉头螺钉）的标记为
螺钉　GB/T 67 M5×20（或 GB/T 68 M5×20）

（续）

螺纹规格 d			M1.6	M2	M2.5	M3	M4	M5	M6	M8	M10
螺距 P			0.35	0.4	0.45	0.5	0.7	0.8	1	1.25	1.5
a		max	0.7	0.8	0.9	1	1.4	1.6	2	2.5	3
b		min	25	25	25	25	38	38	38	38	38
n		公称	0.4	0.5	0.6	0.8	1.2	1.2	1.6	2	2.5
x		max	0.9	1	1.1	1.25	1.75	2	2.5	3.2	3.8
开槽盘头螺钉	d_k max		3.2	4	5	5.6	8	9.5	12	16	20
	d_a max		2	2.6	3.1	3.6	4.7	5.7	6.8	9.2	11.2
	k max		1	1.3	1.5	1.8	2.4	3	3.6	4.8	6
	r min		0.1	0.1	0.1	0.1	0.2	0.2	0.25	0.4	0.4
	r_f 参考		0.5	0.6	0.8	0.9	1.2	1.5	1.8	2.4	3
	t min		0.35	0.5	0.6	0.7	1	1.2	1.4	1.9	2.4
	w min		0.3	0.4	0.5	0.7	1	1.2	1.4	1.9	2.4
	l 商品规格范围		2~16	2.5~20	3~25	4~30	5~40	6~50	8~60	10~80	12~80
开槽沉头螺钉	d_k max		3	3.8	4.7	5.5	8.4	9.3	11.3	15.8	18.3
	k max		1	1.2	1.5	1.65	2.7	2.7	3.3	4.65	5
	r max		0.4	0.5	0.6	0.8	1	1.3	1.5	2	2.5
	t min		0.32	0.4	0.5	0.6	1	1.1	1.2	1.8	2
	l 商品规格范围		2.5~16	3~20	4~25	5~30	6~40	8~50	8~60	10~80	12~80
l 系列			2、2.5、3、4、5、6、8、10、12、(14)、16、20~80(5进位)								

技术条件	材料	性能等级	螺纹公差	公差产品等级	表面处理
	钢	4.8、5.8	6g	A	不经处理、电镀等

注：1. 公称长度 l 中 (14)mm、(55)mm、(65)mm、(75)mm 规格尽可能不采用。

2. 对开槽盘头螺钉，$d \le M3$、$l \le 30mm$ 或 $d \ge M4$、$l \le 40mm$ 时，制出全螺纹（$b=l-a$）。

对开槽沉头螺钉，$d \le M3$、$l \le 30mm$ 或 $d \ge M4$、$l \le 40mm$ 时，制出全螺纹 [$b=l-(k+a)$]。

表 12-12 紧定螺钉 （单位：mm）

开槽锥端紧定螺钉
(GB/T 71—2018)

开槽平端紧定螺钉
(GB/T 73—2017)

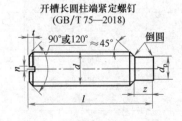
开槽长圆柱端紧定螺钉
(GB/T 75—2018)

标记示例：

螺纹规格为 M5、公称长度 $l=12mm$、钢制、硬度等级 14H 级、表面不经处理、产品等级 A 级的开槽锥端紧定螺钉的标记为

螺钉 GB/T 71 M5×12

（续）

螺纹规格 d		M3	M4	M5	M6	M8	M10	M12
螺距 P		0.5	0.7	0.8	1	1.25	1.5	1.75
d_t	max	0.3	0.4	0.5	1.5	2	2.5	3
	min	—	—	—	—	—	—	—
d_p	max	2	2.5	3.5	4	5.5	7	8.5
	min	1.75	2.25	3.2	3.7	5.2	6.64	8.14
n	公称	0.4	0.6	0.8	1	1.2	1.6	2
t	max	1.05	1.42	1.63	2	2.5	3	3.6
	min	0.8	1.12	1.28	1.6	2	2.4	2.8
z	max	1.75	2.25	2.75	3.25	4.3	5.3	6.3
	min	1.5	2	2.5	3	4	5	6
l 系列		4、5、6、8、10、12、(14)、16、20~50(5 进位)、(55)、60						

表 12-13　吊环螺钉（GB/T 825—1988）　　　　　（单位：mm）

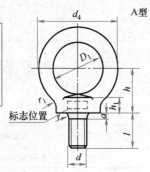
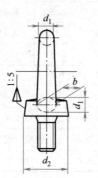
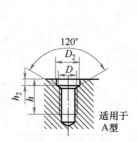

标记示例：

螺纹规格为 M20、材料为 20 钢、经正火处理、表面不经处理的 A 型吊环螺钉的标记为

螺钉 GB/T 825 M20

规格 d		M8	M10	M12	M16	M20	M24	M30	M36
d_1	max	9.1	11.1	13.1	15.2	17.4	21.4	25.7	30.0
	min	7.6	9.6	11.6	13.6	15.6	19.6	23.5	27.5
D_1	公称	20	24	28	34	40	48	56	67
	min	19.0	23.0	27.0	32.9	38.8	46.8	54.6	65.5
	max	20.4	24.4	28.4	34.5	40.6	48.6	56.6	67.7
d_2	max	21.1	25.1	29.1	35.2	41.4	49.4	57.5	69.0
	min	19.6	23.6	27.6	33.6	39.6	47.6	55.5	60.5
h_1	max	7.0	9.0	11.0	13.0	15.1	19.1	23.2	27.4
	min	5.6	7.6	9.6	11.6	13.5	17.5	21.4	25.4
l	公称	16	20	22	28	35	40	45	55
	min	15.1	18.95	22.95	26.95	33.75	38.75	43.75	53.5
	max	16.9	21.05	23.05	29.05	36.25	41.25	46.25	58.5

（续）

规格 d		M8	M10	M12	M16	M20	M24	M30	M36
d_4	参考	36	44	52	62	72	88	104	123
h		18	22	26	31	36	44	53	63
r_1		4	4	6	6	8	12	15	18
r	min	1	1	1	1	1	2	2	3
a	max	2.0	3.0	3.5	4.0	5.0	6.0	7.0	8.0
b		10	12	14	16	19	24	28	32
D		M8	M10	M12	M16	M20	M24	M30	M36
D_2	公称(min)	13.00	15.00	17.00	22.00	28.00	32.00	37.00	45.00
	max	13.43	15.43	17.52	22.52	28.52	32.62	38.62	45.62
h_2	公称(min)	2.50	3.00	3.50	4.50	5.00	7.00	8.00	9.50
	max	2.90	3.40	3.98	4.98	5.48	7.58	8.58	10.08
单螺钉起吊重 /t	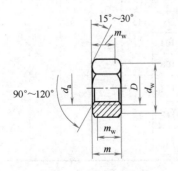	0.16	0.25	0.4	0.63	1	1.6	2.5	4
双螺钉起吊重 /t	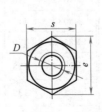	0.08	0.125	0.2	0.32	0.5	0.8	1.25	2

注：1. 螺纹公差为 8g。

   2. 材料为 20、25 钢。

12.3 螺母与垫片

表 12-14 I 型六角螺母（GB/T 6170—2015）   （单位：mm）

标记示例：

螺纹规格为 M12、性能等级 10 级、表面不经处理、产品等级 A 级的 I 型六角螺母的标记为

螺母 GB/T 6170 M12

（续）

螺纹规格 D		M5	M6	M8	M10	M12	M16	M20	M24	M30	M36	M42
d_w	min	6.9	8.9	11.6	14.6	16.6	22.5	27.7	33.2	42.7	51.1	60.6
e	min	8.79	11.05	14.38	17.77	20.03	26.75	32.95	39.55	50.85	60.79	70.02
m	max	4.7	5.2	6.8	8.4	10.8	14.8	18.0	21.5	25.6	31	34
s	max	8	10	13	16	18	24	30	36	46	55	65
m_w	min	3.5	3.9	5.2	6.4	8.3	11.3	13.5	16.2	19.4	23.5	25.9

表 12-15　圆螺母（GB/T 812—1988）　　　　　　　　　　　（单位：mm）

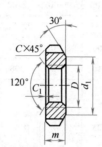

$D \leqslant$ M100×2，槽数 $n=4$
$D \geqslant$ M105×2，槽数 $n=6$

标记示例：

螺纹规格 $D \times P$ = M16×1.5、材料为 45 钢、全部热处理后硬度为 35~45HRC、表面氧化的圆螺母的标记为

螺母 GB/T 812　M16×1.5

螺纹规格 $D \times P$	d_k	d_1	m	n min	t min	C	C_1	螺纹规格 $D \times P$	d_k	d_1	m	n min	t min	C	C_1
M10×1	22	16	8	4	2	0.5		M48×1.5	72	60	12	8	3.5	1.5	0.5
M12×1.25	25	19						M50×1.5①							
M14×1.5	28	20						M52×1.5	78	67					
M16×1.5	30	22						M55×2①							
M18×1.5	32	24						M56×2	85	74					
M20×1.5	35	27						M60×2	90	79					
M22×1.5	38	30		5	2.5		0.5	M64×2	95	84					
M24×1.5	42	34						M65×2①							
M25×1.5①								M68×2	100	88		10	4		1
M27×1.5	45	37				1		M72×2	105	93					
M30×1.5	48	40						M75×2①							
M33×1.5	52	43	10					M76×2	110	98	15				
M35×1.5①								M80×2	115	103					
M36×1.5	55	46						M85×2	120	108					
M39×1.5	58	49		6	3			M90×2	125	112	18	12	5		
M40×1.5①						1.5		M95×2	130	117					
M42×1.5	62	53						M100×2	135	122					
M45×1.5	68	59													

① 仅用于滚动轴承锁紧装置。

表 12-16　标准型弹簧垫圈（GB/T 93—1987）和轻型弹簧垫圈（GB/T 859—1987）

（单位：mm）

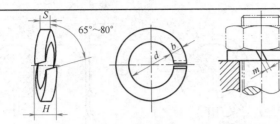

标记示例：

规格为 16mm、材料为 65Mn、表面氧化的标准（或轻型）弹簧垫圈的标记为

垫圈　GB/T 93—1987　16（或 GB/T 859　16）

规格（螺纹大径）			3	4	5	6	8	10	12	(14)	16	(18)	20	(22)	24	(27)	30	(33)	36
GB/T 93—1987	S(b)	公称	0.8	1.1	1.3	1.6	2.1	2.6	3.1	3.6	4.1	4.5	5.0	5.5	6.0	6.8	7.5	8.5	9
	H	min	1.6	2.2	2.6	3.2	4.2	5.2	6.2	7.2	8.2	9	10	11	12	13.6	15	17	18
		max	2	2.75	3.25	4	5.25	6.5	7.75	9	10.25	11.25	12.5	13.75	15	17	18.75	21.25	22.5
	m ≤		0.4	0.55	0.65	0.8	1.05	1.3	1.55	1.8	2.05	2.25	2.5	2.75	3	3.4	3.75	4.25	4.5
GB/T 859—1987	S	公称	0.6	0.8	1.1	1.3	1.6	2	2.5	3	3.2	3.6	4	4.5	5	5.5	6	—	—
	b	公称	1	1.2	1.5	2	2.5	3	3.5	4	4.5	5	5.5	6	7	8	9	—	—
	H	min	1.2	1.6	2.2	2.6	3.2	4	5	6	6.4	7.2	8	9	10	11	12	—	—
		max	1.5	2	2.75	3.25	4	5	6.25	7.5	8	9	10	11.25	12.5	13.75	15	—	—
	m ≤		0.3	0.4	0.55	0.65	0.8	1.0	1.25	1.5	1.6	1.8	2.0	2.25	2.5	2.75	3.0	—	—

表 12-17　小垫圈 A 级（GB/T 848—2002）、平垫圈 A 级（GB/T 97.1—2002）、

平垫圈—倒角型 A 级（GB/T 97.2—2002）　　　（单位：mm）

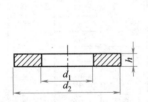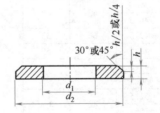

标记示例：

小系列（或标准系列）、公称规格 8mm、硬度等级为 200HV 级、表面不经处理的小垫圈（或平垫圈、倒角型平垫圈）的标记为

垫圈　GB/T 848 8（或 GB/T 97.1 8，或 GB/T 97.2 8）

公称规格（螺纹大径 d）		1.6	2	2.5	3	4	5	6	8	10	12	(14)	16	20	24	30	36
d₁	GB/T 848—2002	1.7	2.2	2.7	3.2	4.3	5.3	6.4	8.4	10.5	13	15	17	21	25	31	37
	GB/T 97.1—2002																
	GB/T 97.2—2002	—	—	—	—	—											
d₂	GB/T 848—2002	3.5	4.5	5	6	8	9	11	15	18	20	24	28	34	39	50	60
	GB/T 97.1—2002	4	5	6	7	9	10	12	16	20	24	28	30	37	44	56	66
	GB/T 97.2—2002	—	—	—	—	—											
h	GB/T 848—2002	0.3	0.3	0.5	0.5	0.5	1	1.6	1.6	1.6	2	2.5	2.5	3	4	4	5
	GB/T 97.1—2002					0.8				2	2.5		3				
	GB/T 97.2—2002	—	—	—	—	—											

表 12-18　圆螺母用止动垫圈（GB/T 858—1988）　　　　（单位：mm）

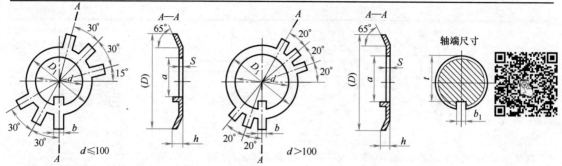

$d \leqslant 100$　　　　　　　　　　　$d > 100$　　　　　　轴端尺寸

标记示例:

规格为 16mm、材料为 Q235A，经退火，表面氧化的圆螺母止动垫圈的标记为

垫圈 GB/T 858 16

规格（螺纹大径）	d	D（参考）	D_1	S	b	a	h	轴端	
								b_1	t
10	10.5	25	16			8			7
12	12.5	28	19		3.8	9	3	4	8
14	14.5	32	20			11			10
16	16.5	34	22			13			12
18	18.5	35	24			15			14
20	20.5	38	27	1		17			16
22	22.5	42	30		4.8	19	4	5	18
24	24.5	45	34			21			20
25*	25.5	45	34			22			—
27	27.5	48	37			24			23
30	30.5	52	40			27			26
33	33.5	56	43			30			29
35*	35.5	56	43			32			—
36	36.5	60	46			33			32
39	39.5	62	49		5.7	36	5	6	35
40*	40.5	62	49			37			—
42	42.5	66	53			39			38
45	45.5	72	59			42			41
48	48.5	76	61			45			44
50*	50.5	76	61			47			—
52	52.5	82	67			49			48
55*	56	82	67	1.5	7.7	52		8	—
56	57	90	74			53			52
60	61	94	79			57	6		56
64	65	100	84			61			60
65*	66	100	84			62			—
68	69	105	88			65			64
72	73	110	93			69			68
75*	76	110	93			71			—
76	77	115	98		9.6	72		10	70
80	81	120	103			76			74
85	86	125	108			81	7		79
90	91	130	112			86			84
95	96	135	117			91			89
100	101	140	122	2	11.6	96		12	94
105	106	145	127			101			99

注：*仅用于滚动轴承锁紧装置。

表 12-19　轴端挡圈（GB/T 891—1986 和 GB/T 892—1986）　　　　　　　（单位：mm）

螺钉紧固轴端挡圈(GB/T 891—1986)　　　　　　　　　螺栓紧固轴端挡圈(GB/T 892—1986)

标记示例：

公称直径 $D=45$mm、材料为 Q235、表面不经处理 A 型螺钉紧固轴端挡圈的标记为
挡圈　GB/T 891　45

公称直径 $D=45$mm、材料为 Q235、表面不经处理 B 型螺钉紧固轴端挡圈的标记为
挡圈　GB/T 891　B45

轴径 ≤	公称直径 D	H		L		d	d_1	c	GB/T 891—1986		GB/T 892—1986		
		公称尺寸	极限偏差	公称尺寸	极限偏差				D_1	螺钉 GB/T 68（推荐）	圆柱销 GB/T 119（推荐）	螺栓 GB/T 5783（推荐）	圆柱销 GB/T 119（推荐）	垫圈 GB/T 93（推荐）
14	20	4	0 -0.30	—	±0.11	5.2	2.1	0.5	11	M5×12	A2×10	M5×16	A2×10	5
16	22			—										
18	25			—										
20	28			7.5										
22	30			7.5										
25	32	5	0 -0.30	10	±0.135	6.6	3.2	1	13	M6×16	A3×12	M6×20	A3×12	6
28	35			10										
30	38			10										
32	40			12										
35	45			12										
40	50			12										
45	55	6		16	±0.165	9	4.2	1.5	17	M8×20	A4×14	M8×25	A4×14	8
50	60			16										
55	65			16										
60	70			20										
65	75			20										
70	80			20										
75	90	8	0 -0.36	25		13	5.2	2	2.	M12×25	A5×16	M12×30	A5×16	12
85	100			25										

注：1. 当挡圈装在带螺纹中心孔轴端时，紧固用螺栓允许加长。
　　2. 材料为 Q235、35 钢和 45 钢。

表 12-20　轴用弹性挡圈—A 型　　　　　　　　　　　　　　　　　　　　　　（单位：mm）

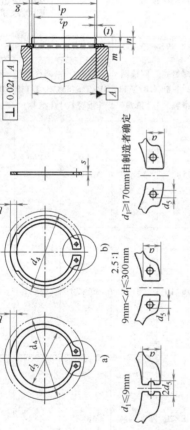

$d_1 \leqslant 9\text{mm}$

$9\text{mm} < d_1 \leqslant 300\text{mm}$

$d_1 \geqslant 170\text{mm}$ 由制造者确定

2.5:1

标记示例：

轴径 $d_1 = 50\text{mm}$，厚度 $s = 2\text{mm}$，材料 C67S，表面磷化处理的 A 型轴用弹性挡圈的标记为

挡圈 GB/T 894　50

公称规格 d_1	挡圈								沟槽						其他				安装工具规格
	s		d_3		a max	b ≈	d_5 min	件件质量 ≈kg	d_2		m H13	t	n min	d_4		F_N /kN	F_R /kN	g	F_{Rg} /kN	
	公称尺寸	极限偏差	公称尺寸	极限偏差					公称尺寸	极限偏差										
3	0.40	0 −0.05	2.7	+0.04 −0.15	1.9	0.8	1.0	0.017	2.8	0 −0.04	0.5	0.10	0.3	7.0		0.15	0.47	0.5	0.27	1.0
4	0.40		3.7		2.2	0.9	1.0	0.022	3.8		0.5	0.10	0.3	8.6		0.20	0.50	0.5	0.30	
5	0.60		4.7		2.5	1.1	1.0	0.066	4.8	0 −0.05	0.7	0.10	0.3	10.3		0.25	1.00	0.5	0.80	
6	0.70		5.6		2.7	1.3	1.2	0.084	5.7		0.8	0.15	0.5	11.7		0.46	1.45	0.5	0.90	
7	0.80		6.5	+0.06 −0.18	3.1	1.4	1.2	0.121	6.7		0.9	0.15	0.5	13.5		0.54	2.60	0.5	1.40	
8	0.80		7.4		3.2	1.5	1.2	0.158	7.6	0 −0.06	0.9	0.20	0.6	14.7		0.81	3.00	0.5	2.00	
9	1.00	0 −0.06	8.4		3.3	1.7	1.2	0.300	8.6		1.1	0.20	0.6	16.0		0.92	3.50	0.5	2.40	
10	1.00		9.3	+0.10 −0.36	3.3	1.8	1.5	0.340	9.6	0 −0.11	1.1	0.20	0.6	17.0		1.01	4.00	1.0	2.40	1.5
11	1.00		10.2		3.3	1.8	1.5	0.410	10.5		1.1	0.20	0.8	18.0		1.40	4.50	1.0	2.40	

（续）

公称规格 d_1	挡圈 s 公称尺寸	s 极限偏差	d_3 公称尺寸	d_3 极限偏差	a max	b ≈	d_5 min	千件质量 ≈kg	沟槽 d_2 公称尺寸	d_2 极限偏差	m H13	t	n min	d_4	其他 F_N /kN	F_R /kN	g	F_{Rg} /kN	安装工具规格
12	1.0	0 / −0.06	11.0	+0.10 / −0.36	3.3	1.8	1.7	0.500	11.5	0 / −0.11	1.1	0.25	0.8	19.0	1.53	5.00	1.0	2.40	1.5
13	1.0		11.9		3.4	2.0	1.7	0.530	12.4		1.1	0.30	0.9	20.2	2.00	5.80	1.0	2.40	
14	1.0		12.9		3.5	2.1	1.7	0.640	13.4		1.1	0.30	0.9	21.4	2.15	6.35	1.0	2.40	
15	1.0		13.8		3.6	2.2	1.7	0.670	14.3		1.1	0.35	1.1	22.6	2.66	6.90	1.0	2.40	
16	1.0		14.7		3.7	2.2	1.7	0.700	15.2		1.1	0.40	1.2	23.8	3.26	7.40	1.0	2.40	
17	1.0		15.7		3.8	2.3	1.7	0.820	16.2		1.1	0.40	1.2	25.0	3.46	8.00	1.0	2.40	
18	1.2		16.5		3.9	2.4	2.0	1.11	17.0	0 / −0.13	1.30	0.50	1.5	26.2	4.58	17.0	1.5	3.75	2.0
19	1.2		17.5		3.9	2.5	2.0	1.22	18.0		1.30	0.50	1.5	27.2	4.48	17.0	1.5	3.80	
20	1.2		18.5	+0.13 / −0.42	4.0	2.6	2.0	1.30	19.0		1.30	0.50	1.5	28.4	5.06	17.1	1.5	3.85	
21	1.2		19.5		4.1	2.7	2.0	1.42	20.0		1.30	0.50	1.5	29.6	5.36	16.8	1.5	3.75	
22	1.2	0 / −0.06	20.5		4.2	2.8	2.0	1.50	21.0		1.30	0.50	1.5	30.8	5.65	16.9	1.5	3.80	
24	1.2		22.2		4.4	3.0	2.0	1.77	22.9		1.30	0.55	1.7	33.2	6.75	16.1	1.5	3.65	
25	1.2		23.2	+0.21 / −0.42	4.4	3.0	2.0	1.90	23.9	0 / −0.21	1.30	0.55	1.7	34.2	7.05	16.2	1.5	3.70	
26	1.2		24.2		4.5	3.1	2.0	1.96	24.9		1.30	0.55	1.7	35.5	7.34	16.1	1.5	3.70	
28	1.5		25.9		4.7	3.2	2.0	2.92	26.6		1.60	0.70	2.1	37.9	10.00	32.1	1.5	7.50	
29	1.5		26.9		4.8	3.4	2.0	3.20	27.6		1.60	0.70	2.1	39.1	10.37	31.8	1.5	7.65	
30	1.5		27.9		5.0	3.5	2.0	3.31	28.6		1.60	0.70	2.1	40.5	10.73	32.1	1.5	7.65	
32	1.5		29.6	+0.25 / −0.50	5.2	3.6	2.5	3.54	30.3	0 / −0.25	1.60	0.85	2.6	43.0	13.85	31.2	2.0	5.55	2.5
34	1.5		31.5		5.4	3.8	2.5	3.80	32.3		1.60	0.85	2.6	45.4	14.72	31.3	2.0	5.60	
35	1.5		32.2		5.6	3.9	2.5	4.00	33.0		1.60	1.00	3.0	46.8	17.80	30.8	2.0	5.55	
36	1.75		33.2		5.6	4.0	2.5	5.00	34.0		1.85	1.00	3.0	47.8	18.33	49.4	2.0	9.00	

（续）

公称规格 d_1	挡圈 s 公称尺寸	s 极限偏差	d_3 公称尺寸	d_3 极限偏差	a max	b ≈	d_5 min	干件质量 ≈kg	沟槽 d_2 公称尺寸	d_2 极限偏差	m H13	t	n min	d_4	其他 F_N /kN	F_R /kN	g	F_{Rg} /kN	安装工具规格
38	1.75	0 −0.06	35.2	+0.25 −0.50	5.8	4.2	2.5	5.62	36.0	0 −0.25	1.85	1.00	3.0	50.2	19.30	49.5	2.0	9.10	2.5
40	1.75		36.5		6.0	4.4	2.5	6.03	37.0		1.85	1.25	3.8	52.6	25.30	51.0	2.0	9.50	
42	1.75		38.5	+0.39 −0.90	6.5	4.5	2.5	6.5	39.5		1.85	1.25	3.8	55.7	26.70	50.0	2.0	9.45	
45	1.75		41.5		6.7	4.7	2.5	7.5	42.5		1.85	1.25	3.8	59.1	28.60	49.0	2.0	9.35	
48	1.75		44.5		6.9	5.0	2.5	7.9	45.5		1.85	1.25	3.8	62.5	30.70	49.4	2.0	9.55	
50	2.00	0 −0.07	45.8	+0.46 −1.10	6.9	5.1	2.5	10.2	47.0	0 −0.30	2.15	1.50	4.5	64.5	38.00	73.3	2.0	14.40	3.0
52	2.00		47.8		7.0	5.2	2.5	11.1	49.0		2.15	1.50	4.5	66.7	39.70	73.1	2.5	11.50	
55	2.00		50.8		7.2	5.4	2.5	11.4	52.0		2.15	1.50	4.5	70.2	42.00	71.4	2.5	11.40	
56	2.00		51.8		7.3	5.5	2.5	11.8	53.0		2.15	1.50	4.5	71.6	42.80	70.8	2.5	11.35	
58	2.00		53.8		7.3	5.6	2.5	12.6	55.0		2.15	1.50	4.5	73.6	44.30	71.1	2.5	11.50	
60	2.00		55.8		7.4	5.8	2.5	12.9	57.0		2.15	1.50	4.5	75.6	46.00	69.2	2.5	11.30	
62	2.00		57.8		7.5	6.0	2.5	14.3	59.0		2.15	1.50	4.5	77.8	47.50	69.3	2.5	11.45	
63	2.00		58.8		7.6	6.2	2.5	15.9	60.0		2.15	1.50	4.5	79.0	48.30	70.2	2.5	11.60	
65	2.50		60.8		7.8	6.3	3.0	18.2	62.0		2.65	1.75	4.5	81.4	49.80	135.6	2.5	22.70	
68	2.50		63.5		8.0	6.5	3.0	21.8	65.0		2.65	1.75	4.5	84.8	52.20	135.9	2.5	23.10	
70	2.50		65.5		8.1	6.6	3.0	22.0	67.0		2.65	1.75	4.5	87.0	53.80	134.2	2.5	23.00	
72	2.50		67.5		8.2	6.8	3.0	22.5	69.0		2.65	1.75	4.5	89.2	55.30	131.8	2.5	22.80	
75	2.50		70.5		8.4	7.0	3.0	24.6	72.0		2.65	1.75	4.5	92.7	57.60	130.0	2.5	22.80	
78	2.50		73.5		8.6	7.3	3.0	26.2	75.0		2.65	1.75	5.3	96.1	60.00	131.3	3.0	19.75	
80	2.50		74.5		8.6	7.4	3.0	27.3	76.5		2.65	1.75	5.3	98.1	71.60	128.4	3.0	19.50	
82	2.50		76.5		8.7	7.6	3.0	31.2	78.5		2.65	1.75	5.3	100.3	73.50	128.0	3.0	19.60	
85	3.00	0 −0.08	79.5	+0.54 −1.30	8.7	7.8	3.5	36.4	81.5	0 −0.35	3.15	1.75	5.3	103.3	76.20	215.4	3.0	33.40	
88	3.00		82.5		8.8	8.0	3.5	41.2	84.5		3.15	1.75	5.3	106.5	79.00	221.8	3.0	34.85	
90	3.00		84.5		8.8	8.2	3.5	44.5	86.5		3.15	1.75	5.3	108.5	80.80	217.2	3.0	34.40	
95	3.00		89.5		9.4	8.6	3.5	49.0	91.5		3.15	1.75	5.3	114.8	85.50	212.2	3.5	29.25	
100	3.00		94.5		9.6	9.0	3.5	53.7	96.5		3.15	1.75	5.3	120.2	90.00	206.4	3.5	29.00	

注：尺寸 b 不能超过 a_{max}。

表 12-21　孔用弹性挡圈—A 型

（单位：mm）

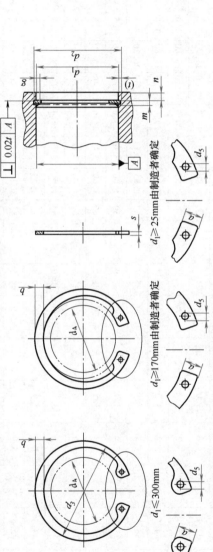

标记示例：

孔径 $d_1 = 50$mm，厚度 $s = 2$mm，材料 C67S，表面磷化处理的 A 型孔用弹性挡圈的标记为

挡圈 GB/T 893　50

公称规格	挡圈								沟槽					其他					安装工具规格
d_1	s		d_3		a max	b ≈	d_5 min	千件质量 ≈kg	d_2		m H13	t	n min	d_4	F_N /kN	F_R /kN	g	F_{Rg} /kN	
	公称尺寸	极限偏差	公称尺寸	极限偏差					公称尺寸	极限偏差									
8	0.80	0 −0.05	8.7	+0.36 −0.10	2.4	1.1	1.0	0.14	8.4	+0.09 0	0.9	0.20	0.6	3.0	0.86	2.00	0.5	1.50	1.0
9	0.80		9.8		2.5	1.3	1.0	0.15	9.4		0.9	0.20	0.6	3.7	0.96	2.00	0.5	1.50	
10	1.00		10.8		3.2	1.4	1.2	0.18	10.4		1.1	0.20	0.6	3.3	1.08	4.00	0.5	2.20	1.5
11	1.00	0 −0.06	11.8		3.3	1.5	1.2	0.31	11.4		1.1	0.20	0.6	4.1	1.17	4.00	0.5	2.30	
12	1.00		13		3.4	1.7	1.5	0.37	12.5	+0.11 0	1.1	0.25	0.8	4.9	1.60	4.00	0.5	2.30	
13	1.00		14.1		3.6	1.8	1.5	0.42	13.6		1.1	0.30	0.9	5.4	2.10	4.20	0.5	2.30	
14	1.00		15.1		3.7	1.9	1.7	0.52	14.6		1.1	0.30	0.9	6.2	2.25	4.50	0.5	2.30	
15	1.00		16.2		3.7	2.0	1.7	0.56	15.7		1.1	0.35	1.1	7.2	2.80	5.00	0.5	2.30	2.0
16	1.00		17.3		3.8	2.0	1.7	0.60	16.8		1.1	0.40	1.2	8.0	3.40	5.50	1.0	2.60	

$d_1 \leqslant 300$mm

$d_1 \geqslant 170$mm 由制造者确定

$d_1 \geqslant 25$mm 由制造者确定

（续）

公称规格 d_1	挡圈 s 公称尺寸	挡圈 s 极限偏差	d_3 公称尺寸	d_3 极限偏差	a max	b ≈	d_5 min	千件质量 ≈kg	沟槽 d_2 公称尺寸	d_2 极限偏差	m H13	t	n min	d_4	F_N /kN	F_R /kN	g	F_{Rg} /kN	安装工具规格
17	1.00		18.3		3.9	2.1	1.7	0.65	17.8	+0.11 / 0	1.1	0.40	1.2	8.8	3.60	6.00	1.0	2.50	
18	1.00		19.5	+0.42 / -0.13	4.1	2.2	2.0	0.74	19.0		1.1	0.50	1.5	9.4	4.80	6.50	1.0	2.60	
19	1.00		20.5		4.1	2.2	2.0	0.83	20.0		1.1	0.50	1.5	10.4	5.10	6.80	1.0	2.50	
20	1.00		21.5		4.2	2.3	2.0	0.90	21.0		1.1	0.50	1.5	11.2	5.40	7.20	1.0	2.50	2.0
21	1.00		22.5		4.2	2.4	2.0	1.00	22.0		1.1	0.50	1.5	12.2	5.70	7.60	1.0	2.60	
22	1.00		23.5		4.2	2.5	2.0	1.10	23.0	+0.13 / 0	1.1	0.50	1.5	13.2	5.90	8.00	1.0	2.70	
24	1.20		25.9		4.4	2.6	2.0	1.42	25.2		1.3	0.60	1.8	14.8	7.70	13.90	1.0	4.60	
25	1.20		26.9	+0.42 / -0.21	4.5	2.7	2.0	1.50	26.2		1.3	0.60	1.8	15.5	8.00	14.60	1.0	4.70	
26	1.20		27.9		4.7	2.8	2.0	1.60	27.2		1.3	0.60	1.8	16.1	8.40	13.85	1.0	4.60	
28	1.20		30.1		4.8	2.9	2.0	1.80	29.4	+0.21 / 0	1.3	0.70	2.1	17.9	10.50	13.30	1.0	4.50	
30	1.20	0 / -0.06	32.1		4.8	3.0	2.0	2.06	31.4		1.3	0.70	2.1	19.9	11.30	13.70	1.0	4.60	
31	1.20		33.4		5.2	3.2	2.5	2.10	32.7		1.3	0.85	2.6	20.0	14.10	13.80	1.0	4.70	
32	1.20		34.4		5.4	3.2	2.5	2.21	33.7		1.3	0.85	2.6	20.6	14.60	13.80	1.0	4.70	
34	1.50		36.5		5.4	3.3	2.5	3.20	35.7		1.60	0.85	2.6	22.6	15.40	26.20	1.5	6.30	
35	1.50		37.8	+0.50 / -0.25	5.4	3.4	2.5	3.54	37.0	+0.25 / 0	1.60	1.00	3.0	23.6	18.80	26.90	1.5	6.40	
36	1.50		38.8		5.4	3.5	2.5	3.74	38.0		1.60	1.00	3.0	24.6	19.40	26.40	1.5	6.40	
37	1.50		39.8		5.5	3.6	2.5	3.90	39.0		1.60	1.00	3.0	25.4	19.80	27.10	1.5	6.50	
38	1.50		40.8		5.5	3.7	2.5	4.70	40.0		1.60	1.00	3.0	26.4	22.50	28.20	1.5	6.70	2.5
40	1.75		43.5		5.8	3.9	2.5	4.70	42.5		1.85	1.25	3.8	27.8	27.00	44.60	2.0	8.30	
42	1.75		45.5	+0.90 / -0.39	5.9	4.1	2.5	5.40	44.5		1.85	1.25	3.8	29.6	28.40	44.70	2.0	8.40	
45	1.75		48.5		6.2	4.3	2.5	6.00	47.5		1.85	1.25	3.8	32.0	30.20	43.10	2.0	8.20	3.0

（续）

公称规格 d_1	挡圈 s 公称尺寸	s 极限偏差	d_3 公称尺寸	d_3 极限偏差	a max	b ≈	d_5 min	干件质量 ≈kg	沟槽 d_2 公称尺寸	d_2 极限偏差	m H13	t	n min	d_4	其他 F_N /kN	F_R /kN	g	F_{Rg} /kN	安装工具规格
47	1.75	0	50.5		6.4	4.4	2.5	6.10	49.5	+0.25	1.85	1.25	3.8	33.5	31.40	43.50	2.0	8.30	
48	1.75	−0.06	51.5		6.4	4.5	2.5	6.70	50.5	0	1.85	1.25	3.8	34.5	32.00	43.20	2.0	8.40	
50	2.00		54.2		6.5	4.6	2.5	7.30	53.0		2.15	1.50	4.5	36.3	40.50	60.80	2.0	12.10	
52	2.00		56.2		6.7	4.7	2.5	8.20	55.0		2.15	1.50	4.5	37.9	42.00	60.25	2.0	12.00	
55	2.00		59.2		6.8	5.0	2.5	8.30	58.0		2.15	1.50	4.5	40.7	44.40	60.30	2.0	12.50	
56	2.00		60.2	+1.10	6.8	5.1	2.5	8.70	59.0	+0.30	2.15	1.50	4.5	41.7	45.20	60.30	2.0	12.60	
58	2.00		62.2	−0.46	6.9	5.2	2.5	10.50	61.0	0	2.15	1.50	4.5	43.5	46.70	60.80	2.0	12.70	
60	2.00		64.2		7.3	5.4	2.5	11.10	63.0		2.15	1.50	4.5	44.7	48.30	61.00	2.0	13.00	
62	2.00		66.2		7.3	5.5	2.5	11.20	65.0		2.15	1.50	4.5	46.7	49.80	60.90	2.0	13.00	
63	2.00	0	67.2		7.3	5.6	2.5	12.40	66.0		2.15	1.50	4.5	47.7	50.60	60.80	2.0	13.00	3.0
65	2.50	−0.07	69.2		7.6	5.8	3.0	14.30	68.0		2.65	1.50	4.5	49.0	51.80	121.00	2.5	20.80	
68	2.50		72.5		7.8	6.1	3.0	16.00	71.0		2.65	1.50	4.5	51.6	51.50	121.50	2.5	21.20	
70	2.50		74.5		7.8	6.2	3.0	16.50	73.0		2.65	1.50	4.5	53.6	56.20	119.00	2.5	21.00	
72	2.50		76.5		7.8	6.4	3.0	18.10	75.0		2.65	1.50	4.5	55.6	58.00	119.20	2.5	21.00	
75	2.50		79.5		7.8	6.6	3.0	18.80	78.0		2.65	1.50	4.5	58.6	60.00	118.00	2.5	21.00	
78	2.50		82.5		8.5	6.6	3.0	20.4	81.0		2.65	1.50	4.5	60.1	62.30	122.50	2.5	21.80	
80	2.50		85.5		8.5	6.8	3.0	22.0	83.5		2.65	1.75	5.3	62.1	74.60	120.90	2.5	21.80	
82	2.50		87.5		8.5	7.0	3.0	24.0	85.5		2.65	1.75	5.3	64.1	76.60	119.00	2.5	21.40	
85	3.00		90.5		8.6	7.0	3.5	25.3	88.5		3.15	1.75	5.3	66.9	79.50	201.40	3.0	31.20	
88	3.00	0	93.5	+1.30	8.6	7.2	3.5	28.0	91.5	+0.35	3.15	1.75	5.3	69.9	82.10	209.40	3.0	31.40	
90	3.00	−0.08	95.5	−0.54	8.6	7.6	3.5	31.0	93.5	0	3.15	1.75	5.3	71.9	84.00	199.00	3.0	31.40	
92	3.00		97.5		8.7	7.8	3.5	32.0	95.5		3.15	1.75	5.3	73.7	85.80	201.00	3.0	32.00	
95	3.00		100.5		8.8	8.1	3.5	35.0	98.5		3.15	1.75	5.3	76.5	88.60	195.00	3.0	31.40	
98	3.00		103.5		9.0	8.3	3.5	37.0	101.5		3.15	1.75	5.3	79.0	91.30	191.00	3.0	31.00	
100	3.00		105.5		9.2	8.4	3.5	38.0	103.5		3.15	1.75	5.3	80.6	93.10	188.00	3.0	30.80	

注：尺寸 b 不能超过 a_{max}。

12.4 键与销

表 12-22 普通型平键（GB/T 1096—2003 和 GB/T 1095—2003） （单位：mm）

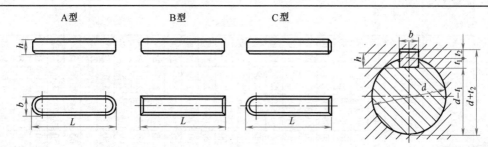

标记示例：

$b=16$mm、$h=10$mm、$L=100$mm 普通 A 型平键标记为

  GB/T 1096 键 16×10×100

$b=16$mm、$h=10$mm、$L=100$mm 普通 B 型平键标记为

  GB/T 1096 键 B16×10×100

$b=16$mm、$h=10$mm、$L=100$mm 普通 C 型平键标记为

  GB/T 1096 键 C16×10×100

轴	键	键槽								
		宽度 b						深度		
轴径 d	键尺寸 $b×h$	公称尺寸 b	极限偏差					轴 t_1	毂 t_2	极限偏差
			正常连接		紧密连接	松连接				
			轴 N9	毂 JS9	轴和毂 P9	轴 H9	毂 D10	公称尺寸	公称尺寸	
>10~12	4×4	4	0 −0.030	±0.015	−0.012 −0.042	+0.030 0	+0.078 +0.030	2.5	1.8	+0.1 0
>12~17	5×5	5						3.0	2.3	
>17~22	6×6	6						3.5	2.8	
>22~30	8×7	8	0 −0.036	±0.018	−0.015 −0.051	+0.036 0	+0.098 +0.040	4.0	3.3	+0.2 0
>30~38	10×8	10						5.0	3.3	
>38~44	12×8	12	0 −0.043	±0.0215	−0.018 −0.061	+0.043 0	+0.120 +0.050	5.0	3.3	
>44~50	14×9	14						5.5	3.8	
>50~58	16×10	16						6.0	4.3	
>58~65	18×11	18						7.0	4.4	
>65~75	20×12	20	0 −0.052	±0.026	−0.022 −0.074	+0.052 0	+0.149 +0.065	7.5	4.9	
>75~85	22×14	22						9.0	5.4	
>85~95	25×14	25						9.0	5.4	
>95~100	28×16	28						10.0	6.4	
键的长度系列	6、8、10、12、14、16、18、20、22、25、28、32、36、40、45、50、56、63、70、80、90、100、110、125、140、160、180、200、220、250、280、320、360									

注：1. 在零件工作图中，轴槽深度用 t_1 或 $d-t_1$ 标注，轮毂槽深度用 $d+t_2$ 标注。

2. $d-t_1$ 和 $d+t_2$ 两组组合尺寸的极限偏差按相应的 t_1 和 t_2 的极限偏差选取，但 $d-t_1$ 的下极限偏差应取负号。

3. 键槽对轴线的对称度按公差等级 7～9 级确定。

表 12-23　圆柱销（GB/T 119.1—2000）　　　　　（单位：mm）

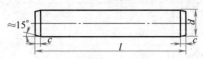

标记示例：

公称直径 $d=8$mm、公差为 m6、公称长度 $l=30$mm、材料为钢、不经淬火、表面不经处理的圆柱销的标记为

销　GB/T 119.1　8 m6×30

d（公称）	2	2.5	3	4	5	6	8
$c\approx$	0.35	0.40	0.50	0.63	0.80	1.2	1.6
l	6~20	6~24	8~30	8~40	10~50	12~60	14~80
d（公称）	10	12	16	20	25	30	40
$c\approx$	2.0	2.5	3.0	3.5	4.0	5.0	6.3
l	18~95	22~140	26~180	35~200	50~200	60~200	80~200
l 系列	6~32（2 进位）、35~100（5 进位）、100~200（20 进位）						

表 12-24　圆锥销（GB/T 117—2000）　　　　　（单位：mm）

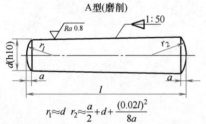

$$r_1\approx d\quad r_2\approx\frac{a}{2}+d+\frac{(0.02l)^2}{8a}$$

标记示例：

公称直径 $d=10$mm、公称长度 $l=50$mm、材料为 35 钢、热处理硬度 28~38HRC，表面氧化处理的 A 型圆锥销的标记为

销　GB/T 117　A10×50

d	公称	5	6	8	10	12	16	20
	min	4.95	5.95	7.94	9.94	11.93	15.93	19.92
	max	5	6	8	10	12	16	20
$a\approx$		0.63	0.8	1	1.2	1.6	2	2.5
l		18~60	22~90	22~120	26~160	32~180	40~200	45~200
l 系列		18~32（2 进位）、35~100（5 进位）、100~200（20 进位）						

表 12-25　开口销（GB/T 91—2000）　　　　　（单位：mm）

允许制造的形式

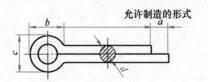

标记示例：

公称规格为 5mm、公称长度 $l=50$mm 的开口销的标记为

销　GB/T 91　5×50

（续）

公称规格		2	2.5	3.2	4	5	6.3	8	10
d	min	1.7	2.1	2.7	3.5	4.4	5.7	7.3	9.3
	max	1.8	2.3	2.9	3.7	4.6	5.9	7.5	9.5
c	max	3.6	4.6	5.8	7.4	9.2	11.8	15	19
	min	3.2	4	5.1	6.5	8	10.3	13.1	16.6
$b \approx$		4	5	6.4	8	10	12.6	16	20
a_{max}		2.5		3.2		4			6.3
l		10~40	12~50	14~65	18~80	22~100	30~120	40~160	45~200
l 系列		10~32（2 进位）、36、40~100（5 进位）、100~200（20 进位）							

第 13 章

滚 动 轴 承

13.1 常用滚动轴承标准

表 13-1 深沟球轴承

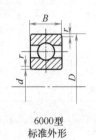

6000型
标准外形

安装尺寸

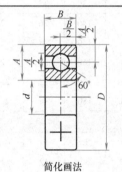

简化画法

标记示例:滚动轴承 6207 GB/T 276—2013

F_a/C_{0r}	e	Y	径向当量动载荷	径向当量静载荷
0.014	0.19	2.30		
0.028	0.22	1.99		
0.056	0.26	1.71		$P_{0r} = F_r$
0.084	0.28	1.55	当 $\dfrac{F_a}{F_r} \leq e, P_r = F_r$	
0.11	0.30	1.45		$P_{0r} = 0.6F_r + 0.5F_a$
0.17	0.34	1.31	当 $\dfrac{F_a}{F_r} > e, P_r = 0.56F_r + YF_a$	取上列两式计算结果的较大值
0.28	0.38	1.15		
0.42	0.42	1.04		
0.56	0.44	1.00		

轴承代号	基本尺寸/mm				安装尺寸/mm			基本额定动载荷 C_r/kN	基本额定静载荷 C_{0r}/kN	极限转速 /r·min⁻¹	
	d	D	B	r min	d_a min	D_a max	r_a max			脂润滑	油润滑
(0)2尺寸系列											
6200	10	30	9	0.6	15	25	0.6	5.10	2.38	19000	26000
6201	12	32	10	0.6	17	27	0.6	6.82	3.05	18000	24000
6202	15	35	11	0.6	20	30	0.6	7.65	3.72	17000	22000
6203	17	40	12	0.6	22	35	0.6	9.58	4.78	16000	20000
6204	20	47	14	1	26	41	1	12.8	6.65	14000	18000
6205	25	52	15	1	31	46	1	14.0	7.88	12000	16000

（续）

轴承代号	基本尺寸/mm				安装尺寸/mm			基本额定动载荷 C_r/kN	基本额定静载荷 C_{0r}/kN	极限转速/r·min⁻¹	
	d	D	B	r min	d_a min	D_a max	r_a max			脂润滑	油润滑
(0)2 尺寸系列											
6206	30	62	16	1	36	56	1	19.5	11.5	9500	13000
6207	35	72	17	1.1	42	65	1	25.5	15.2	8500	11000
6208	40	80	18	1.1	47	73	1	29.5	18.0	8000	10000
6209	45	85	19	1.1	52	78	1	31.5	20.5	7000	9000
6210	50	90	20	1.1	57	83	1	35.0	23.2	6700	8500
6211	55	100	21	1.5	64	91	1.5	43.2	29.2	6000	7500
6212	60	110	22	1.5	69	101	1.5	47.8	32.8	5600	7000
6213	65	120	23	1.5	74	111	1.5	57.2	40.0	5000	6300
6214	70	125	24	1.5	79	116	1.5	60.8	45.0	4800	6000
6215	75	130	25	1.5	84	121	1.5	66.0	49.5	4500	5600
6216	80	140	26	2	90	130	2	71.5	54.2	4300	5300
6217	85	150	28	2	95	140	2	83.2	63.8	4000	5000
6218	90	160	30	2	100	150	2	95.8	71.5	3800	4800
6219	95	170	32	2.1	107	158	2.1	110	82.8	3600	4500
6220	100	180	34	2.1	112	168	2.1	122	92.8	3400	4300
(0)3 尺寸系列											
6300	10	35	11	0.6	15	30	0.6	7.65	3.48	18000	24000
6301	12	37	12	1	18	31	1	9.72	5.08	17000	22000
6302	15	42	13	1	21	36	1	11.5	5.42	16000	20000
6303	17	47	14	1	23	41	1	13.5	6.58	15000	19000
6304	20	52	15	1.1	27	45	1	15.8	7.88	13000	17000
6305	25	62	17	1.1	32	55	1	22.2	11.5	10000	14000
6306	30	72	19	1.1	37	65	1	27.0	15.2	9000	12000
6307	35	80	21	1.5	44	71	1.5	33.2	19.2	8000	10000
6308	40	90	23	1.5	49	81	1.5	40.8	24.0	7000	9000
6309	45	100	25	1.5	54	91	1.5	52.8	31.8	6300	8000
6310	50	110	27	2	60	100	2	61.8	38.0	6000	7500
6311	55	120	29	2	65	110	2	71.5	44.8	5300	6700
6312	60	130	31	2.1	72	118	2.1	81.8	51.8	5000	6300
6313	65	140	33	2.1	77	128	2.1	93.8	60.5	4500	5600
6314	70	150	35	2.1	82	138	2.1	105	68.0	4300	5300
6315	75	160	37	2.1	87	148	2.1	112	76.8	4000	5000
6316	80	170	39	2.1	92	158	2.1	122	86.5	3800	4800
6317	85	180	41	3	99	166	2.5	132	96.5	3600	4500
6318	90	190	43	3	104	176	2.5	145	108	3400	4300
6319	95	200	45	3	109	186	2.5	155	122	3200	4000
6320	100	215	47	3	114	201	2.5	172	140	2800	3600

表 13-2　角接触球轴承

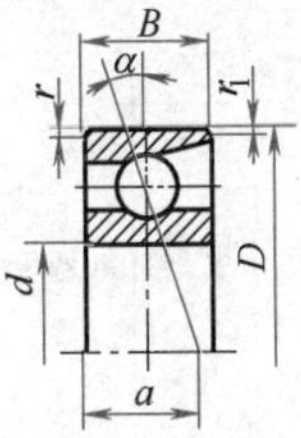

70000C型
70000AC型
标准外形

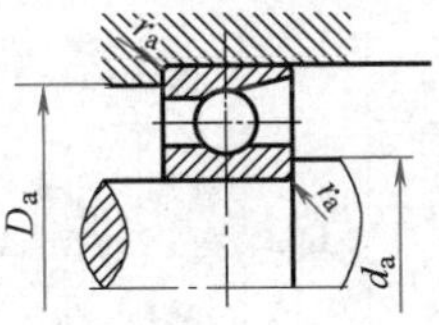

安装尺寸

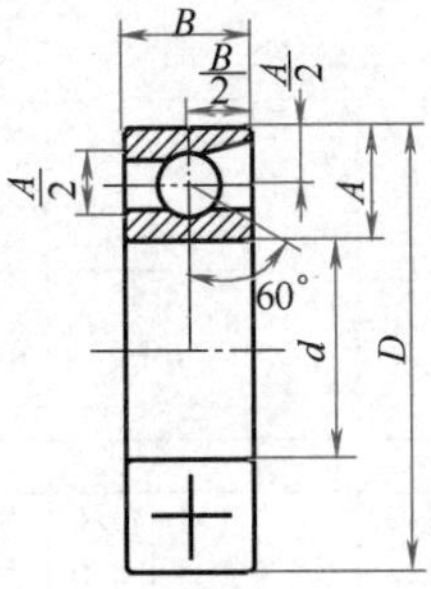

简化画法

标记示例：　滚动轴承 7215AC　GB/T 292—2007

iF_a/C_{0r}	e	Y	70000C 型	70000AC 型
0.015	0.38	1.47	径向当量动载荷	径向当量动载荷
0.029	0.40	1.40	当 $\frac{F_a}{F_r} \leqslant e$　$P_r = F_r$	当 $\frac{F_a}{F_r} \leqslant 0.68$　$P_r = F_r$
0.058	0.43	1.30		
0.087	0.46	1.23	当 $\frac{F_a}{F_r} > e$　$P_r = 0.44F_r + YF_a$	当 $\frac{F_a}{F_r} > 0.68$　$P_r = 0.41F_r + 0.87F_a$
0.12	0.47	1.19		
0.17	0.50	1.12	径向当量静载荷	径向当量静载荷
0.29	0.55	1.02	$P_{0r} = 0.5F_r + 0.46F_a$	$P_{0r} = 0.5F_r + 0.38F_a$
0.44	0.56	1.00	当 $P_{0r} < F_r$，取 $P_{0r} = F_r$	当 $P_{0r} < F_r$，取 $P_{0r} = F_r$
0.58	0.56	1.00		

轴承代号		基本尺寸 /mm					安装尺寸 /mm			70000C （$\alpha = 15°$）			70000AC （$\alpha = 25°$）			极限转速 /r·min^{-1}	
		d	D	B	r	r_1	d_a	D_a	r_a	a /mm	基本额定 动载荷 C_r /kN	基本额定 静载荷 C_{0r} /kN	a /mm	基本额定 动载荷 C_r /kN	基本额定 静载荷 C_{0r} /kN	脂润滑	油润滑
					min	min	min	max	max								
(1)0 尺寸系列																	
7000C	7000AC	10	26	8	0.3	0.15	12.4	23.6	0.3	6.4	4.92	2.25	8.2	4.75	2.12	19000	28000
7001C	7001AC	12	28	8	0.3	0.15	14.4	25.6	0.3	6.7	5.42	2.65	8.7	5.20	2.55	18000	26000
7002C	7002AC	15	32	9	0.3	0.15	17.4	29.6	0.3	7.6	6.25	3.42	10	5.95	3.25	17000	24000
7003C	7003AC	17	35	10	0.3	0.15	19.4	32.6	0.3	8.5	6.60	3.85	11.1	6.30	3.68	16000	22000
7004C	7004AC	20	42	12	0.6	0.15	25	37	0.6	10.2	10.5	6.08	13.2	10.0	5.78	14000	19000
7005C	7005AC	25	47	12	0.6	0.15	30	42	0.6	10.8	11.5	7.45	14.4	11.2	7.08	12000	17000
7006C	7006AC	30	55	13	1	0.3	36	49	1	12.2	15.2	10.2	16.4	14.5	9.85	9500	14000
7007C	7007AC	35	62	14	1	0.3	41	56	1	13.5	19.5	14.2	18.3	18.5	13.5	8500	12000
7008C	7008AC	40	68	15	1	0.3	46	62	1	14.7	20.0	15.2	20.1	19.0	14.5	8000	11000
7009C	7009AC	45	75	16	1	0.3	51	69	1	16	25.8	20.5	21.9	25.8	19.5	7500	10000
7010C	7010AC	50	80	16	1	0.3	56	74	1	16.7	26.5	22.0	23.2	25.2	21.0	6700	9000
7011C	7011AC	55	90	18	1.1	0.6	62	83	1	18.7	37.2	30.5	25.9	35.2	29.2	6000	8000
7012C	7012AC	60	95	18	1.1	0.6	67	88	1	19.4	38.2	32.8	27.1	36.2	31.5	5600	7500
7013C	7013AC	65	100	18	1.1	0.6	72	93	1	20.1	40.0	35.5	28.2	38.0	33.8	5300	7000
7014C	7014AC	70	110	20	1.1	0.6	77	103	1	22.1	48.2	43.5	30.9	45.8	41.5	5000	6700

（续）

轴承代号		基本尺寸 /mm					安装尺寸 /mm			70000C (α=15°)			70000AC (α=25°)			极限转速 /r·min⁻¹	
											基本额定			基本额定			
		d	D	B	r	r_1	d_a	D_a	r_a	a /mm	动载荷 C_r /kN	静载荷 C_{0r} /kN	a /mm	动载荷 C_r /kN	静载荷 C_{0r} /kN	脂润滑	油润滑
					min		min		max								
(1)0 尺寸系列																	
7015C	7015AC	75	115	20	1.1	0.6	82	108	1	22.7	49.5	46.5	32.2	46.8	44.2	4800	6300
7016C	7016AC	80	125	22	1.5	0.6	89	116	1.5	24.7	58.5	55.8	34.9	55.5	53.2	4500	6000
7017C	7017AC	85	130	22	1.5	0.6	94	121	1.5	25.4	62.5	60.2	36.1	59.2	57.2	4300	5600
7018C	7018AC	90	140	24	1.5	0.6	99	131	1.5	27.4	71.5	69.8	38.8	67.5	66.5	4000	5300
7019C	7019AC	95	145	24	1.5	0.6	104	136	1.5	28.1	73.5	73.2	40	69.5	69.8	3800	5000
7020C	7020AC	100	150	24	1.5	0.6	109	141	1.5	28.7	79.2	78.5	41.2	75	74.8	3800	5000
(1)2 尺寸系列																	
7200C	7200AC	10	30	9	0.6	0.15	15	25	0.6	7.2	5.82	2.95	9.2	5.58	2.82	18000	26000
7201C	7201AC	12	32	10	0.6	0.15	17	27	0.6	8	7.35	3.52	10.2	7.10	3.35	17000	24000
7202C	7202AC	15	35	11	0.6	0.15	20	30	0.6	8.9	9.68	4.62	11.4	8.35	4.40	16000	22000
7203C	7203AC	17	40	12	0.6	0.3	22	35	0.6	9.9	10.8	5.95	12.8	10.5	5.65	15000	20000
7204C	7204AC	20	47	14	1	0.3	26	41	1	11.5	14.5	8.22	14.9	14.0	7.82	13000	18000
7205C	7205AC	25	52	15	1	0.3	31	46	1	12.7	16.5	10.5	16.4	15.8	9.88	11000	16000
7206C	7206AC	30	62	16	1	0.3	36	56	1	14.2	23.0	15.0	18.7	22.0	14.2	9000	13000
7207C	7207AC	35	72	17	1.1	0.6	42	65	1	15.7	30.5	20.0	21	29.9	19.2	8000	11000
7208C	7208AC	40	80	18	1.1	0.6	47	73	1	17	36.8	25.8	23	35.2	24.5	7500	10000
7209C	7209AC	45	85	19	1.1	0.6	52	78	1	18.2	38.5	28.5	24.7	36.8	27.2	6700	9000
7210C	7210AC	50	90	20	1.1	0.6	57	83	1	19.4	42.8	32.0	26.3	40.8	30.5	6300	8500
7211C	7211AC	55	100	21	1.5	0.6	64	91	1.5	20.9	52.8	40.5	28.6	50.5	38.5	5600	7500
7212C	7212AC	60	110	22	1.5	0.6	69	101	1.5	22.4	61.0	48.5	30.8	58.2	46.2	5300	7000
7213C	7213AC	65	120	23	1.5	0.6	74	111	1.5	24.2	69.8	55.2	33.5	66.5	52.5	4800	6300
7214C	7214AC	70	125	24	1.5	0.6	79	116	1.5	25.3	70.2	60.0	35.1	69.2	57.5	4500	6000
7215C	7215AC	75	130	25	1.5	0.6	84	121	1.5	26.4	79.2	65.8	36.6	75.2	63.0	4300	5600
7216C	7216AC	80	140	26	2	1	90	130	2	27.7	89.5	78.2	38.9	85.0	74.5	4000	5300
7217C	7217AC	85	150	28	2	1	95	140	2	29.9	99.8	85.0	41.6	94.8	81.5	3800	5000
7218C	7218AC	90	160	30	2	1	100	150	2	31.7	122	105	44.2	118	100	3600	4800
7219C	7219AC	95	170	32	2.1	1.1	107	158	2.1	33.8	135	115	46.9	128	108	3400	4500
7220C	7220AC	100	180	34	2.1	1.1	112	168	2.1	35.8	148	128	49.7	142	122	3200	4300
(1)3 尺寸系列																	
7301C	7301AC	12	37	12	1	0.3	18	31	1	8.6	8.10	5.22	12	8.08	4.88	16000	22000
7302C	7302AC	15	42	13	1	0.3	21	36	1	9.6	9.38	5.59	13.5	9.08	5.58	15000	20000
7303C	7303AC	17	47	14	1	0.3	23	41	1	10.4	12.8	8.62	14.8	11.5	7.08	14000	19000
7304C	7304AC	20	52	15	1.1	0.6	27	45	1	11.3	14.2	9.68	16.8	13.8	9.10	12000	17000
7305C	7305AC	25	62	17	1.1	0.6	32	55	1	13.1	21.5	15.8	19.1	20.8	14.8	9500	14000
7306C	7306AC	30	72	19	1.1	0.6	37	65	1	15	26.5	19.8	22.2	25.2	18.5	8500	12000
7307C	7307AC	35	80	21	1.5	0.6	44	71	1.5	16.6	34.2	26.8	24.5	32.8	24.8	7500	10000
7308C	7308AC	40	90	23	1.5	0.6	49	81	1.5	18.5	40.2	32.3	27.5	38.5	30.5	6700	9000
7309C	7309AC	45	100	25	1.5	0.6	54	91	1.5	20.2	49.2	39.8	30.2	47.5	37.2	6000	8000
7310C	7310AC	50	110	27	2	1	60	100	2	22	53.5	47.2	33	55.5	44.5	5600	7500
7311C	7311AC	55	120	29	2	1	65	110	2	23.8	70.5	60.5	35.8	67.2	56.8	5000	6700
7312C	7312AC	60	130	31	2.1	1.1	72	118	2.1	25.6	80.5	70.2	38.7	77.8	65.8	4800	6300
7313C	7313AC	65	140	33	2.1	1.1	77	128	2.1	27.4	91.5	80.5	41.5	89.8	75.5	4300	5600
7314C	7314AC	70	150	35	2.1	1.1	82	138	2.1	29.2	102	91.5	44.3	98.5	86.0	4000	5300
7315C	7315AC	75	160	37	2.1	1.1	87	148	2.1	31	112	105	47.2	108	97.0	3800	5000
7316C	7316AC	80	170	39	2.1	1.1	92	158	2.1	32.8	122	118	50	118	108	3600	4800
7317C	7317AC	85	180	41	3	1.1	99	166	2.5	34.6	132	128	52.8	125	122	3400	4500
7318C	7318AC	90	190	43	3	1.1	104	176	2.5	36.4	142	142	55.6	135	135	3200	4300
7319C	7319AC	95	200	45	3	1.1	109	186	2.5	38.2	152	158	58.5	145	148	3000	4000
7320C	7320AC	100	215	47	3	1.1	114	201	2.5	40.2	162	175	61.9	165	178	2600	3600

表 13-3 圆锥滚子轴承

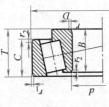

外形尺寸

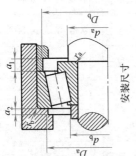

安装尺寸

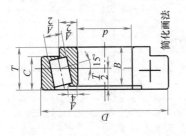

简化画法

当量动载荷：

当 $\dfrac{F_a}{F_r} \le e$ 时，$P = F_r$

当 $\dfrac{F_a}{F_r} > e$ 时，$P = 0.4F_r + YF_a$

F_r 为径向载荷；F_a 为轴向载荷

当量静载荷：

$P_0 = 0.5F_r + Y_0F_a$ 或 $P_0 = F_r$，取两者大的

标记示例：滚动轴承 30308 GB/T 297—2015

轴承代号	基本尺寸/mm							安装尺寸/mm								计算系数			基本额定		极限转速 /r·min⁻¹	
	d	D	T	B	C	$r_{s\,min}$	$r_{1s\,min}$	d_a min	d_b max	D_a max	D_b min	a_1 min	a_2 min	r_a max	r_b max	e	Y	Y_0	动载荷 C_r/kN	静载荷 C_{0r}/kN	脂润滑	油润滑
30203	17	40	13.25	12	11	1	1	23	23	34	37	2	2.5	1	1	0.35	1.7	1	20.8	21.8	9000	12000
30204	20	47	15.25	14	12	1	1	26	27	41	43	2	3.5	1	1	0.35	1.7	1	28.2	30.5	8000	10000
30205	25	52	16.25	15	13	1	1	31	31	46	48	2	3.5	1	1	0.37	1.6	0.9	32.2	37.0	7000	9000
30206	30	62	17.25	16	14	1	1	36	37	56	58	2	3.5	1	1	0.37	1.6	0.9	43.2	50.5	6000	7500
30207	35	72	18.25	17	15	1.5	1.5	42	44	65	67	3	3.5	1.5	1.5	0.37	1.6	0.9	54.2	63.5	5300	6700
30208	40	80	19.25	18	16	1.5	1.5	47	49	73	75	3	4	1.5	1.5	0.37	1.6	0.9	63.0	74.0	5000	6300
30209	45	85	20.75	19	16	1.5	1.5	52	53	78	80	3	5	1.5	1.5	0.4	1.5	0.8	67.8	83.5	4500	5600
30210	50	90	21.75	20	17	1.5	1.5	57	58	83	86	3	5	1.5	1.5	0.42	1.4	0.8	73.2	92.0	4300	5300
30211	55	100	22.75	21	18	2	1.5	64	64	91	95	4	5	2	1.5	0.4	1.5	0.8	90.8	115	3800	4800
30212	60	110	23.75	22	19	2	1.5	69	69	101	103	4	5	2	1.5	0.4	1.5	0.8	102	130	3600	4500
30213	65	120	24.75	23	20	2	1.5	74	77	111	114	4	5	2	1.5	0.4	1.5	0.8	120	152	3200	4000
30214	70	125	26.75	24	21	2	1.5	79	81	116	119	4	5.5	2	1.5	0.42	1.4	0.8	132	175	3000	3800
30215	75	130	27.25	25	22	2	1.5	84	85	121	125	4	5.5	2	1.5	0.44	1.4	0.8	138	185	2800	3600
30216	80	140	28.25	26	22	2.5	2	90	90	130	133	4	6	2.1	2	0.42	1.4	0.8	160	212	2600	3400

02 尺寸系列

（续）

轴承代号	基本尺寸/mm							安装尺寸/mm								计算系数			基本额定		极限转速/r·min⁻¹	
	d	D	T	B	C	r_{smin}	r_{1smin}	d_a min	d_b max	D_a max	D_b min	a_1 min	a_2 min	r_a max	r_b max	e	Y	Y_0	动载荷 C_r/kN	静载荷 C_{0r}/kN	脂润滑	油润滑
02 尺寸系列																						
30217	85	150	30.5	28	24	2.5	2	95	96	140	142	5	6.5	2.1	2	0.42	1.4	0.8	178	238	2400	3200
30218	90	160	32.5	30	26	2.5	2	100	102	150	151	5	6.5	2.1	2	0.42	1.4	0.8	200	270	2200	3000
30219	95	170	34.5	32	27	3	2.5	107	108	158	160	5	7.5	2.5	2.1	0.42	1.4	0.8	228	308	2000	2800
30220	100	180	37	34	29	3	2.5	112	114	168	169	5	8	2.5	2.1	0.42	1.4	0.8	255	350	1900	2600
03 尺寸系列																						
30302	15	42	14.25	13	11	1	1	21	22	36	38	3	3.5	1	1	0.29	2.1	1.2	22.8	21.5	9000	12000
30303	17	47	15.25	14	12	1	1	23	25	41	43	3	3.5	1	1	0.29	2.1	1.2	28.2	27.2	8500	11000
30304	20	52	16.25	15	13	1.5	1	27	28	45	48	3	3.5	1.5	1.5	0.3	2	1.1	33.0	33.2	7500	9500
30305	25	62	18.25	17	15	2	1.5	32	34	55	58	3	3.5	1.5	1.5	0.3	2	1.1	46.8	48.0	6300	8000
30306	30	72	20.75	19	16	2	1.5	37	40	65	66	3	5	1.5	1.5	0.31	1.9	1.1	59.0	63.0	5600	7000
30307	35	80	22.75	21	18	2	1.5	44	45	71	74	3	5	2	1.5	0.31	1.9	1.1	75.2	82.5	5000	6300
30308	40	90	25.25	23	20	2	1.5	49	52	81	84	3	5.5	2	1.5	0.35	1.7	1	90.8	108	4500	5600
30309	45	100	27.25	25	22	2	1.5	54	59	91	94	3	5.5	2	1.5	0.35	1.7	1	108	130	4000	5000
30310	50	110	29.25	27	23	2.5	2	60	65	100	103	4	6.5	2	2	0.35	1.7	1	130	158	3800	4800
30311	55	120	31.5	29	25	2.5	2	65	70	110	112	4	6.5	2.5	2	0.35	1.7	1	152	188	3400	4300
30312	60	130	33.5	31	26	3	2.5	72	76	118	121	5	7.5	2.5	2.1	0.35	1.7	1	170	210	3200	4000
30313	65	140	36	33	28	3	2.5	77	83	128	131	5	8	2.5	2.1	0.35	1.7	1	195	242	2800	3600
30314	70	150	38	35	30	3	2.5	82	89	138	141	5	8	2.5	2.1	0.35	1.7	1	218	272	2600	3400
30315	75	160	40	37	31	3	2.5	87	95	148	150	5	9	2.5	2.1	0.35	1.7	1	252	318	2400	3200
30316	80	170	42.5	39	33	3	2.5	92	102	158	160	5	9.5	2.5	2.1	0.35	1.7	1	278	352	2200	3000
30317	85	180	44.5	41	34	4	3	99	107	166	168	6	10.5	3	2.5	0.35	1.7	1	305	388	2000	2800
30318	90	190	46.5	43	36	4	3	104	113	176	178	6	10.5	3	2.5	0.35	1.7	1	342	440	1900	2600
30319	95	200	49.5	45	38	4	3	109	118	186	185	6	11.5	3	2.5	0.35	1.7	1	370	478	1800	2400
30320	100	215	51.5	47	39	4	3	114	127	201	199	6	12.5	3	2.5	0.35	1.7	1	405	525	1600	2000
22 尺寸系列																						
32206	30	62	21.25	20	17	1	1	36	36	56	58	3	4.5	1.5	1	0.37	1.6	0.9	51.8	63.8	6000	7500
32207	35	72	24.25	23	19	1.5	1.5	42	42	65	68	3	5.5	1.5	1.5	0.37	1.6	0.9	70.5	89.5	5300	6700
32208	40	80	24.75	23	19	1.5	1.5	47	48	73	75	3	6	1.5	1.5	0.37	1.6	0.9	77.8	97.2	4500	6300
32209	45	85	24.75	23	19	1.5	1.5	52	53	78	81	3	6	1.5	1.5	0.4	1.5	0.8	80.8	105	4500	5600
32210	50	90	24.75	23	19	1.5	1.5	57	57	83	86	3	6	1.5	1.5	0.42	1.4	0.8	82.8	108	4300	5300
32211	55	100	26.75	25	21	2	1.5	64	62	91	96	4	6	2	1.5	0.4	1.5	0.8	108	142	3800	4800
32212	60	110	29.75	28	24	2	1.5	69	68	101	105	4	6	2	1.5	0.4	1.5	0.8	132	180	3600	4500
32213	65	120	32.75	31	27	2	1.5	74	75	111	115	4	6	2	1.5	0.4	1.5	0.8	160	222	3200	4000
32214	70	125	33.25	31	27	2	1.5	79	79	116	120	4	6.5	2	1.5	0.42	1.4	0.8	168	238	3000	3800
32215	75	130	33.25	31	27	2	1.5	84	84	121	126	4	6.5	2	1.5	0.44	1.4	0.8	170	242	2800	3600

注：r_{smin} 为内圈背面单一倒角尺寸，r_{1smin} 为外圈背面单一倒角尺寸。

表 13-4 圆柱滚子轴承（GB/T 283—2021）

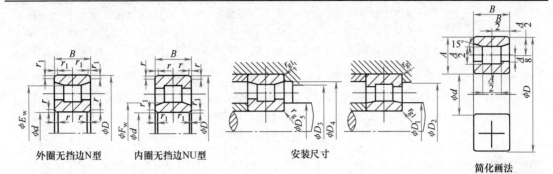

外圈无挡边N型　　内圈无挡边NU型　　安装尺寸

简化画法

标记示例：

符合 GB/T 283—2021 规定尺寸系列代号 02、公称内径 40mm、外圈无挡边圆柱滚子轴承标记为

滚动轴承 N208　GB/T 283—2021

轴承代号		基本尺寸/mm							安装尺寸/mm							基本额定动载荷 C_r/kN	基本额定静载荷 C_{0r}/kN	极限转速 /kr·min^{-1}	
		d	D	B	F_w	E_w	r_{smin}	r_{1smin}	D_1	D_2	D_3	D_4	D_5	r_g	r_{g1}			脂润滑	油润滑
02 系列																			
N204	NU204	20	47	14	27	40	1	0.6	25	41	42	43.2	26.3	1	0.6	11.8	6.5	12	16
N205	NU205	25	52	15	32	45	1	0.6	30	46	47	48	30	1	0.6	13.5	7.8	10	14
N206	NU206	30	62	16	38.5	53.5	1	0.6	37	54	55	57	37	1	0.6	18.5	11.2	8.5	11
N207	NU207	35	72	17	43.8	61.8	1.1	0.6	42	64	64	67	42	1	0.6	27.2	17.2	7.5	9.5
N208	NU208	40	80	18	50	70	1.1	1.1	48	73	72	74	46	1	1	35.8	23.5	7.0	9.0
N209	NU209	45	85	19	55	75	1.1	1.1	53	79	77	79	53	1	1	37.8	25.2	6.3	8.0
N210	NU210	50	90	20	60.4	80.4	1.1	1.1	58	83	82	84	58	1	1	41.2	28.5	6.0	7.5
N211	NU211	55	100	21	66.5	88.5	1.5	1	64	91	90	93	64	1.5	1	50.2	35.5	5.3	6.7
N212	NU212	60	110	22	73.5	97.5	1.5	1.5	71	99	99	110	71	1.5	1.5	59.8	43.2	5.0	6.3
N213	NU213	65	120	23	79.6	105.6	1.5	1.5	77	110	107.6	111	77	1.5	1.5	69.8	51.5	4.5	5.6
N214	NU214	70	125	24	84.5	110.5	1.5	1.5	82	114	112	117	82	1.5	1.5	69.8	51.5	4.3	5.3
N215	NU215	75	130	25	88.5	116.3	1.5	1.5	86	122	118	122	86	1.5	1.5	84.8	64.2	4.0	5.0
N216	NU216	80	140	26	95.3	125.3	2	2	93	127	127	131	93	1.8	1.8	97.5	74.5	3.8	4.8
N217	NU217	85	150	28	101.8	133.3	2	2	99	140	135	140	95	1.8	1.8	110	85.5	3.6	4.5
N218	NU218	90	160	30	107	143	2	2	105	150	145	150	105	1.8	1.8	135	105	3.4	4.3
N219	NU219	95	170	32	113.5	151.5	2.1	2.1	111	150	153	159	106	2	2	145	112	3.2	4.0
N220	NU220	100	180	34	120	160	2.1	2.1	117	168	162	168	112	2	2	160	125	3.0	3.8
03 系列																			
N304	NU304	20	52	15	28.5	44.5	1.1	0.6	26	46	46	47.6	26.7	1	0.5	17.2	10.0	11.0	15
N305	NU305	25	62	17	35	53	1.1	1.1	33	54	55	57	32	1	1	24.2	14.5	9.0	12
N306	NU306	30	72	19	42	62	1.1	1.1	40	64	64	66	37	1	1	32.0	20.2	8.0	10
N307	NU307	35	80	21	46.2	68.2	1.5	1.1	44	73	70	73	45	1.5	1	39.0	25.2	7.0	9.0
N308	NU308	40	90	23	53.5	77.5	1.5	1.5	51	82	80	82	51	1.5	1.5	46.5	30.5	6.3	8.0
N309	NU309	45	100	25	58.5	86.5	1.5	1.5	56	92	89	92	53	1.5	1.5	63.5	42.8	5.6	7.0
N310	NU310	50	110	27	65	95	2	2	63	101	97	101	63	2	2	72.5	49.8	5.3	6.7
N311	NU311	55	120	29	70.5	104.5	2	2	68	107	106	111	68	2	2	93.2	65.2	4.8	6.0
N312	NU312	60	130	31	77	113	2.1	2.1	74	120	115	120	70	2	2	112	79.8	4.5	5.6
N313	NU313	65	140	33	83.5	121.5	2.1	2.1	81	129	123	129	76	2	2	118	85.2	4.0	5.0

（续）

轴承代号		基本尺寸/mm							安装尺寸/mm							基本额定动载荷 C_r/kN	基本额定静载荷 C_{0r}/kN	极限转速/kr·min⁻¹	
		d	D	B	F_w	E_w	r_{smin}	r_{1smin}	D_1	D_2	D_3	D_4	D_5	r_g	r_{g1}			脂润滑	油润滑
03 系列																			
N314	NU314	70	150	35	90	130	2.1	2.1	87	139	132	139	81	2	2	138	102	3.8	4.8
N315	NU315	75	160	37	95.5	139.5	2.1	2.1	92	148	142	148	87	2	2	158	118	3.6	4.5
N316	NU316	80	170	39	103	147	2.1	2.1	100	157	149	157	93	2	2	168	125	3.4	4.3
N317	NU317	85	180	41	108	156	3	3	105	166	158	166	98.5	2.5	2.5	202	152	3.2	4.0
N318	NU318	90	190	43	115	165	3	3	112	176	167	175	110	2.5	2.5	218	165	3.0	3.8
N319	NU319	95	200	45	121.5	173.5	3	3	118	185	176	186	112	2.5	2.5	232	180	2.8	3.6
N320	NU320	100	215	47	129.5	185.5	3	3	126	198	187	198	117	2.5	2.5	270	212	2.4	3.2
04 系列																			
N407	NU407	35	100	25	53	83	1.5	1.5	51	86	85	91	45	1.5	1.5	67.5	45.5	6.0	7.5
N408	NU408	40	110	27	58	92	2	2	56	95	94	99	51	2	2	86.2	79.8	5.6	7.0
N409	NU409	45	120	29	64.5	100.5	2	2	63	109	102	109	61	2	2	97.0	64.8	5.0	6.3
N410	NU410	50	130	31	70.8	110.8	2.1	2.1	68	120	113	119	62	2.1	2.1	115	80.8	4.8	6.0
N411	NU411	55	140	33	77.2	117.2	2.1	2.1	75	128	119	128	67	2.1	2.1	123	88.0	4.3	5.3
N412	NU412	60	150	35	83	127	2.1	2.1	80	138	129	138	72	2.1	2.1	148	108	4.0	5.0
N413	NU413	65	160	37	89.5	135.3	2.1	2.1	87	147	137	147	79	2.1	2.1	162	118	3.8	4.8
N414	NU414	70	180	42	100	152	3	3	97	164	154	164	88	3	3	205	155	3.4	4.3
N415	NU415	75	190	45	104.5	160.5	3	3	101	173	163	173	92	3	3	238	182	3.2	4.0
N416	NU416	80	200	48	110	170	3	3	107	183	172	183	97	3	3	272	210	3.0	3.8
N417	NU417	85	210	52	113	177	4	4	112	192	182	192	100	4	4	298	230	2.8	3.6
N418	NU418	90	225	54	123.5	191.5	4	4	120	206	194	206	109	4	4	335	262	2.4	3.2

注：表中内容摘自 GB/T 283—2021。

13.2 滚动轴承的配合及配合件精度

表 13-5 安装向心轴承的轴的公差带

运转状态		载荷状态	深沟球轴承、角接触球轴承	圆柱滚子轴承、圆锥滚子轴承	调心滚子轴承	公差带
说明	举例		轴承公称内径/mm			
内圈相对于载荷方向旋转或摆动	传送带、机床、泵、通风机	轻载荷	≤18	—	—	h5
			>18~100	≤40	≤40	j6
			>100~200	>40~140	>40~140	k6
	变速箱、一般通用机械、电动机、内燃机、木工机械	正常载荷	≤18	—	—	j5、js5
			>18~100	≤40	≤40	k5
			>100~140	>40~100	>40~100	m5
			>140~200	>100~140	>100~140	m6
	破碎机、铁路车辆、轧机	重载荷		>50~140	>50~100	n6
				>140~200	>100~140	p6
				>200	>140~200	r6

（续）

运转状态		载荷状态	深沟球轴承、角接触球轴承	圆柱滚子轴承、圆锥滚子轴承	调心滚子轴承	公差带
说明	举例		轴承公称内径/mm			
内圈相对于载荷方向静止	静止轴上的各种轮子、张紧绳轮、振动筛、惯性振动器	所有载荷	所有尺寸			f6 g6 h6 j6
仅有轴向载荷			所有尺寸			j6、js6

注：1. 凡对精度有较高要求的场合，应该用 j5、k5 等代替 j6、k6 等。

2. 圆锥滚子轴承、角接触球轴承配合对游隙影响不大，可用 k6、m6 代替 k5、m5。

3. 轻载荷：球轴承 $P_r \leqslant 0.07C_r$，圆锥滚子轴承 $P_r \leqslant 0.13C_r$，其他滚子轴承 $P_r \leqslant 0.08C_r$；正常载荷：球轴承 $0.07C_r < P_r \leqslant 0.15C_r$，圆锥滚子轴承 $0.13C_r < P_r \leqslant 0.26C_r$，其他滚子轴承 $0.08C_r < P_r \leqslant 0.18C_r$；重载荷：球轴承 $P_r > 0.15C_r$，圆锥滚子轴承 $P_r > 0.26C_r$，其他滚子轴承 $P_r > 0.18C_r$。

表 13-6 安装向心轴承的外壳孔的公差带

运转状态		载荷状态	其他状况	公差带[1]	
说明	举例			球轴承	滚子轴承
外圈相对于载荷方向静止	一般机械、电动机、铁路机车车辆轴箱	轻、正常、重	轴向易移动，可采用剖分式外壳	H7、G7[2]	
		冲击	轴向能移动，可采用整体或剖分式外壳	J7、JS7	
外圈相对于载荷方向摆动	曲轴主轴承、泵、电动机	轻、正常			
		正常、重		K7	
		冲击		M7	
外圈相对于载荷方向旋转	张紧滑轮、轮毂轴承	轻	轴向不能移动，可采用整体式外壳	J7	K7
		正常		K7、M7	M7、N7
		重		—	N7、P7

[1] 并列的公差带随尺寸增大从左至右选择，对旋转精度有较高要求时，可相应提高一个公差等级。

[2] 不适用于剖分式外壳。

表 13-7 与向心轴承配合轴和外壳孔的几何公差

公称尺寸/mm		圆柱度				轴向圆跳动			
		轴颈		外壳孔		轴肩		外壳孔肩	
		轴承公差等级							
		普通级	6级	普通级	6级	普通级	6级	普通级	6级
大于	至	公差值/μm							
18	30	4	2.5	6	4	10	6	15	10
30	50	4	2.5	7	4	12	8	20	12
50	80	5	3	8	5	15	10	25	15
80	120	6	4	9	6	15	10	25	15
120	180	8	5	12	8	20	12	30	20
180	250	10	7	14	10	20	12	30	20

表 13-8　与向心轴承配合轴径和外壳孔的表面粗糙度

配合表面	轴承公差等级	配合表面的尺寸公差等级	轴承公称内径或外径/mm	
			≤80	>80~500
			表面粗糙度 Ra 值/μm	
轴颈	普通级	IT6	1	1.6
	6级	IT5	0.63	1
外壳孔	普通级	IT7	1.6	2.5
	6级	IT6	1	1.6
轴和外壳孔端面	普通级		2	2.5
	6级		2.5	2

注：轴承装在紧定套或推卸套上时，轴颈表面粗糙度 Ra 值不大于 2.5μm。

13.3　滚动轴承的游隙

表 13-9　滚动轴承的轴向游隙

轴承类型	轴承内径 d/mm		允许轴向游隙的范围/μm						Ⅱ型轴承间允许的距离（大概值）
			Ⅰ型		Ⅱ型		Ⅰ型		
			min	max	min	max	min	max	
			接触角 α						
角接触球轴承	大于	到	α=15°				α=25°及40°		
	—	30	20	40	30	50	10	20	8d
	30	50	30	50	40	70	15	30	7d
	50	80	40	70	50	100	20	40	6d
	80	120	50	100	60	150	30	50	5d
圆锥滚子轴承	大于	到	α=10°~16°				α=25°~29°		
	—	30	20	40	40	70	—	—	15d
	30	50	40	70	50	100	20	40	12d
	50	80	50	100	80	150	30	50	11d
	80	120	80	150	120	200	40	70	10d

注：1. Ⅰ型为一端固定、一端游动支承式支承，固定端轴承"面对面"或"背对背"安装，如图 5-24 所示。
2. Ⅱ型为两端固定式支承，轴承"面对面"或"背对背"安装，如图 5-25 所示。

第 14 章

润滑与密封

 ## 14.1 润滑剂

表 14-1 常用润滑油的主要性质和用途

名称	代号	运动黏度/(mm²/s) 40℃	凝点/℃ (≤)	闪点(开口) /℃(≤)	主要用途
全损耗系统用油 (GB/T 443—1989)	L-AN7	6.12~7.48	−5	110	用于高速、轻载机械轴承的润滑和冷却
	L-AN10	9.00~11.0		130	
	L-AN15	13.5~16.5		150	用于小型机床齿轮箱、传动装置轴承、中小型电动机风动工具等
	L-AN22	19.8~24.2			
	L-AN32	28.8~35.2			主要用在一般机床齿轮变速、中小型机床导轨及 100kW 以上电动机轴承
	L-AN46	41.4~50.6		160	主要用在大型机床、大型刨床上
	L-AN68	61.2~74.8			
	L-AN100	90.0~110		180	主要用在低速重载的纺织机械及重型机床、锻压、铸工设备上
	L-AN150	135~165			
工业闭式齿轮油 (GB 5903—2011)	L-CKC68	61.2~74.8	−8	180	适用于煤炭、水泥、冶金工业部门大型封闭齿轮传动装置的润滑
	L-CKC100	90.0~110			
	L-CKC150	135~165		220	
	L-CKC220	198~242			
	L-CKC320	288~352			
	L-CKC460	414~506			
	L-CKC680	612~748	−5	220	
蜗轮蜗杆油 (SH/T 0094—1991)	L-CKE220	198~242	−6	200	用于蜗轮蜗杆传动的润滑
	L-CKE320	288~352			
	L-CKE460	414~506		220	
	L-CKE680	612~748			
	L-CKE1000	900~1100			

表 14-2 常用润滑脂的主要性质和用途

名称	代号	滴点/℃(≥)	工作锥入度/0.1mm	主要用途
钙基润滑脂 （GB/T 491—2008）	L-XAAMA1	80	310~340	有耐水性,用于工作温度低于60℃的各种工农业、交通运输机械设备的轴承润滑,特别是有水或潮湿处
	L-XAAMA2	85	265~295	
	L-XAAMA3	90	220~250	
	L-XAAMA4	95	175~205	
钠基润滑脂 （GB 492—1989）	L-XACMGA2	160	265~295	不耐水(或潮湿),用于工作温度在-10~110℃的一般中载荷机械设备轴承润滑
	L-XACMG3		220~250	
通用锂基润滑脂 （GB/T 7324—2010）	1 号	170	310~340	有良好的耐水性和耐热性,适用于-20~120℃宽温度范围内各种机械的滚动轴承、滑动轴承及其他摩擦部位的润滑
	2 号	175	265~295	
	3 号	180	220~250	
钙钠基润滑脂 （SH/T 0368—1992）	2 号	120	250~290	用于工作温度在80~100℃、有水分或较潮湿环境中工作的机械润滑,多用于铁路机车、列车、小电动机、发电机滚动轴承(温度较高者)润滑,不适于低温工作
	3 号	135	200~240	
7407 号齿轮润滑脂 （SH/T 0469—1994）	—	160	75~90	适用于各种低速、中、重载荷齿轮、链和联轴器等的润滑,使用温度≤120℃,可承受冲击载荷

📌 14.2 密封装置

表 14-3 毡圈油封及槽的形式与尺寸（JB/ZQ 4606—1997）　　　　（单位：mm）

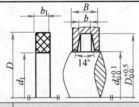

标记示例:
轴径 d=40mm 的毡圈标记为
毡圈 40JB/ZQ 4606—1997

轴径 d	毡封圈 D	d_1	b_1	槽 D_0	d_0	b	B_{min} 钢	B_{min} 铸铁	轴径 d	毡封圈 D	d_1	b_1	槽 D_0	d_0	b	B_{min} 钢	B_{min} 铸铁
16	29	14	6	28	16	5	10	12	55	74	53	8	72	56	7	12	15
20	33	19	6	32	21	5	10	12	60	80	58	8	78	61	7	12	15
25	39	24	7	38	26	6	12	15	65	84	63	8	85	66	7	12	15
30	45	29	7	44	31	6	12	15	70	90	68	8	88	71	7	12	15
35	49	34	7	48	36	6	12	15	75	94	73	8	92	77	7	12	15
40	53	39	7	52	41	6	12	15	80	102	78	8	100	82	7	12	15
45	61	44	8	60	46	7	12	15	85	107	83	9	105	87	8	15	18
50	69	49	8	68	51	7	12	15	90	112	88	9	110	92	8	15	18

（续）

轴径 d	毡封圈			槽					轴径 d	毡封圈			槽				
	D	d_1	b_1	D_0	d_0	b	B_{min} 钢	B_{min} 铸铁		D	d_1	b_1	D_0	d_0	b	B_{min} 钢	B_{min} 铸铁
95	117	93	10	115	97	8	15	18	160	182	158	12	180	163	10	18	20
100	122	98		120	102				165	187	163		185	168			
105	127	103		125	107				170	192	168		190	173			
110	132	108		130	112				175	197	173		195	178			
115	137	113		135	117				180	202	178		200	183			
120	142	118		140	122				185	207	183		205	188			
125	147	123		145	127				190	212	188		210	193			
130	152	128	12	150	132	10	18	20	195	217	193	14	215	198	12	20	22
135	157	133		155	137				200	222	198		220	203			
140	162	138		160	143				210	232	208		230	213			
145	167	143		165	148				220	242	213		240	223			
150	172	148		170	153				230	252	223		250	233			
155	177	153		175	158				240	262	238		260	243			

注：毡圈材料有半粗羊毛毡和细羊毛毡，粗毛毡适用于速度 $v \leqslant 3\text{m/s}$，优质细毛毡适用于 $v \leqslant 10\text{m/s}$。

表14-4 内包骨架旋转轴唇形密封圈（GB/T 9877—2008）　　（单位：mm）

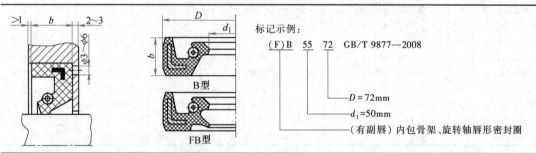

标记示例：

（F）B　55　72　GB/T 9877—2008

$D = 72\text{mm}$
$d_1 = 50\text{mm}$
（有副唇）内包骨架、旋转轴唇形密封圈

B型　FB型

基本内径 d_1	外径 D	宽度 b	基本内径 d_1	外径 D	宽度 b	基本内径 d_1	外径 D	宽度 b
16	30,(35)	7	38	55,58,62	8	75	95,100	10
18	30,35		40	55,(60),62		80	100,110	12
20	35,40		42	55,62		85	110,120	
22	35,40,47		45	62,65		90	(115),120	
25	40,47,52		50	68,(70),72		95	120	
28	40,47,52		55	72,(75),80		100	125	
30	40,47,(50),52		60	80,85		(105)	130	
32	45,47,52		65	85,90		110	140	
35	50,52,55	8	70	90,95	10	120	150	

注：1. B型为单唇，FB型为双唇。

　　2. 为便于拆卸，在壳体上应加工有 3~4 个 $\phi3$~$\phi6\text{mm}$ 的孔。

　　3. 括号内的尺寸尽量不采用。

表 14-5　液压气动用 O 形橡胶密封圈（GB/T 3452.1—2005）　　（单位：mm）

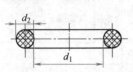

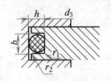

标记示例：

O 形圈 35.5×2.65-A-N-GB/T 3452.1—2005

（内径 d_1=35.5mm、截面直径 d_2=2.65mm、A 系列 N 级 O 形密封圈）

沟槽尺寸（GB/T 3452.3—2005）					
d_2	b	h	d_3 极限偏差值	r_1	r_2
1.8	2.6	1.28	0 / -0.04	0.2~0.4	0.1~0.3
2.65	3.8	1.97	0 / -0.05	0.2~0.4	0.1~0.3
3.55	5.0	2.75	0 / -0.06	0.4~0.8	0.1~0.3
5.3	7.3	4.24	0 / -0.07	0.4~0.8	0.1~0.3
7.0	9.7	5.72	0 / -0.09	0.8~1.2	0.1~0.3

d_1 尺寸	公差 ±	d_2 1.8 ±0.08	d_2 2.65 ±0.09	d_2 3.55 ±0.10
13.2	0.21	×	×	
14	0.22	×	×	
15	0.22	×	×	
16	0.23	×	×	
17	0.24	×	×	
18	0.25	×	×	×
19	0.25	×	×	×
20	0.26	×	×	×
21.2	0.27	×	×	×
22.4	0.28	×	×	×
23.6	0.29	×	×	×
25	0.30	×	×	×
25.8	0.31	×	×	×
26.5	0.31	×	×	×
28	0.32	×	×	×
30	0.34	×	×	×
31.5	0.35	×	×	×
32.5	0.36	×	×	×

d_1 尺寸	公差 ±	d_2 1.8 ±0.08	d_2 2.65 ±0.09	d_2 3.55 ±0.10	d_2 5.3 ±0.13
33.5	0.36	×	×	×	
34.5	0.37	×	×	×	
35.5	0.38	×	×	×	
36.5	0.38	×	×	×	
37.5	0.39	×	×	×	
38.7	0.40	×	×	×	
40	0.41	×	×	×	×
41.2	0.42	×	×	×	×
42.5	0.43	×	×	×	×
43.7	0.44	×	×	×	×
45	0.44	×	×	×	×
46.2	0.45	×	×	×	×
47.5	0.46	×	×	×	×
48.7	0.47	×	×	×	×
50	0.48	×	×	×	×
51.5	0.49		×	×	×
53	0.50		×	×	×
54.5	0.51		×	×	×

d_1 尺寸	公差 ±	d_2 2.65 ±0.09	d_2 3.55 ±0.10	d_2 5.3 ±0.13
56	0.52	×	×	×
58	0.54	×	×	×
60	0.55	×	×	×
61.5	0.56	×	×	×
63	0.57	×	×	×
65	0.58	×	×	×
67	0.60	×	×	×
69	0.61	×	×	×
71	0.63	×	×	×
73	0.64	×	×	×
75	0.65	×	×	×
77.5	0.67	×	×	×
80	0.69	×	×	×
82.5	0.71	×	×	×
85	0.72	×	×	×
87.5	0.74	×	×	×
90	0.76	×	×	×
92.5	0.77	×	×	×

d_1 尺寸	公差 ±	d_2 2.65 ±0.09	d_2 3.55 ±0.10	d_2 5.3 ±0.13	d_2 7 ±0.15
95	0.79	×	×	×	
97.5	0.81	×	×	×	
100	0.82	×	×	×	
103	0.85	×	×	×	
106	0.87	×	×	×	
109	0.89	×	×	×	×
112	0.91	×	×	×	
115	0.93	×	×	×	
118	0.95	×	×	×	
122	0.97	×	×	×	
125	0.99	×	×	×	×
128	1.01	×	×	×	
132	1.04	×	×	×	
136	1.07	×	×	×	
140	1.09	×	×	×	
145	1.03	×	×	×	×
150	1.16	×	×	×	
155	1.19	×	×	×	×

第 15 章

联 轴 器

🔧 15.1 　轴孔和键槽的形式

表 15-1 　轴孔和键槽的形式、代号及尺寸系列 （GB/T 3852—2017）　（单位：mm）

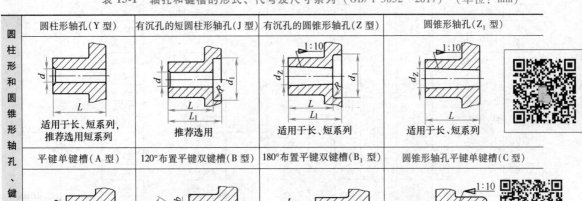

圆柱形和圆锥形轴孔、键槽形式

圆柱形轴孔（Y 型）　适用于长、短系列，推荐选用短系列

有沉孔的短圆柱形轴孔（J 型）　推荐选用

有沉孔的圆锥形轴孔（Z 型）　适用于长、短系列

圆锥形轴孔（Z_1 型）　适用于长、短系列

平键单键槽（A 型）

120° 布置平键双键槽（B 型）

180° 布置平键双键槽（B_1 型）

圆锥形轴孔平键单键槽（C 型）

<table>
<tr><td colspan="13" align="center">Y 型、J 型圆柱形轴孔的直径与长度及键槽尺寸</td></tr>
<tr>
<td colspan="2" align="center">直径 d</td>
<td colspan="2" align="center">长度</td>
<td colspan="2" align="center">沉孔尺寸</td>
<td colspan="5" align="center">A 型、B 型、B_1 型键槽</td>
<td align="center">B 型键槽</td>
</tr>
<tr>
<td rowspan="2">公称尺寸</td>
<td rowspan="2">极限偏差 H7</td>
<td colspan="2" align="center">L</td>
<td rowspan="2">L_1</td>
<td rowspan="2">d_1</td>
<td rowspan="2">R</td>
<td colspan="2" align="center">b</td>
<td align="center">t</td>
<td align="center">t_1</td>
<td align="center">T</td>
</tr>
<tr>
<td>长系列</td>
<td>短系列</td>
<td align="center">公称尺寸</td>
<td align="center">极限偏差 P9</td>
<td align="center">公称尺寸　极限偏差</td>
<td align="center">公称尺寸　极限偏差</td>
<td align="center">位置度公差</td>
</tr>
<tr><td>6</td><td rowspan="2">+0.012
0</td><td rowspan="2">16</td><td rowspan="2"></td><td rowspan="10"></td><td rowspan="10"></td><td rowspan="10"></td><td rowspan="3">2</td><td rowspan="2">−0.006
−0.031</td><td>7.0</td><td>8.0</td><td rowspan="10"></td></tr>
<tr><td>7</td><td>8.0</td><td>9.0</td></tr>
<tr><td>8</td><td rowspan="2">+0.015
0</td><td rowspan="2">20</td><td>9.0</td><td>10.0</td></tr>
<tr><td>9</td><td rowspan="2">3</td><td rowspan="6">+0.10
0</td><td>10.4</td><td rowspan="6">+0.2
0</td><td>11.8</td></tr>
<tr><td>10</td><td rowspan="2">25</td><td rowspan="2">22</td><td>11.4</td><td>12.8</td></tr>
<tr><td>11</td><td>+0.018
0</td><td rowspan="2">4</td><td>12.8</td><td>14.6</td></tr>
<tr><td>12</td><td rowspan="2">32</td><td rowspan="2">27</td><td>13.8</td><td>15.6</td></tr>
<tr><td>14</td><td rowspan="2">5</td><td rowspan="2">−0.012
−0.042</td><td>16.3</td><td>18.6</td><td rowspan="3">0.03</td></tr>
<tr><td>16</td><td rowspan="2">42</td><td rowspan="2">30</td><td rowspan="2">42</td><td rowspan="2">38</td><td rowspan="2">1.5</td><td>18.3</td><td>20.6</td></tr>
<tr><td>18</td><td>6</td><td>20.8</td><td>23.6</td></tr>
</table>

（续）

Y 型、J 型圆柱形轴孔的直径与长度及键槽尺寸

直径 d 公称尺寸	极限偏差 H7	长度 L 长系列	长度 L 短系列	L₁	沉孔尺寸 d₁	R	b 公称尺寸	b 极限偏差 P9	t 公称尺寸	t 极限偏差	t₁ 公称尺寸	t₁ 极限偏差	B 型键槽 T 位置度公差
19		42	30	42			6	−0.012 / −0.042	21.8	+0.10 / 0	24.6	+0.2 / 0	0.03
20	+0.021 / 0				38		6		22.8		25.6		0.03
22		52	38	52			6		24.8		27.6		0.03
24						1.5	8	−0.015 / −0.051	27.3		30.6		
25		62	44	62	48		8		28.3		31.6		
28							8		31.3		34.6		
30							8		33.3		36.6		0.04
32		82	60	82	55		10		35.3		38.6		0.04
35							10		38.3		41.6		0.04
38							10		41.3		44.6		0.04
40	+0.025 / 0				65	2.0	12		43.3		46.6		
42							12		45.3		48.6		
45					80		14		48.8		52.6		
48		112	84	112			14		51.8		55.6		
50							14	−0.018 / −0.061	53.8		57.6		0.05
55					95		16		59.3	+0.20 / 0	63.6	+0.4 / 0	0.05
56							16		60.3		64.6		0.05
60							18		64.4		68.8		
63					105		18		67.4		71.8		
65	+0.030 / 0	142	107	142		2.5	18		69.4		73.8		
70							20		74.9		79.8		
71					120		20		75.9		80.8		
75							20		79.9		84.8		
80					140		22	−0.022 / −0.074	85.4		90.8		0.06
85		172	132	172			22		90.4		95.8		0.06
90	+0.035 / 0				160	3.0	25		95.4		100.8		0.06
95							25		100.4		105.8		0.06
100		212	167	212	180		28		106.4		112.8		0.06

Z 型, Z₁ 型圆锥形轴孔的直径与长度及键槽尺寸

直径 dZ 公称尺寸	极限偏差 H8	长系列 L	长系列 L₁	短系列 L	短系列 L₁	沉孔尺寸 d₁	R	C 型键槽 b 公称尺寸	b 极限偏差 P9	t₂ 长系列	t₂ 短系列	t₂ 极限偏差
6		12	18			16		—	—	—		—
7	+0.022 / 0							—	—	—		—
8		14	22					—	—	—		—
9				—	—	24		—	—	—		—
10		17	25					—	—	—		—
11							1.5	2	−0.006 / −0.031	6.1		+0.1 / 0
12	+0.027 / 0	20	32			28		2		6.5		
14								3		7.9		
16								3		8.7	9.0	
18		30	42	18	30	38		4	−0.012 / −0.042	10.1	10.4	
19	+0.033 / 0							4		10.6	10.9	
20		38	52	24	38			4		10.9	11.2	

（续）

Z型，Z_1型圆锥形轴孔的直径与长度及键槽尺寸

直径 d_Z 公称尺寸	极限偏差 H8	长系列 L	长系列 L_1	短系列 L	短系列 L_1	沉孔 d_1	沉孔 R	C型键槽 b 公称尺寸	b 极限偏差 P9	t_2 长系列	t_2 短系列	t_2 极限偏差
22	+0.033 0	38	52	24	38	38	1.5	4	−0.012 −0.042	11.9	12.2	+0.1 0
24										13.4	13.7	
25		44	62	26	44	48		5		13.7	14.2	
28										15.2	15.7	
30										15.8	16.4	
32	+0.039 0	60	82	38	60	55		6		17.3	17.9	
35										18.8	19.4	
38										20.3	20.9	
40		84	112	56	84	65	2.0	10	−0.015 −0.051	21.2	21.9	
42										22.2	22.9	
45										23.7	24.4	
48						80		12		25.2	25.9	
50										26.2	26.9	
55	+0.046 0	107	142	72	107	95		14	−0.018 −0.061	29.2	29.9	+0.2 0
56										29.7	30.4	
60						105	2.5	16		31.7	32.5	
63										33.2	34.0	
65										34.2	35.0	
70								18		36.8	37.6	
71						120				37.3	38.1	
75										39.3	40.1	
80	+0.054 0	132	172	92	132	140	3.0	20	−0.022 −0.074	41.6	42.6	
85										44.1	45.1	
90						160		22		47.1	48.1	
95										49.6	50.6	
100		167	212	122	167	180		25		51.3	52.4	

15.2　常用联轴器

表 15-2　LX 型弹性柱销联轴器（GB/T 5014—2017）

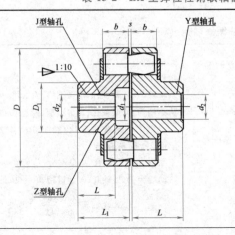

标记示例：

LX5 联轴器 $\dfrac{\text{ZC55×84}}{\text{JB50×84}}$　GB/T 5014—2017

该联轴器为弹性柱销联轴器，型号为 LX5

主动端为：Z 型轴孔，C 型键槽，$d_Z = 55\text{mm}$，

$L = 84\text{mm}$

从动端为：J 型轴孔，B 型键槽，$d_2 = 50\text{mm}$，$L = 84\text{mm}$

（续）

型号	公称转矩 /N·m	许用转速 /(r/min)	轴孔直径 d_1,d_2,d_Z/mm	轴孔长度/mm			D/mm	D_1/mm	b/mm	s/mm	转动惯量 /kg·m²
				Y型 L	J、Z型 L	L_1					
LX1	250	8500	12,14	32	27	—	90	40	20	2.5	0.002
			16,18.19	42	30	42					
			20,22,24	52	38	52					
LX2	560	6300	20,22,24	52	38	52	120	55	28	2.5	0.009
			25,28	62	44	62					
			30,32,35	82	60	82					
LX3	1250	4700	30,32,35,38	82	60	82	160	75	36	2.5	0.026
			40,42,45,48	112	84	112					
LX4	2500	3870	40,42,45,50,55,56	112	84	112	195	100	45	3	0.109
			60,63	142	107	142					
LX5	3150	3450	50,55,56	112	84	112	220	120	45	3	0.191
			60,63,65,70,71,75	142	107	142					
LX6	6300	2720	60,63,65,70,71,75	142	107	142	280	140	56	4	0.543
			80,85	172	132	172					
LX7	11200	2360	70,71,75	142	107	142	320	170	56	4	1.314
			80,85,90,95	172	132	172					
			100,110	212	167	212					
LX8	16000	2120	80,85,90,95	172	132	172	360	200	5	5	2.023
			100,110,120,125	212	167	212					
LX9	22400	1850	100,110,120,125	212	167	212	410	230	63	5	4.386
			130,140	252	202	252					
LX10	35500	1600	110,120,125	212	167	212	480	280	75	6	9.760
			130,140,150	252	202	252					
			160,170,180	302	242	30					

表 15-3 LT 型弹性套柱销联轴器（GB/T 4323—2017）

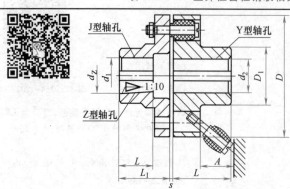

标记示例：

示例 1：LT6 联轴器

主动端为 Y 型轴孔，A 型键槽，d_1 = 38mm，L = 82mm

从动端为 Y 型轴孔，A 型键槽，d_2 = 38mm，L = 82mm

　　　　LT6 联轴器 38×82　GB/T 4323—2017

示例 2：LT8 联轴器

主动端为 Z 型轴孔，C 型键槽，d_Z = 50mm，L = 84mm

从动端为 Y 型轴孔，A 型键槽，d_1 = 60mm，L = 142mm

LX8 联轴器 $\dfrac{ZC50\times84}{60\times142}$　GB/T 4323—2017

（续）

型号	公称转矩 /N·m	许用转速 /(r/min)	轴孔直径 d_1、d_2、d_z /mm	轴孔长度/mm			D /mm	D_1 /mm	s /mm	A /mm	转动惯量 /kg·m²	质量 /kg
				Y型	J、Z型							
				L	L_1	L						
LT1	16	8800	10,11	22	25	22	71	22	3	18	0.0004	0.7
			12,14	27	32	27						
LT2	25	7600	12,14	27	32	27	80	30	3	18	0.001	1.0
			16,18,19	30	42	30						
LT3	63	6300	16,18,19	30	42	30	95	35	4	35	0.002	2.2
			20,22	38	52	38						
LT4	100	5700	20,22,24	38	52	38	106	42	4	35	0.004	3.2
			25,28	44	62	44						
LT5	224	4600	25,28	44	62	44	130	56	5	45	0.011	5.5
			30,32,35	60	82	60						
LT6	355	3800	32,35,38	60	82	60	160	71	5	45	0.026	9.6
			40,42	84	112	84						
LT7	560	3600	40,42,45,48	84	112	84	190	80	5	45	0.06	15.7
LT8	1120	3000	40,42,45,48,50,55	84	112	84	224	95	6	65	0.13	24.0
			60,63,65	107	142	107						
LT9	1600	2850	50,55	84	112	84	250	110	6	65	0.20	31.0
			60,63,65,70	107	142	107						
LT10	3150	2300	63,65,70,75	107	142	107	315	150	8	80	0.64	60.2
			80,85,90,95	132	172	132						
LT11	6300	1800	80,85,90,95	132	172	132	400	190	10	100	2.06	114
			100,110	167	212	167						
LT12	12500	1450	100,110,120,125	167	212	167	475	220	12	130	5.00	212
			130	202	252	202						
LT13	22400	1150	120,125	167	212	167	600	280	14	180	16.0	416
			130,140,150	202	252	202						
			160,170	242	302	242						

注：1. 转动惯量和质量是按 Y 型最大轴孔长度、最小轴孔直径计算的数值。

　　2. 轴孔形式组合为：Y/Y，J/Y，Z/Y。

表 15-4　LM 梅花形弹性联轴器（GB/T 5272—2017）

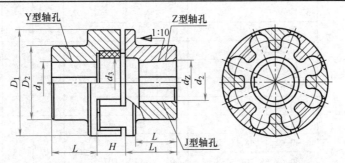

标记示例：

示例：LM145 联轴器

主动端为：Y 型轴孔，A 型键槽，d_1 = 45mm，L = 112mm

从动端为：Y 型轴孔，A 型键槽，d_2 = 45mm，L = 112mm

LM145　联轴器 45×112　GB/T 5272—2017

（续）

型号	公称转矩/N·m	最大转矩/N·m	许用转速/(r/min)	轴孔直径 d_1、d_2、d_Z /mm	轴孔长度/mm			D_1/mm	D_2/mm	H/mm	转动惯量/kg·m²	质量/kg
					Y型	J、Z型						
					L	L_1	L					
LM50	28	50	15000	10,11	22	—	—	50	42	16	0.0002	1.00
				12,14	27	—	—					
				16,18,19	30	—	—					
				20,22,24	38	—	—					
LM70	112	200	11000	12,14	27	—	—	70	55	23	0.0011	2.50
				16,18,19	30	—	—					
				20,22,24	38	—	—					
				25,28	44	—	—					
				30,32,35,38	60	—	—					
LM85	160	288	9000	16,18,19	30	—	—	85	60	24	0.0022	3.42
				20,22,24	38	—	—					
				25,28	44	—	—					
				30,32,35,38	60	—	—					
LM105	355	640	7250	18,19	30	—	—	105	65	27	0.0051	5.15
				20,22,24	38	—	—					
				25,28	44	—	—					
				30,32,35,38	60	—	—					
				40,42	84	—	—					
LM125	450	810	6000	20,22,24	38	52	38	125	85	33	0.014	10.1
				25,28	44	62	44					
				30,32,35,38[①]	60	82	60					
				40,42,45,48,50,55	84	—	—					
LM145	710	1280	5250	25,28	44	62	44	145	95	39	0.025	13.1
				30,32,35,38	60	82	60					
				40,42,45[①],48[①],50[①],55[①]	84	112	84					
				60,63,65	107	—	—					
LM170	1250	2250	4500	30,32,35,38	60	82	60	170	120	41	0.055	21.2
				40,42,45,48,50,55	84	112	84					
				60,63,65,70,75	107	—	—					
				80,85	132	—	—					
LM200	2000	3600	3750	35,38	60	82	60	200	135	48	0.119	33.0
				40,42,45,48,50,55	84	112	84					
				60,63,65,70[①],75[①]	107	142	107					
				80,85,90,95	132	—	—					
LM230	3150	5670	3250	40,42,45,48,50,55	84	112	84	230	150	50	0.217	45.5
				60,63,65,70,75	107	142	107					
				80,85,90,95	132	—	—					

（续）

型号	公称转矩/N·m	最大转矩/N·m	许用转速/(r/min)	轴孔直径 d_1、d_2、d_z/mm	轴孔长度/mm			D_1/mm	D_2/mm	H/mm	转动惯量/kg·m²	质量/kg
					Y型	J、Z型						
					L	L_1	L					
LM260	5000	9000	3000	45,48,50,55	84	112	84	260	180	60	0.458	75.2
				60,63,65,70,75	107	142	107					
				80,85,90[1],95[1]	132	172	132					
				100,110,120,125	167	—	—					
LM300	7100	12780	2500	60,63,65,70,75	107	142	107	300	200	67	0.804	99.2
				80,85,90,95	132	172	132					
				100,110,120,125	167	—	—					
				130,140	202	—	—					
LM360	12500	22500	2150	60,63,65,70,75	107	142	107	360	225	73	1.73	148.1
				80,85,90,95	132	172	132					
				100,110,120[1],125[1]	167	212	167					
				130,140,150	202	—	—					
LM400	14000	25200	1900	80,85,90,95	132	172	132	400	250	73	2.84	197.5
				100,110,120,125	167	212	167					
				130,140,150	202	—	—					
				160	242	—	—					

注：转动惯量和质量是按 Y 型最大轴孔长度、最小轴孔直径计算的数值。

① 无 J、Z 型轴孔形式。

表 15-5 凸缘联轴器（GB/T 5843—2003）

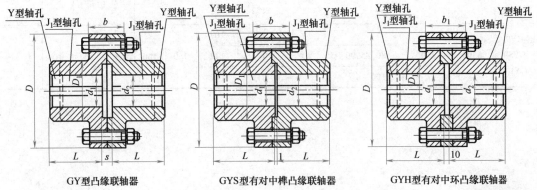

GY型凸缘联轴器　　GYS型有对中榫凸缘联轴器　　GYH型有对中环凸缘联轴器

标记示例：

GY5 联轴器 $\dfrac{30\times82}{J_1 30\times60}$ GB/T 5843—2003

该联轴器:GY5 型凸缘联轴器

主动端为：Y 轴孔，A 型键槽，$d_1 = 30\text{mm}$，$L = 82\text{mm}$

从动端为：J_1 型轴孔，A 型键槽，$d_2 = 30\text{mm}$，$L = 60\text{mm}$

（续）

型号	公称转矩 /N·m	许用转速 /(r/min)	轴孔直径 d_1、d_2/mm	轴孔长度 L/mm Y 型	轴孔长度 L/mm J_1 型	D /mm	D_1 /mm	b /mm	b_1 /mm	s /mm	转动惯量 /kg·m²
GY1 GYS1 GYH1	25	12000	12,14	32	27	80	30	26	42	6	0.0008
			16,18,19	42	30						
GY2 GYS2 GYH2	63	10000	16,18,19	42	30	90	40	28	44	6	0.0015
			20,22,24	52	38						
			25	62	44						
GY3 GYS3 GYH3	112	9500	20,22,24	52	38	100	45	30	46	6	0.0025
			25,28	62	64						
GY4 GYS4 GYH4	224	9000	25,28	62	64	105	55	32	48	6	0.003
			30,32,35	82	60						
GY5 GYS5 GYH5	400	8000	30,32,35,38	82	60	120	68	36	52	8	0.007
			40,42	112	84						
GY6 GYS6 GYH6	900	6800	38	82	60	140	80	40	56	8	0.015
			40,42,45,48,50	112	84						
GY7 GYS7 GYH7	1600	6000	48,50,55,56	112	84	160	100	40	56	8	0.031
			60,63	142	107						
GY8 GYS8 GYH8	3150	4800	60,63,65,70,71,75	142	107	200	130	50	68	10	0.103
			80	172	132						
GY9 GYS9 GYH9	6300	3600	75	142	107	260	160	66	84	10	0.319
			80,85,90,95	172	132						
			100	212	167						

第 16 章

电 动 机

16.1 YZ 系列起重及冶金用三相异步电动机

表 16-1 电动机结构及安装形式（JB/T 10104—2011）

结构及安装形式	代号	制造范围（机座号）
	IM 1001	112～160
	IM 1003	180～250
	IM 1002	112～160
	IM 1004	180～250
	IM 3001	112～160
	IM 3003	180
	IM 3011	112～160
	IM 3013	180～250

表 16-2 基准工作制 S3 40%时额定功率、转动惯量与机座号（JB/T 10104—2011）

机座号	同步转速 r/min			
	1000		750	
	功率/kW	J_m/kg·m²	功率/kW	J_m/kg·m²
112M	1.5	0.022	—	—
132M1	2.2	0.056	—	—
132M2	3.7	0.062	—	—
160M1	5.5	0.114	—	—
160M2	7.5	0.143	—	—
160L	11	0.192	7.5	0.192
180L	—	—	11	0.352

（续）

机座号	同步转速 r/min			
	1000		750	
	功率/kW	J_m/kg·m²	功率/kW	J_m/kg·m²
200L	—	—	15	0.622
225L	—	—	22	0.820
250M1	—	—	30	1.432

注：M后的1、2分别代表同一机座号和转速下的不同功率。

表 16-3　YZ 系列电动机技术数据

型号	S2				S3			
					6次/h（热等效起动次数）			
	30min		60min		15%		25%	
	额定功率/kW	转速/(r/min)	额定功率/kW	转速/(r/min)	额定功率/kW	转速/(r/min)	额定功率/kW	转速/(r/min)
YZ112M-6	1.8	892	1.5	920	2.2	810	1.8	892
YZ132M1-6	2.5	920	2.2	935	3.0	804	2.5	920
YZ132M2-6	4.0	915	3.7	912	5.0	890	4.0	915
YZ100M1-6	6.3	922	5.5	933	7.5	903	6.3	922
YZ100M2-6	8.5	943	7.5	948	11	926	8.5	943
YZ160L-6	15	920	11	953	15	920	13	936
YZ100L-8	9	694	7.5	705	11	675	9	694
YZ180L-8	13	675	11	694	15	654	13	675
YZ200L-8	18.5	697	15	710	22	686	18.5	697
YZ225M-8	26	701	22	712	33	687	26	701
YZ250M1-8	35	681	30	694	42	663	35	681

型号	S3										
	6次/h（热等效起动次数）										
	40%							60%		100%	
	额定功率/kW	转速/(r/min)	最大转矩额定转矩	堵转转矩额定转矩	堵转电流额定电流	效率(%)	功率因数	额定功率/kW	转速/(r/min)	额定功率/kW	转速/(r/min)
YZ112M-6	1.5	920	2.7	2.44	4.47	69.5	0.765	1.1	946	0.8	980
YZ132M1-6	2.2	935	2.9	3.1	5.16	74	0.745	1.8	950	1.5	960
YZ132M2-6	3.7	912	2.8	3.0	5.54	79	0.79	3.0	940	2.8	945
YZ100M1-6	5.5	933	2.7	2.5	4.9	80.6	0.83	5.0	940	4.0	953
YZ100M2-6	7.5	948	2.9	2.4	5.52	83	0.86	6.3	956	5.5	961
YZ160L-6	11	953	2.9	2.7	6.17	84	0.852	9	964	2.5	972
YZ100L-8	7.5	705	2.7	2.5	5.1	82.4	0.766	6.0	717	5	724
YZ180L-8	11	694	2.5	2.6	4.9	80.9	0.811	9	710	7.5	718
YZ200L-8	15	710	2.8	2.7	6.1	86.2	0.80	13	714	11	720
YZ225M-8	22	712	2.9	2.9	6.2	87.5	0.834	18.5	718	17	720
YZ250M1-8	30	694	2.54	2.7	5.47	85.7	0.84	26	702	22	717

注：YZ系列为笼型转子电动机。起重及冶金用电动机大多采用绕线转子，但对于30kW以下电动机以及在起动不是
　　很频繁而电网容量又许可满载起动的场所，也可采用笼型转子。根据载荷的不同性质，电动机常用的工作制分
　　为S2（短时工作制）、S3（断续周期性工作制）、S4（包括起动的断续周期性工作制）、S5（包括电制动的断续
　　周期性工作制）四种。电动机的额定工作制为S3，每一工作周期为10min，即相当于每小时6次等效起动。电
　　动机的基准负载持续率 FC 为 40%，FC＝工作时间/一个工作周期，工作时间包括制动时间。

表16-4 YZ系列电动机的安装及外形尺寸（JB/T 10104—2011） （单位：mm）

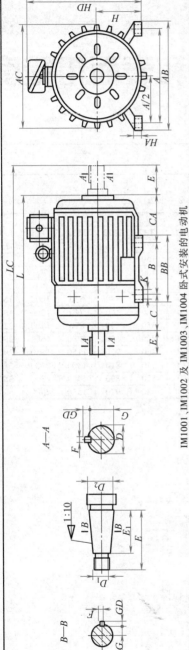

IM1001、IM1002及IM1003、IM1004卧式安装的电动机。

机座号	A	A/2	B	C 公称尺寸	C 极限偏差	CA	D 公称尺寸	D 极限偏差	D₁	D₂	E 公称尺寸	E 极限偏差	E₁ 公称尺寸	E₁ 极限偏差	F 公称尺寸	F 极限偏差	G 公称尺寸	G 极限偏差	H 公称尺寸	H 极限偏差	K 公称尺寸	K 极限偏差	K 位置度公差	K 螺栓直径	AB	AC	BB	HA	HD	L	LC
112M	190	95	140	70	±2.0	135	32	+0.018 / +0.002	—	M30×2	80	±0.37	—	—	10	0 / −0.036	27	0 / −0.2	112	0 / −0.5	12	+0.43 / 0	φ1.0②	M10	250	245	235	18	335	420	505
132M	216	108	178	89	±2.0	150	38	+0.018 / +0.002	—	M30×2	80	±0.37	—	—	10	0 / −0.036	33	0 / −0.2	132	0 / −0.5	12	+0.43 / 0	φ1.0②	M10	275	285	260	20	365	495	577
160M	254	127	210	108	±3.0	180	48	+0.018 / +0.002	—	M36×2	110	±0.43	—	—	14	0 / −0.043	42.5	0 / −0.2	160	0 / −0.5	15	+0.43 / 0	φ1.0②	M12	320	325	290	25	425	608	718
160L	254	127	254	108	±3.0	180	48	+0.018 / +0.002	—	M36×2	110	±0.43	—	—	14	0 / −0.043	42.5	0 / −0.2	160	0 / −0.5	15	+0.43 / 0	φ1.0②	M12	320	325	335	25	425	650	762
180L	279	139.5	279	121	±3.0	210	55	+0.046 / 0	M36×3	M36×2	110	±0.43	82	0 / −0.46	14	0 / −0.043	19.5	0 / −0.5	180	0 / −0.5	15	+0.43 / 0	φ1.0②	M12	360	360	380	28	465	685	800
200L	318	159	305	133	±3.0	258	60	+0.046 / 0	M42×3	M36×2	140	±0.50	82	0 / −0.46	16	0 / −0.043	21.4	0 / −0.5	200	0 / −0.5	19	+0.52 / 0	φ1.5②	M16	405	405	400	28	510	780	928
225M	356	178	311	149	±4.0	258	65	+0.046 / 0	M42×3	M48×2	140	±0.50	105	0 / −0.46	16	0 / −0.043	23.9	0 / −0.5	225	0 / −0.5	19	+0.52 / 0	φ1.5②	M16	455	430	410	28	545	850	998
250M	406	203	349	168	±4.0	295	70	+0.046 / 0	M48×3	M48×2	140	±0.50	105	0 / −0.46	18	0 / −0.043	25.4	0 / −0.5	250	0 / −0.5	24	+0.52 / 0	φ2.0②	M20	515	480	510	30	605	935	1092

注：1. K孔的位置度公差以轴伸的轴线为基准。

2. C尺寸的极限偏差包括轴的传动。

3. 圆锥形轴伸按GB/T 757—2010的规定检查。

4. D₂为定子接线口尺寸。

第 17 章

极限与配合、几何公差和表面粗糙度

🔖 17.1　极限与配合

表 17-1　标准公差数值（GB/T 1800.2—2020）　　　　（单位：μm）

公称尺寸 /mm	标准公差等级												
	IT4	IT5	IT6	IT7	IT8	IT9	IT10	IT11	IT12	IT13	IT14	IT15	IT16
>3~6	4	5	8	12	18	30	48	75	120	180	300	480	750
>6~10	4	6	9	15	22	36	58	90	150	220	360	580	900
>10~18	5	8	11	18	27	43	70	110	180	270	430	700	1100
>18~30	6	9	13	21	33	52	84	130	210	330	520	840	1300
>30~50	7	11	16	25	39	62	100	160	250	390	620	1000	1600
>50~80	8	13	19	30	46	74	120	190	300	460	740	1200	1900
>80~120	10	15	22	35	54	87	140	220	350	540	870	1400	2200
>120~180	12	18	25	40	63	100	160	250	400	630	1000	1600	2500
>180~250	14	20	29	46	72	115	185	290	460	720	1150	1850	2900
>250~315	16	23	32	52	81	130	210	320	520	810	1300	2100	3200
>315~400	18	25	36	57	89	140	230	360	570	890	1400	2300	3600
>400~500	20	27	40	63	97	155	250	400	630	970	1550	2500	4000

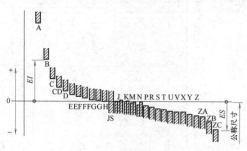

孔(内尺寸要素)

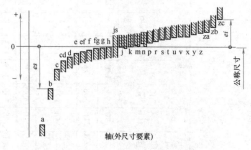

轴(外尺寸要素)

图 17-1　基本偏差系列

表 17-2 加工方法与标准公差等级的关系

加工方法	标准公差等级 IT												
	4	5	6	7	8	9	10	11	12	13	14	15	16
珩													
圆磨、平磨													
拉削													
铰孔													
车、镗													
铣													
刨、插													
钻孔													
冲压													
锻造													
砂型铸造、气割													

表 17-3 孔的极限偏差　　　　　　　　　　　　　　　　（单位：μm）

公差带	等级	公称尺寸/mm							
		>10~18	>18~30	>30~50	>50~80	>80~120	>120~180	>180~250	>250~315
D	8	+77 +50	+98 +65	+119 +80	+146 +100	+174 +120	+208 +170	+242 +170	+271 +190
	9	+93 +50	+117 +65	+142 +80	+174 +100	+207 +120	+245 +145	+285 +170	+320 +190
	10	+120 +50	+149 +65	+180 +80	+220 +100	+260 +120	+305 +145	+355 +170	+400 +190
	11	+160 +50	+195 +65	+240 +80	+290 +100	+340 +120	+395 +145	+460 +170	+510 +190
E	6	+43 +32	+53 +40	+66 +50	+79 +60	+94 +72	+110 +85	+129 +100	+142 +110
	7	+50 +32	+61 +40	+75 +50	+90 +60	+107 +72	+125 +85	+146 +100	+162 +110
	8	+59 +32	+73 +40	+89 +50	+106 +60	+126 +72	+148 +85	+172 +100	+191 +110
	9	+75 +32	+92 +40	+112 +50	+134 +60	+159 +72	+185 +85	+215 +100	+240 +110
	10	+102 +32	+124 +40	+150 +50	+180 +60	+212 +72	+245 +85	+285 +100	+320 +110
F	6	+27 +16	+33 +20	+41 +25	+49 +30	+58 +36	+68 +43	+79 +50	+88 +56
	7	+34 +16	+41 +20	+50 +25	+60 +30	+71 +36	+83 +43	+96 +50	+108 +56
	8	+43 +16	+53 +20	+64 +25	+76 +30	+90 +36	+106 +43	+122 +50	+137 +56
	9	+59 +16	+72 +20	+87 +25	+104 +30	+123 +36	+143 +43	+165 +50	+186 +56
H	6	+11 0	+13 0	+16 0	+19 0	+22 0	+25 0	+29 0	+32 0
	7	+18 0	+21 0	+25 0	+30 0	+35 0	+40 0	+46 0	+52 0
	8	+27 0	+33 0	+39 0	+46 0	+54 0	+63 0	+72 0	+81 0
	9	+43 0	+52 0	+62 0	+74 0	+87 0	+100 0	+115 0	+130 0
	10	+70 0	+84 0	+100 0	+120 0	+140 0	+160 0	+185 0	+210 0
	11	+110 0	+130 0	+160 0	+190 0	+220 0	+250 0	+290 0	+320 0
K	6	+2 -9	+2 -11	+3 -13	+4 -15	+4 -18	+4 -21	+5 -24	+5 -27
	7	+6 -12	+6 -15	+7 -18	+9 -21	+10 -25	+12 -28	+13 -33	+16 -36
	8	+8 -19	+10 -23	+12 -27	+14 -32	+16 -38	+20 -43	+22 -50	+25 -56
N	6	-9 -20	-11 -24	-12 -28	-14 -33	-16 -38	-20 -45	-22 -51	-25 -57
	7	-5 -23	-7 -28	-8 -33	-9 -39	-10 -45	-12 -52	-14 -60	-14 -66
	8	-3 -30	-3 -36	-3 -42	-4 -50	-4 -58	-4 -67	-5 -77	-5 -86

表 17-4　轴的极限偏差　　　　　　　　　　　　　　　　　（单位：μm）

公差带	等级	公称尺寸/mm							
		>10~18	>18~30	>30~50	>50~80	>80~120	>120~180	>180~250	>250~315
d	8	-50 -77	-65 -98	-80 -119	-100 -146	-120 -174	-145 -208	-170 -242	-190 -271
	9	-50 -93	-65 -117	-80 -142	-100 -174	-120 -207	-145 -245	-170 -285	-190 -320
	10	-50 -120	-65 -149	-80 -180	-100 -220	-120 -260	-145 -305	-170 -355	-190 -400
f	7	-16 -34	-20 -41	-25 -50	-30 -60	-36 -71	-43 -83	-50 -96	-56 -108
	8	-16 -43	-20 -53	-25 -64	-30 -76	-36 -90	-43 -106	-50 -122	-56 -137
	9	-16 -50	-20 -72	-25 -87	-30 -104	-36 -123	-43 -143	-50 -165	-56 -186
h	6	0 -11	0 -13	0 -16	0 -19	0 -22	0 -25	0 -29	0 -32
	7	0 -18	0 -21	0 -25	0 -30	0 -35	0 -40	0 -46	0 -52
	8	0 -27	0 -33	0 -39	0 -46	0 -54	0 -63	0 -72	0 -81
	9	0 -43	0 -52	0 -62	0 -74	0 -87	0 -100	0 -115	0 -130
js	5	±4	±4.5	±5.5	±6.5	±7.5	±9	±10	±11.5
	6	±5.5	±6.5	±8	±9.5	±11	±12.5	±14.5	±16
	7	±9	±10	±12	±15	±17	±20	±23	±26
k	5	+9 +1	+11 +2	+13 +2	+15 +2	+18 +3	+21 +3	+24 +4	+27 +4
	6	+12 +1	+15 +2	+18 +2	+21 +2	+25 +3	+28 +3	+33 +4	+36 +4
	7	+19 +1	+23 +2	+27 +2	+32 +2	+38 +3	+43 +3	+50 +4	+56 +4
m	5	+15 +7	+17 +8	+20 +9	+24 +11	+28 +13	+33 +15	+37 +17	+43 +20
	6	+18 +7	+21 +8	+25 +9	+30 +11	+35 +13	+40 +15	+46 +17	+52 +20
	7	+25 +7	+29 +8	+34 +9	+41 +11	+48 +13	+55 +15	+63 +17	+72 +20
n	5	+20 +12	+24 +15	+28 +17	+33 +20	+38 +23	+45 +27	+51 +31	+57 +34
	6	+23 +12	+28 +15	+33 +17	+39 +20	+45 +23	+52 +27	+60 +31	+66 +34
	7	+30 +12	+36 +15	+42 +17	+50 +20	+58 +23	+67 +27	+77 +31	+86 +34
p	5	+26 +18	+31 +22	+37 +26	+45 +32	+52 +37	+61 +43	+70 +50	+79 +56
	6	+29 +18	+35 +22	+42 +26	+51 +32	+59 +37	+68 +43	+79 +50	+88 +56
	7	+36 +18	+43 +22	+51 +26	+62 +32	+72 +37	+83 +43	+96 +50	+108 +56
r	5	+31 +23	+37 +28	+45 +34	+54/+56 +41/+43	+66/+69 +51/+54	+81/+83/+86 +63/+65/+68	+97/+100/+104 +77/+80/+84	+117/+121 +94/+98
	6	+34 +23	+41 +28	+50 +34	+60/+62 +41/+43	+73/+76 +51/+54	+88/+90/+93 +63/+65/+68	+106/+109/+113 +77/+80/+84	+126/+130 +94/+98
	7	+41 +23	+49 +28	+59 +34	+71/+73 +41/+43	+86/+89 +51/+54	+103/+105/+108 +63/+65/+68	+123/+126/+130 +77/+80/+84	+146/+150 +94/+98

表 17-5　基孔制优先、常用配合

基准孔	轴																				
	a	b	c	d	e	f	g	h	js	k	m	n	p	r	s	t	u	v	x	y	z
	间隙配合								过渡配合			过盈配合									
H6						H6/f5	H6/g5	H6/h5	H6/js5	H6/k5	H6/m5	H6/n5	H6/p5	H6/r5	H6/s5	H6/t5					
H7						H7/f6	H7/g6	H7/h6	H7/js6	H7/k6	H7/m6	H7/n6	H7/p6	H7/r6	H7/s6	H7/t6	H7/u6	H7/v6	H7/x6	H7/y6	H7/z6

（续）

基准孔	轴																				
	a	b	c	d	e	f	g	h	js	k	m	n	p	r	s	t	u	v	x	y	z
	间隙配合								过渡配合				过盈配合								
H8					H8/e7	H8/f7	H8/g7	H8/h7	H8/js7	H8/k7	H8/m7	H8/n7	H8/p7	H8/r7	H8/s7	H8/t7	H8/u7				
				H8/d8	H8/e8	H8/f8		H8/h8													
H9			H9/c9	H9/d9	H9/e9	H9/f9		H9/h9													
H10			H10/c10	H10/d10				H10/h10													
H11	H11/a11	H11/b11	H11/c11	H11/d11				H11/h11													
H12		H12/b12						H12/h12													

注：标注▼的配合为优先配合。

表 17-6　基轴制优先、常用配合

基准轴	孔																				
	A	B	C	D	E	F	G	H	JS	K	M	N	P	R	S	T	U	V	X	Y	Z
	间隙配合								过渡配合				过盈配合								
h5						F6/h5	G6/h5	H6/h5	JS6/h5	K6/h5	M6/h5	N6/h5	P6/h5	R6/h5	S6/h5	T6/h5					
h6						F7/h6	G7/h6	H7/h6	JS7/h6	K7/h6	M7/h6	N7/h6	P7/h6	R7/h6	S7/h6	T7/h6	U7/h6				
h7					E8/h7	F8/h7		H8/h7	JS8/h7	K8/h7	M8/h7	N8/h7									
h8				D8/h8	E8/h8	F8/h8		H8/h8													
h9				D9/h9	E9/h9	F9/h9		H9/h9													
h10				D10/h10				H10/h10													
h11	A11/h11	B11/h11	C11/h11	D11/h11				H11/h11													
h12		B12/h12						H12/h12													

注：标注▼的配合为优先配合。

表 17-7　减速器主要零件的推荐配合

配合零件	推荐配合	装拆方法
一般情况的齿轮、蜗轮、带轮、链轮、联轴器与轴的配合	$\dfrac{H7}{r6}$，$\dfrac{H7}{n6}$	用压力机推入
小锥齿轮及经常拆卸的齿轮、带轮、链轮、联轴器与轴的配合	$\dfrac{H7}{m6}$，$\dfrac{H7}{k6}$	用压力机或锤子推入
蜗轮轮缘与轮芯的配合	轮毂式：$\dfrac{H7}{js6}$；螺栓连接式：$\dfrac{H7}{h6}$	加热轮缘或用压力机推入

（续）

配合零件	推荐配合	装拆方法
轴套、挡油盘、溅油盘与轴的配合	$\dfrac{D11}{k6}$，$\dfrac{F9}{k6}$，$\dfrac{F9}{m6}$，$\dfrac{H8}{h7}$，$\dfrac{H8}{h8}$	徒手装配与拆卸
轴承套杯与箱体孔的配合	$\dfrac{H7}{js6}$，$\dfrac{H7}{h6}$	
轴承盖与箱体孔（或套杯孔）的配合	$\dfrac{H7}{d11}$，$\dfrac{H7}{h8}$	
嵌入式轴承盖的凸缘与箱体孔凹槽之间的配合	$\dfrac{H11}{h11}$	
与密封件相接触轴段的公差带	f9,h11	

 ## 17.2 几何公差

表 17-8 几何公差的分类及几何特征符号

公差类型	几何特征	符号	有无基准	公差类型	几何特征	符号	有无基准
形状公差	直线度	—	无	位置公差	对称度	=	有
	平面度	▱	无		线轮廓度	⌒	有
	圆度	○	无		面轮廓度	⌓	有
	圆柱度	⌭	无	方向公差	平行度	//	有
	线轮廓度	⌒	无		垂直度	⊥	有
	面轮廓度	⌓	无		倾斜度	∠	有
位置公差	位置度	⌖	有或无		线轮廓度	⌒	有
	同心度（用于中心点）	◎	有		面轮廓度	⌓	有
	同轴度（用于轴线）	◎	有	跳动公差	圆跳动	↗	有
					全跳动	⌰	有

表 17-9 直线度和平面度公差数值 （单位：μm）

主要参数图例

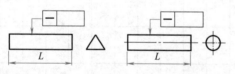

直线度　　　　　　　　　　　　平面度

公差等级	主要参数 L/mm										应用举例
	>16~25	>25~40	>40~63	>63~100	>100~160	>160~250	>250~400	>400~630	>630~1000	>1000~1600	
5	3	4	5	6	8	10	12	15	20	25	用于1级平面,普通机床导轨面,柴油机进、排气门导杆,机体结合面
6	5	6	8	10	12	15	20	25	30	40	
7	8	10	12	15	20	25	30	40	50	60	用于2级平面,机床传动箱体的结合面,减速器箱体的结合面
8	12	15	20	25	30	40	50	60	80	100	

（续）

公差等级	主要参数 L/mm										应用举例
	>16~25	>25~40	>40~63	>63~100	>100~160	>160~250	>250~400	>400~630	>630~1000	>1000~1600	
9	20	25	30	40	50	60	80	100	120	150	用于3级平面,法兰的连接面,辅助机构及手动机械的支撑面
10	30	40	50	60	80	100	120	150	200	250	

表 17-10 圆度和圆柱度公差数值 （单位：μm）

主要参数图例

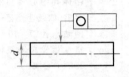

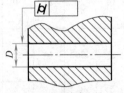

圆度　　　　　　　　　　　　　圆柱度

公差等级	主要参数 d(D)/mm										应用举例
	>6~10	>10~18	>18~30	>30~50	>50~80	>80~120	>120~180	>180~250	>250~315	>315~400	
5	1.5	2	2.5	2.5	3	4	5	7	8	9	用于装6级、普通级精度滚动轴承的配合面,通用减速器轴颈,一般机床主轴及箱孔
6	2.5	3	4	4	5	6	8	10	12	13	
7	4	5	6	7	8	10	12	14	16	18	用于千斤顶或液压缸活塞、水泵及一般减速器轴颈,液压传动系统的分配机构
8	6	8	9	11	13	15	18	20	23	25	
9	9	11	13	16	19	22	25	29	32	36	用于通用机械杠杆、拉杆、套筒及销、起重机的滑动轴承颈
10	15	18	21	25	30	35	40	46	52	57	

表 17-11 平行度、垂直度和倾斜度公差数值 （单位：μm）

主要参数图例

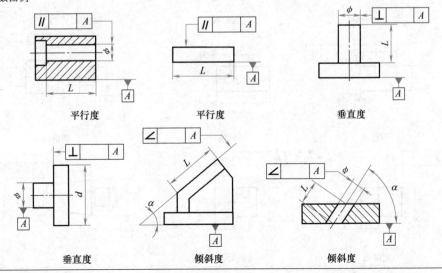

平行度　　　　　　　　平行度　　　　　　　　垂直度

垂直度　　　　　　　　倾斜度　　　　　　　　倾斜度

（续）

公差等级	主要参数 L、$d(D)$/mm										应用举例	
	≤10	>10~16	>16~25	>25~40	>40~63	>63~100	>100~160	>160~250	>250~400	>400~600	平行度	垂直度和倾斜度
5	5	6	8	10	12	15	20	25	30	40	用于重要轴承孔对基准面的要求，一般减速器箱体孔的中心线等	用于装4、5级轴承的箱体的凸肩，发动机轴和离合器的凸缘
6	8	10	12	15	20	25	30	40	50	60	用于一般机械中箱体孔中心线间的要求，如减速器箱体的轴承孔、7～10级精度齿轮传动箱体孔的中心线	用于6级、普通级轴承的箱体孔的中心线，低精度机床主要基准面和工作面
7	12	15	20	25	30	40	50	60	80	100		
8	20	25	30	40	50	60	80	100	120	150	用于重型机械轴承盖的端面，手动传动装置中的传动轴	用于一般导轨，普通传动箱体中的轴肩
9	30	40	50	60	80	100	120	150	200	250	用于低精度零件，重型机械滚动轴承端盖	用于花键轴肩端面，减速器箱体平面等
10	50	60	80	100	120	150	200	250	300	400		

注：1. 主要参数 L 为给定平行度时轴线或平面的长度，或给定垂直度、倾斜度时被测要素的长度。

2. 主要参数 $d(D)$ 为给定面对线垂直度时，被测要素的轴（孔）直径。

表 17-12　同轴度、对称度、圆跳动和全跳动公差数值　　　（单位：μm）

主要参数图例

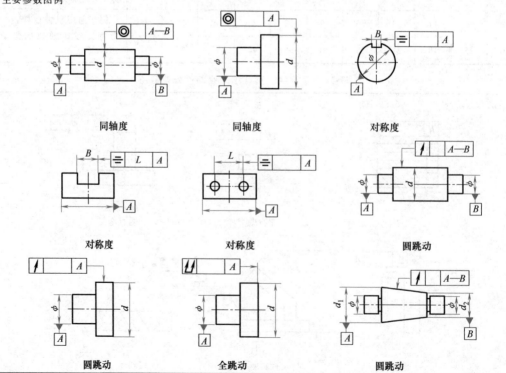

同轴度　　　　　　　同轴度　　　　　　　对称度

对称度　　　　　　　对称度　　　　　　　圆跳动

圆跳动　　　　　　　全跳动　　　　　　　圆跳动

(续)

公差等级	主要参数 $d(D)$、B、L/mm								应用举例
	>3~6	>6~10	>10~18	>18~30	>30~50	>50~120	>120~250	>250~500	
5	3	4	5	6	8	10	12	15	用于机床轴颈、高精度滚动轴承外圈、一般精度轴承内圈、6~7级精度齿轮轴的配合面
6	5	6	8	10	12	15	20	25	
7	8	10	12	15	20	25	30	40	用于齿轮轴、凸轮轴、水泵轴、普通级精度滚动轴承内圈、8~9级精度齿轮轴的配合面
8	12	15	20	25	30	40	50	60	
9	25	30	40	50	60	80	100	120	用于9级精度以下齿轮轴、自行车中轴、摩托车活塞的配合面
10	50	60	80	100	120	150	200	250	

注：1. 主要参数 $d(D)$ 为给定同轴度时轴直径或给定圆跳动、全跳动时轴（孔）直径。

2. 圆锥体斜向圆跳动公差的主要参数为平均直径。

3. 主要参数 B 为给定对称度时槽的宽度。

4. 主要参数 L 为给定两孔对称度时的孔心距离。

17.3 表面粗糙度

表 17-13 表面粗糙度参数值及加工方法的选择

Ra/μm	表面状况	加工方法	适用范围
100	除净毛刺	铸造、锻、热轧、冲切	不加工的表面，如砂型铸造、冷铸、压力铸造、轧材、锻压、热压及各种型锻的表面
50、25	可用手触及刀痕	粗车、镗、刨、钻	工序间加工时所得到的粗糙表面，预先经过机械加工，如粗车、粗铣等的零件表面
12.5	可见刀痕	粗车、镗、刨、钻	
6.3	微见加工刀痕	车、镗、刨、钻、铣、锉、磨、粗铰铣齿	不重要零件的非配合表面，如支柱、轴、外壳、衬套、盖等的表面；紧固零件的自由表面，不要求定心及配合特性的表面，如用钻头钻的螺栓孔等的表面；固定支承表面，如与螺栓头相接触的表面
3.2	看不清加工刀痕	车、镗、刨、铣、铰、刮(1~2点/cm²)、拉、磨、锉、滚压、铣齿	和其他零件连接面又不是配合的表面，如外壳凸耳、扳手等的支承表面；要求有定心及配合特性的固定支承表面，如定心的轴肩、槽等的表面；不重要的紧固螺纹表面
1.6	可见加工痕迹的方向	车、镗、刨、铣、铰、拉、磨、滚压、刮(1~2点/cm²)	要求不精确的定心及配合特性的固定支承表面；如衬套、轴承和定位销的压入孔；不要求定心及配合特性的活动支承面，如活动关节、花键连接、传动螺纹工作面等；重要零件的配合表面，如导向件等
0.8	微见加工痕迹的方向	车、镗、拉、磨、立铣、刮(3~10点/cm²)、滚压	要求保证定心及配合特性的表面，如圆锥销和圆柱销表面、安装滚动轴承的孔、滚动轴承的轴径等；不要求保证定心及配合特性的活动支承面，如高精度活动球接头表面、支承垫圈、磨削的轮齿

（续）

$Ra/\mu m$	表面状况	加工方法	适用范围
0.4	微辨加工痕迹的方向	铰、磨、镗、拉、刮（3~10点/cm²）、滚压	要求能长期保持所规定配合特性的轴和孔的配合表面，如导柱、导套的工作表面；要求保证定心及配合特性的表面，如精密球轴承的压入座、轴瓦的工作表面、机床顶尖表面等；工作时承受反复应力的重要零件表面；在不破坏配合特性下工作要保证其耐久性和疲劳强度所要求的表面、圆锥定心表面，如曲轴和凸轮轴的工作表面
0.2	不可辨加工痕迹的方向	布轮磨、研磨、超级加工	工作时承受反复应力的重要零件表面，保证零件的疲劳强度、耐蚀性和耐久性，并在工作时不破坏配合特性的表面，如轴径表面、活塞和柱塞表面；IT5、IT6公差等级配合的表面；圆锥定心表面；摩擦表面
0.1	暗光泽面	超级加工	工作时承受较大反复应力的重要零件表面，保证零件的疲劳强度、耐蚀性及在活动接头工作中的耐久性的表面，如活塞销表面、液压传动用的孔表面；保证精确定心的圆锥表面
0.05	亮光泽面	超级加工	精密仪器及附件的摩擦面，量具工作面
0.025	镜状光泽面		
0.012	雾状镜面		

第 18 章

渐开线圆柱齿轮精度

18.1 圆柱齿轮精度等级、公差及偏差

表 18-1 渐开线圆柱齿轮的标准模数　　　（单位：mm）

第一系列	1.0	1.25	1.5	2.0	2.5	3.0	4.0	5.0	6.0	8.0	10	12	16	20	25	32	40	50
第二系列	1.125	1.375	1.75	2.25	2.75	3.5	4.5	5.5	(6.5)	7.0	9.0	11	14	18	22	28	35	45

注：应优先采用第一系列，括号内的模数尽量不选用。

表 18-2　5~9 级齿轮的使用情况与加工方法

精度等级	使用情况	圆周速度/（m/s）		整齿及齿面最终精加工方法
		直齿	斜齿	
5	用于高速并对运转平稳性和噪声有较高要求的齿轮；高速汽车用齿轮；精密分度机构用齿轮；透平齿轮；检测 8、9 级齿轮的标准齿轮	≤20	≤40	一般齿轮在精密齿轮机床上展成加工，齿面精密磨齿。大型齿轮精密滚齿后，再研磨或剃齿
6	用于高效率且无噪声的高速平稳工作的齿轮；分度机构用齿轮；特别重要的航空、汽车用齿轮；读数装置用精密齿轮	≤15	≤30	在高精密齿轮机床上展成加工，齿面精密磨齿或剃齿
7	用于高速、载荷小或正反转的齿轮；机床进给用齿轮；中速减速器用齿轮；飞机用齿轮；中速人字齿轮	≤10	≤15	不淬火齿轮用高精度刀具切制。淬火齿轮需在高精度齿轮机床上展成加工。齿面需精整加工（磨齿、研齿、珩齿、剃齿）
8	对精度无特别要求的一般机械用齿轮；机床变速齿轮；汽车制造业中不重要的齿轮；冶金、起重机用齿轮；农机中的重要齿轮；普通减速器用齿轮	≤6	≤10	齿轮展成法或仿形法加工、滚齿、插齿均可。齿面不用磨齿，必要时剃齿或研齿
9	精度要求不高、低速下工作的齿轮；重载、低速、不重要的工作机械中齿轮；农机用齿轮	≤2	≤4	齿轮用任意方法加工。齿面不需特殊精加工

表 18-3　渐开线圆柱齿轮和齿轮副精度偏差代号和定义

序号	名称	代号	定义	偏差数值表号
1	单个齿距偏差	f_{pt}	在端平面上,在接近齿高中部的一个与齿轮轴线同心的圆上,实际齿距与理论齿距的代数差	表 18-5
2	齿距累积偏差	F_{pk}	任意 k 个齿距的实际弧长与理论弧长的代数差	表 18-5
3	齿距累积总偏差	F_p	齿轮同侧齿面任意弧段($k=1$ 至 $k=z$)内的最大齿距累积偏差	表 18-5
4	齿廓总偏差	F_α	在计算范围内,包容实际齿廓迹线的两条设计齿廓迹线间的距离	表 18-5
5	齿廓形状偏差	$f_{f\alpha}$	在计算范围内,包容实际齿廓迹线的两条与平均齿廓迹线完全相同的曲线间的距离,且两条曲线与平均齿廓迹线的距离为常数	表 18-5
6	齿廓倾斜偏差	$f_{H\alpha}$	在计算范围内,两端与平均齿廓迹线相交的两条设计齿廓迹线间的距离	表 18-5
7	螺旋线总偏差	F_β	在计算范围内,包容实际螺旋线迹线的两条设计螺旋线迹线间的距离	表 18-6
8	螺旋线形状偏差	$f_{f\beta}$	在计算范围内,包容实际螺旋线迹线的两条与平均螺旋线迹线完全相同的曲线间的距离,且两条曲线与平均螺旋线迹线的距离为常数	表 18-6
9	螺旋线倾斜偏差	$f_{H\beta}$	在计算范围内,两端与平均螺旋线迹线相交的两条设计螺旋线迹线间的距离	表 18-6
10	切向综合总偏差	F_i'	被测齿轮与测量齿轮单面啮合检验时,被测齿轮一转内,齿轮分度圆上实际圆周位移与理论圆周位移的最大差值。$F_i' = F_p + f_i'$	表 18-5
11	一齿切向综合偏差	f_i'	在一个齿距内的切向综合偏差	表 18-5
12	径向综合总偏差	F_i''	在径向综合检验时,被测齿轮的左右齿面同时与测量齿轮接触,并转过一整圈时出现的中心距最大值和最小值之差	表 18-7
13	一齿径向综合偏差	f_i''	当被测齿轮啮合一整圈时,对应一个齿距($360°/z$)的径向综合偏差	表 18-7
14	径向跳动公差	F_r	侧头(球形、圆柱形、砧形)相继置于每个齿槽内时,从它到齿轮轴线的最大和最小径向距离之差	表 18-5

（续）

序号	名称	代号	定义	偏差数值表号
15	齿厚偏差： 上极限偏差 下极限偏差	E_{sns} E_{sni}	分度圆柱面上,齿厚实际值与公称值之差(斜齿轮是指法向齿厚)	—
16	齿轮副接触斑点		装配好的齿轮副,在轻微制动下运转后齿面上的接触痕迹,可用沿齿长方向和沿齿高方向的百分数表示	—
17	齿轮副侧隙： 圆周侧隙 法向侧隙	j_{wt} j_{bn}	侧隙是两个相啮合齿轮工作齿面相接触时,在两个非工作齿面之间所形成的间隙 圆周侧隙是当固定两个相啮合齿轮中的一个,另一个齿轮所能转过的节圆弧长的最大值 法向侧隙是当两个齿轮工作齿面相接触时,其非工作齿面之间的最短距离	—
18	齿轮副中心距极限偏差	$\pm f_a$	在齿轮副齿宽中间平面内,实际中心距与公称中心距之差	—
19	轴线平行度偏差： 轴线平面内偏差 垂直平面内偏差	$f_{\Sigma\delta}$ $f_{\Sigma\beta}$	在两个轴线的公共平面上测量 在与轴线公共平面相垂直的交错轴平面上测量	—
20	公法线平均长度偏差： 上极限偏差 下极限偏差	E_{bns} E_{bni}	在齿轮一周内,公法线长度平均值与公称值之差,其上、下极限偏差可根据齿厚上、下极限偏差换算	—

表 18-4　推荐的圆柱齿轮和齿轮副检验项目

项目		精度等级	
		7、8、9	
单个齿轮	传递运动准确性		F_p
	传动平稳性		$\pm f_{pt}$,F_α
	载荷分布均匀性		F_β
齿轮副	控制侧隙		$s_{n E_{sni}}^{E_{sns}}$ 或 $W_{k E_{bni}}^{E_{bns}}$
	对传动		接触斑点,$\pm f_a$
	对箱体		f_x,f_y
齿轮毛坯		齿顶圆直径偏差,基准面的径向圆跳动偏差,基准面的轴向圆跳动偏差	

注：f_x 为齿轮副轴线 x 方向平行度公差,$f_x = F_\beta$；f_y 为齿轮副轴线 y 方向平行度公差,$f_y = \dfrac{1}{2}F_\beta$,$F_\beta$ 见表 18-6。

表 18-5　$\pm f_{pt}$、F_p、F_α、$f_{f\alpha}$、$f_{H\alpha}$、F_r、f_i'、F_i'、F_w 和 $\pm F_{pk}$ 偏差数值（GB/T 10095.1—2022 和 GB/T 10095.2—2008）（单位：μm）

分度圆直径 d/mm	模数 m/mm	单个齿距偏差 ±f_{pt}				齿距累积总偏差 F_p				齿廓总偏差 F_α				齿廓形状偏差 $f_{f\alpha}$				齿廓倾斜偏差 ±$f_{H\alpha}$				径向跳动公差 F_r				f_i'/K 值				公法线长度变动公差 F_w			
		5	6	7	8	5	6	7	8	5	6	7	8	5	6	7	8	5	6	7	8	5	6	7	8	5	6	7	8	5	6	7	8
≥5~20	≥0.5~2	4.7	6.5	9.5	13	11	16	23	32	4.6	6.5	9.0	13	3.5	5.0	7.0	10	2.9	4.2	6.0	8.5	9.0	13	18	25	14	19	27	38	10	14	20	29
	>2~3.5	5.0	7.5	10	15	12	17	23	33	6.5	9.5	13	19	5.0	7.0	10	14	4.2	6.0	8.5	12	9.5	13	19	27	16	23	32	45				
>20~50	≥0.5~2	5.0	7.0	10	14	12	17	29	41	5.0	7.5	10	15	4.0	5.5	8.0	11	3.3	4.6	6.5	9.5	11	16	23	32	14	20	29	41	12	16	23	32
	>2~3.5	5.5	7.5	11	15	14	20	30	42	7.0	10	14	20	5.5	8.0	11	16	4.5	6.5	9.0	13	12	17	24	34	17	24	34	48				
	>3.5~6	6.0	8.5	12	17	15	21	31	44	9.0	12	18	25	7.0	9.5	14	19	5.5	8.0	11	16	12	17	25	35	19	27	38	54				
>50~125	≥0.5~2	5.5	7.5	11	15	15	22	37	52	6.0	8.5	12	17	4.5	6.5	9.0	13	3.7	5.5	7.5	11	15	21	29	42	16	22	31	44	14	19	27	37
	>2~3.5	6.0	8.5	12	17	18	26	38	53	8.0	11	16	22	6.0	8.5	12	17	5.0	7.0	10	14	15	21	30	43	18	25	36	51				
	>3.5~6	6.5	9.0	13	18	19	27	39	55	9.5	13	19	27	7.5	10	15	21	6.0	8.5	12	17	16	22	31	44	20	29	40	57				
>125~280	≥0.5~2	6.0	8.5	12	17	19	28	49	69	7.0	10	14	20	5.5	7.0	11	15	4.4	6.0	9.0	12	20	28	39	55	17	24	34	49	16	22	31	44
	>2~3.5	6.5	9.0	13	18	24	35	50	70	9.0	13	18	25	7.0	9.5	14	19	5.5	8.0	11	16	20	28	40	56	20	28	39	56				
	>3.5~6	7.0	10	14	20	25	35	51	72	11	15	21	30	8.0	12	16	23	6.5	9.5	13	19	20	29	41	58	22	31	44	62				
>280~560	≥0.5~2	6.5	9.5	13	19	25	36	64	91	8.5	12	17	23	6.5	9.0	13	18	5.5	8.0	11	15	26	36	51	73	19	27	39	54	19	26	37	53
	>2~3.5	7.0	10	14	20	32	46	65	92	10	15	21	29	8.0	11	16	22	6.5	9.0	13	18	26	37	52	74	22	31	44	62				
	>3.5~6	8.0	11	16	22	33	47	66	94	12	17	24	34	9.0	13	18	26	7.5	11	15	21	27	38	53	75	24	34	48	68				

注：1. 本表中 F_w 是根据我国的生产实践提出的，仅供参考。

2. 将 f_i'/K 乘以 K，即得到 f_i'。当 $\varepsilon_\gamma<4$ 时，$K=0.2\left(\dfrac{\varepsilon_\gamma+4}{\varepsilon_\gamma}\right)$；当 $\varepsilon_\gamma\geq4$ 时，$K=0.4$。

3. $F_i'=F_p+f_i'$。

4. $\pm F_{pk}=\pm f_{pt}+1.6\sqrt{(k-1)m_n}$（5级精度），通常取 $k=z/8$；按相邻两级的公比$\sqrt{2}$，可求得其他级$\pm F_{pk}$值。

表 18-6　F_{β}、$f_{f\beta}$、$f_{H\beta}$ 偏差数值　　　　　　　　　（单位：μm）

分度圆直径 d/mm	齿宽 b/mm	螺旋线总偏差 F_{β}				螺旋线形状偏差 $f_{f\beta}$ 螺旋线倾斜偏差 $\pm f_{H\beta}$			
		精度等级							
		5	6	7	8	5	6	7	8
≥5~20	≥4~10	6.0	8.5	12	17	4.4	6.0	8.5	12
	>10~20	7.0	9.5	14	19	4.9	7.0	10	14
>20~50	≥4~10	6.5	9.0	13	18	4.5	6.5	9.0	13
	>10~20	7.0	10	14	20	5.0	7.0	10	14
	>20~40	8.0	11	16	23	6.0	8.0	12	16
>50~125	≥4~10	6.5	9.5	13	19	4.8	6.5	9.5	13
	>10~20	7.5	11	15	21	5.5	7.5	11	15
	>20~40	8.5	12	17	24	6.0	8.5	12	17
	>40~80	10	14	20	28	7.0	10	14	20
>125~280	≥4~10	7.0	10	14	20	5.0	7.0	10	14
	>10~20	8.0	11	16	22	5.5	8.0	11	16
	>20~40	9	13	18	25	6.5	9.0	13	18
	>40~80	10	15	21	29	7.5	10	15	21
	>80~160	12	17	25	35	8.5	12	17	25
>280~560	≥10~20	8.5	12	17	24	6.0	8.5	12	17
	>20~40	9.5	13	19	27	7.0	9.5	14	19
	>40~80	11	16	22	31	8.0	11	16	22
	>80~160	13	18	26	36	9.0	13	18	26
	>160~250	15	21	30	43	11	15	22	30

表 18-7　F_i''、f_i'' 偏差数值　　　　　　　　　（单位：μm）

分度圆直径 d/mm	模数 m_n/mm	径向综合总偏差 F_i''				一齿径向综合偏差 f_i''			
		精度等级							
		5	6	7	8	5	6	7	8
≥5~20	≥0.2~0.5	11	15	21	30	2.0	2.5	3.5	5.0
	>0.5~0.8	12	16	23	33	2.5	4.0	5.5	7.5
	>0.8~1.0	12	18	23	35	3.5	5.0	7.0	10
	>1.0~1.5	14	19	27	38	4.5	6.5	9.0	13
>20~50	≥0.2~0.5	13	19	26	37	2.0	2.5	3.5	5.0
	>0.5~0.8	14	20	28	40	2.5	4.0	5.5	7.5
	>0.8~1.0	15	21	30	42	3.5	5.0	7.0	10
	>1.0~1.5	16	23	32	45	4.5	6.5	9.0	13
	>1.5~2.5	18	26	37	52	6.5	9.5	13	19

（续）

分度圆直径 d/mm	模数 m_n/mm	径向综合总偏差 F''_i				一齿径向综合偏差 f''_i			
		精度等级							
		5	6	7	8	5	6	7	8
>50~125	≥1.0~1.5	19	27	39	55	4.5	6.5	9.0	13
	>1.5~2.5	22	31	43	61	6.5	13	44	19
	>2.5~4.0	25	36	51	72	10	14	20	29
	>4.0~6.0	31	44	62	88	15	22	31	44
>125~280	≥1.0~1.5	24	34	48	68	4.5	6.5	9.0	13
	>1.5~2.5	26	37	53	75	6.5	9.5	13	19
	>2.5~4.0	30	43	61	86	10	15	21	29
	>4.0~6.0	36	51	72	102	15	22	31	44
>280~560	≥1.0~1.5	30	43	61	86	4.5	6.5	9.0	13
	>1.5~2.5	33	46	65	92	5	9.5	13	19
	>2.5~4.0	37	52	73	104	10	15	21	29
	>4.0~6.0	42	60	81	119	15	22	31	44

表 18-8　标准齿轮弦齿厚、弦齿高及极限偏差

分度圆弦齿厚	$s_{nc}=m_n z\sin\left(\dfrac{\pi}{2z}\right)$	
分度圆弦齿高	$h_c=\dfrac{d_a}{2}-\dfrac{m_n z}{2}\cos\left(\dfrac{\pi}{2z}\right)$	
齿厚上极限偏差	$E_{sns}=-\left(\dfrac{j_{bnmin}+J_{bn}}{2\cos\alpha_n}+f_a\tan\alpha_n\right)$ $j_{bnmin}=\dfrac{2}{3}(0.06+0.0005a+0.03m_n)\text{mm}$ $J_{bn}=\sqrt{1.76f_{pt2}^2+[2+0.34(L/b)^2]F_{\beta2}^2}$ 式中 f_{pt2}、$F_{\beta2}$——大齿轮的单个齿距极限偏差和螺旋线总偏差，查表18-5和表18-6； a、L、b——齿轮中心距、箱体轴承孔跨距和齿轮宽度； f_a——中心距极限偏差，查表18-10。	
齿厚下极限偏差	$E_{sni}=E_{sns}-T_{sn}$ 式中 T_{sn}——齿厚公差，$T_{sn}=2\tan\alpha_n\sqrt{b_r^2+F_r^2}$； b_r——径向进刀公差，查表18-11； F_r——径向跳动公差。查表18-5。	

表 18-9　标准齿轮公法线长度及极限偏差

公法线长度公称值	$W_k=m_n\cos\alpha_n[\pi(k-0.5)+z'\text{inv}\alpha_n]$ 式中 k——跨齿数，$k=\dfrac{z'}{9}+0.5$（四舍五入取整数）； z'——假想齿数，$z'=z\dfrac{\text{inv}\alpha_t}{\text{inv}\alpha_n}$； $\text{inv}\alpha$——渐开线函数，$\text{inv}\alpha=\tan\alpha-\alpha$，$\text{inv}20°=0.014904$； α_n、α_t——齿轮的法向压力角和端面压力角，$\alpha_t=\arctan(\tan\alpha_n/\cos\beta)$。

（续）

公法线长度上、下极限偏差	$E_{bns} = E_{sns}\cos\alpha_n$，$E_{bni} = E_{sni}\cos\alpha_n$ E_{sns}、E_{sni} 按表 18-8 确定

表 18-10　中心距极限偏差 f_a　　（单位：μm）

齿轮副中心距 a/mm		齿轮精度等级为 5、6 级	齿轮精度等级为 7、8 级	齿轮精度等级为 9、10 级
大于	至	f_a 为 $\frac{1}{2}$IT7	f_a 为 $\frac{1}{2}$IT8	$f_a = \frac{1}{2}$IT9
10	18	9	13.5	21.5
18	30	10.5	16.5	26
30	50	12.5	19.5	31
50	80	15	23	37
80	120	17.5	27	43.5
120	180	20	31.5	50
180	250	23	36	57.5
250	315	26	40.5	65
315	400	28.5	44.5	70
400	800	31.5	48.5	77.5

表 18-11　齿轮切齿径向进刀公差 b_r

精度等级	4	5	6	7	8	9	10
b_r 值	1.26IT7	IT8	1.26IT8	IT9	1.26IT9	IT10	1.26IT10

18.2　齿轮坯公差

表 18-12　齿轮坯公差（GB/Z 18620.3—2008）

齿轮精度等级	6	7	8	9	10
齿轮基准孔尺寸公差	IT6		IT7		IT8
齿轮轴轴颈尺寸公差	通常按滚动轴承的公差等级确定,见表 13-5				
齿顶圆直径公差	IT8			IT9	
确定轴线的基准面	两个短的圆柱或圆锥形基准面			圆度为 $0.04(L/b)F_\beta$ 或 $0.1F_p$，取两者中的小值。F_β 见表 18-6，F_p 见表 18-5	
	一个长的圆柱或圆锥形基准面			圆柱度为 $0.04(L/b)F_\beta$ 或 $0.1F_p$，取两者中的小值	
	一个短的圆柱面和一个端面			圆度为 $0.06F_p$，平面度为 $0.06(D_d/b)F_\beta$	

注：1. 标准公差 IT 见表 17-1。
　　2. L 为支承轴承跨距，b 为齿轮宽度，D_d 为基准端面的直径。

表 18-13　齿轮齿面和基准面的表面粗糙度 Ra 值　　　　　　　（单位：μm）

齿轮精度等级		6	7		8	9	
齿面	加工方法	磨或珩齿	剃或珩齿	精插或精铣	插齿或滚齿	滚齿	铣齿
	粗糙度	1.6~0.8	≤1.6	≤3.2	≤6.3(3.2)	≤6.3	≤12.5
齿轮的基准孔		≤1.6	6.3~1.6		6.3~1.6	≤6.3	
齿轮轴的轴颈		≤0.8	≤1.6		≤3.2	≤3.2	
齿顶圆		≤6.3					
齿轮基准端面		6.3~3.2	6.3~3.2		≤6.3	≤6.3	

注：当齿轮的三个公差组精度等级不同时，按最高精度等级确定齿轮轴轴颈的表面粗糙度 Ra 值。

表 18-14　轴线平行度偏差 $f_{\Sigma\beta}$ 和 $f_{\Sigma\delta}$

垂直平面内的轴线平行度偏差 $f_{\Sigma\beta}$	$f_{\Sigma\beta} = 0.5\left(\dfrac{L}{b}\right)F_\beta$ F_β——螺旋线总偏差，按大齿轮分度圆直径查表 18-6 L——两齿轮轴承孔的间距（mm） b——齿宽（mm）
轴线平面内的轴线平行度偏差 $f_{\Sigma\delta}$	$f_{\Sigma\delta} = 2f_{\Sigma\beta}$

表 18-15　齿轮副接触斑点

齿轮精度等级	5、6	7、8	9~12	齿轮精度等级	5、6	7、8	9~12
占齿面高度百分比不小于	40% （30%）	40% （30%）	40% （30%）	占齿面宽度百分比不小于	80% （80%）	70% （70%）	50% （50%）

注：括号内数值用于斜齿轮。

🔖 18.3　图样标注

在齿轮零件图上，应标注齿轮的精度等级、偏差代号和标准编号。

1）当齿轮所有指标的精度等级相同时，图样上标注该精度等级和标准编号，如同为 7 级可标注为

$$7\ \text{GB/T}\ 10095.1—2022$$

2）当齿轮各指标的精度等级不同时，图样上可按齿轮传递运动准确性、传动平稳性和载荷分布均匀性的顺序分别标注它们的精度等级及对应的偏差代号和标准编号。例如，齿距累积总偏差 F_p、单个齿距偏差 $\pm f_{pt}$、齿廓总偏差 F_α 皆为 8 级，而螺旋线总偏差 F_β 为 7 级时，可标注为

$$8\ (F_p、\pm f_{pt}、F_\alpha)、7\ (F_\beta)\ \text{GB/T}\ 10095.1—2022$$

也可标注为

$$8\text{-}8\text{-}7\ \ \text{GB/T}\ 10095.1—2022$$

第 19 章

锥齿轮精度

19.1　锥齿轮精度制

1. 范围

国家标准 GB/T 11365—2019 规定了未装配锥齿轮、准双曲面齿轮的精度等级与公差值。标准为供需双方提供了统一的公差尺度，定义了 10 个精度等级，从 2 级到 11 级，精度逐级降低。标准中规定了锥齿轮精度的公差值计算公式，没有以数据表格形式给出。

国家标准 GB/T 11365—2019 不适用于减速器、增速器、齿轮马达、轴装式减速器、高速传动及其他按给定功率、速度、传动比或应用环境而制造的封闭式齿轮装置。

锥齿轮的设计并不局限于国家标准 GB/T 11365—2019 规定的范围。确定满足工况要求的齿轮精度等级，需要在专业领域有丰富经验。标准中强调：单件齿轮的设计公差不可以直接对应齿轮副装配后的精度。

超出 GB/T 11365—2019 标准规定范围的齿轮公差，应根据实际工况确定。这可能需要另外的公差设置，不同于标准中公式的计算。

2. 精度等级

精度等级 2 级的公差最小，11 级的公差最大。精度等级用规范的公差几何级数加以划分。两相邻等级之间的分级系数是 $\sqrt{2}$。乘/除以 $\sqrt{2}$ 得到下一个更高/低等级的公差。任何一个精度等级的公差可以通过 4 级精度计算未圆整的公差值乘以 $\sqrt{2}^{(B-4)}$ 得到，B 为要求的精度等级。

由表 19-1 中的公差计算公式所得到的数值若大于 $10\mu m$，应圆整到最接近的整数；若计算值大于 $5\mu m$，且小于或等于 $10\mu m$，应按最接近 $0.5\mu m$ 的整数倍数圆整；若计算值小于或等于 $5\mu m$，应按最接近 $0.1\mu m$ 的整数倍圆整。

3. 精度等级的评定

齿轮精度等级通过以偏差测量值与表 19-1 中公式的计算值进行比较来判定。测量应相对于基准轴线进行。

精度等级的评定方法按照表 19-2 的规定，总精度等级按单个精度等级中的最低一级确定。如果有特殊需要，齿轮的各偏差项可以规定不同的精度等级。另外，如果不进行单面切向综合偏差的测量，建议增加接触斑点检查和齿厚检测。接触斑点的要求应由供需双方在制造前商定。

4. 偏差或公差项目及允许值计算公式

国家标准规定了齿轮精度的 7 个偏差项目及其中 5 个项目的公差计算公式，见表 19-1。表中计算公式的适用范围为

$$1.0mm \leqslant m_{mn} \leqslant 50mm$$

$$5 \leqslant z \leqslant 400$$

$$5mm \leqslant d_T \leqslant 2500mm$$

式中　m_{mn}——齿宽中点法向模数；

　　　　z——齿数；

　　　　d_T——公差基准直径，为中点锥距（R_m）处与工作齿高中点相交处的直径。公差基准直径 d_T 可由下式计算获得：

$$d_{T1} = d_{m1} + (h_{am1} - h_{am2})\cos\delta_1$$

$$d_{T2} = d_{m2} + (h_{am2} - h_{am1})\cos\delta_2$$

式中　d_{m1}、d_{m2}——中点节圆直径（小轮、大轮）；

　　　　h_{am1}、h_{am2}——中点齿顶高；

　　　　δ_1、δ_2——节锥角（小轮、大轮）。

表 19-1　锥齿轮偏差项目及公差计算公式

偏差、公差项目		4 级精度锥齿轮公差项目允许值的计算公式
偏差名称及代号	公差名称及代号	
分度偏差 F_X	—	—
单个齿距偏差 f_{pt}	单个齿距公差 f_{ptT}	$f_{ptT} = (0.003d_T + 0.3m_{mn} + 5)(\sqrt{2})^{(B-4)}$
齿距累积总偏差 F_p	齿距累积总公差 F_{pT}	$F_{pT} = (0.025d_T + 0.3m_{mn} + 19)(\sqrt{2})^{(B-4)}$
齿圈跳动总偏差 F_r	齿圈跳动公差 F_{rT}	$F_{rT} = 0.8(0.025d_T + 0.3m_{mn} + 19)(\sqrt{2})^{(B-4)}$
一齿切向综合偏差 f_{is}	一齿切向综合公差 f_{isT}	$f_{isTmax} = f_{is(design)} + (0.375m_{mn} + 5.0)(\sqrt{2})^{(B-4)}$ $f_{isTmin} = f_{is(design)} - (0.375m_{mn} + 5.0)(\sqrt{2})^{(B-4)}$ 如果 f_{isTmin} 值为负，取 $f_{isTmin} = 0$
切向综合总偏差 F_{is}	切向综合总公差 F_{isT}	$F_{isT} = F_{pT} + f_{isTmax}$
传动误差 θ_e	—	—

注：1. 表中 B 为精度等级。

2. 齿圈跳动公差 F_{rT} 的计算公式仅限于 4~11 级。

3. 一齿切向综合公差 f_{isT} 采用 A、B、C 三种方法之一确定，可信度依次降低。A：根据工程应用经验、承载能力试验或二者结合，确定一齿切向综合公差，不考虑质量等级。B 和 C：利用单面啮合综合偏差短周期的峰-峰幅值，确定一齿切向综合公差，其最大峰-峰幅值不应大于 f_{isTmax}，最小的峰-峰幅值不应小于 f_{isTmin}。公式中，一齿切向综合偏差设计值 $f_{is(design)}$ 采用如下两种方法确定：通过设计和试验分析确定，设计值大小的选择应考虑安装误差、齿形误差以及工作载荷等条件的影响；如缺乏设计或试验数据，可采用式 $f_{is(design)} = qm_{mn} + 1.5$ 确定，参数 q 的取值，一般工业 $q = 2~2.5$，航空工业 $q = 2$。

表 19-2　精度等级和单个要素测量

轮齿尺寸	模数 ≥ 1.0mm		
基本要素	齿厚（TT）和［轮齿接触斑点（CP）或齿面拓扑（TF）］		
精度	低	中	高
精度等级	11~9	8~5	4~2
最低要求	齿圈跳动（RO）	单个齿距（SP）和齿圈跳动（RO）	单个齿距（SP）和齿距累积（AP）

5. 锥齿轮传动的公差检验组及公差

GB/T 11365—2019 中没有对锥齿轮传动、侧隙、齿坯公差及图样标注等内容做出规定，当有锥齿轮传动设计问题时，一般就要依靠设计人员的工程知识和经验，以及生产厂家和用户双方协商来确定。为便于初学者进行相关精度设计及加工定位基准的选择，建议仍沿用 GB 11365—1989 中的相关规定。

按照公差的特性及对传动性能的不同影响，将锥齿轮与锥齿轮副的公差项目分成三个公差组，见表 19-3。根据使用要求，允许各公差组选用不同的精度等级，但对齿轮副中大、小齿轮的同一公差组，应规定同一精度等级。

表 19-3　锥齿轮及锥齿轮副公差组检验项目

类别		锥齿轮			锥齿轮副			
精度等级		7	8	9	7	8	9	安装精度
公差组	Ⅰ 传递运动的准确性	F_{pT} 或 F_{rT}		F_{rT}	$F''_{i\Sigma c}$(表 19-4)		F_{vj}(表 19-4)	$\pm f_{AM}$(表 19-5)
	Ⅱ 传动的平稳性	$\pm f_{ptT}$			$f''_{i\Sigma c}$(表 19-4)			$\pm f_a$(表 19-6)
	Ⅲ 载荷分布的均匀性	接触斑点(表 19-7)						$\pm E_\Sigma$(表 19-6)
侧隙		E_{ss}、E_{si}			j_{nmin}			
齿坯公差		外径尺寸极限偏差及轴孔尺寸公差;齿坯顶锥母线跳动和基准端面跳动公差;齿坯轮冠距和顶锥角极限偏差						

注：本表不属于 GB/T 11365—2019，仅供参考。

表 19-4　锥齿轮副的 $F''_{i\Sigma c}$、$f''_{i\Sigma c}$、F_{vj} 值　　　　　　（单位：μm）

中点分度圆直径/mm	中点法向模数/mm	精度等级							
		齿轮副轴交角综合公差 $F''_{i\Sigma c}$			齿轮副一齿轴交角综合公差 $f''_{i\Sigma c}$			侧隙变动公差 F_{vj}	
		7	8	9	7	8	9	9	10
≤125	≥1~3.5	67	85	110	28	40	53	75	90
	>3.5~6.3	75	95	120	36	50	60	80	100
	>6.3~10	85	105	130	40	56	71	90	120
	>10~16	100	120	150	48	67	85	105	130
>125~400	≥1~3.5	100	125	160	32	45	60	110	140
	>3.5~6.3	105	130	170	40	56	67	120	150
	>6.3~10	120	150	180	45	63	80	130	160
	>10~16	130	160	200	50	71	90	140	170
>400~800	≥1~3.5	130	160	200	36	50	67	140	180
	>3.5~6.3	140	170	220	40	56	75	150	190
	>6.3~10	150	190	240	50	71	85	160	200
	>10~16	160	200	260	56	80	100	180	220

表 19-5　齿圈轴向位移极限偏差±f_{AM}值　　　　　　　　（单位：μm）

中点锥距/mm	分锥角/(°)	精度等级											
		7				8				9			
		中点法向模数/mm											
		>1~3.5	>3.5~6.3	>6.3~10	>10~16	>1~3.5	>3.5~6.3	>6.3~10	>10~16	>1~3.5	>3.5~6.3	>6.3~10	>10~16
≤50	≤20	20	11			28	16			40	22		
	20~45	17	9.5	—	—	24	13			34	19	—	—
	>45	7.1	4			10	5.6			14	8		
>50~100	≤20	67	38	24	18	95	53	34	26	140	75	50	38
	20~45	56	32	21	16	80	45	30	22	120	63	42	30
	>45	24	13	8.5	6.7	34	17	12	9	48	26	17	13
>100~200	≤20	150	80	53	40	200	120	75	56	300	160	105	80
	20~45	130	71	45	34	180	100	63	48	260	140	90	67
	>45	53	30	19	14	75	40	26	20	105	60	38	28
>200~400	≤20	340	180	120	85	480	250	170	120	670	360	240	170
	20~45	280	150	100	71	400	210	140	100	560	300	200	150
	>45	120	63	40	30	170	90	60	42	240	130	85	60

注：1. 表中数值用于α=20°非纵向修形齿轮。对纵向修形齿轮，允许采用低一级的±f_{AM}值。

2. 当α≠20°时，表中数值乘以sin20°/sinα。

表 19-6　锥齿轮副±f_a、±E_Σ值　　　　　　　　（单位：μm）

轴间距极限偏差±f_a					轴交角极限偏差±E_Σ						
中点锥距/mm	精度等级				中点锥距/mm	小齿轮分锥角/(°)	最小法向侧隙种类				
	6	7	8	9			h、e	d	c	b	a
≤50	12	18	28	36	≤50	≤15	7.5	11	18	30	45
						>15~25	10	16	26	42	63
						>25	12	19	30	50	80
>50~100	15	20	30	45	>50~100	≤15	10	16	26	42	63
						>15~25	12	19	30	50	80
						>25	15	22	32	60	95
>100~200	18	25	36	55	>100~200	≤15	12	19	30	50	80
						>15~25	17	26	45	71	110
						>25	20	32	50	80	125
>200~400	25	30	45	75	>200~400	≤15	15	22	32	60	95
						>15~25	24	36	56	90	140
						>25	26	40	63	100	160
>400~800	30	36	60	90	>400~800	≤15	20	32	50	80	125
						>15~25	28	45	71	110	180
						>25	34	56	85	140	220

（续）

轴间距极限偏差±f_a					轴交角极限偏差±E_Σ						
中点锥距 /mm	精度等级				中点锥距 /mm	小齿轮分锥角 /(°)	最小法向侧隙种类				
	6	7	8	9			h、e	d	c	b	a
>800~1600	40	50	85	130	>800~1600	≤15	26	40	63	100	160
						>15~25	40	63	100	160	250
						>25	53	85	130	210	320

注：1. ±E_Σ 的公差带位置相对于零线可以不对称或取在一侧。
　　2. ±E_Σ 值用于 $\alpha=20°$ 的正交齿轮副。

表 19-7　接触斑点

精度等级	6~7	8~9
沿齿长方向(%)	50~70	35~65
沿齿高方向(%)	55~75	40~70

注：表中数值范围用于齿面修形的齿轮，对齿面不做修形的齿轮，接触斑点大小应小于其平均值。

📌 19.2　齿轮副侧隙

国家标准规定齿轮副的最小法向侧隙种类为 6 种，即 a、b、c、d、e 和 h；齿轮副法向侧隙公差种类为 5 种，即 A、B、C、D 和 H。法向侧隙公差种类与最小法向侧隙种类的对应关系如图 19-1 所示。最小法向侧隙种类与精度等级无关。

最小法向侧隙种类确定后，由表 19-8 查取齿厚上极限偏差 $E_{\overline{s}s}$，最小法向侧隙由表 19-9 查取。最大法向侧隙 j_{nmax}，按 $j_{nmax}=(\,|\,E_{\overline{s}s1}+E_{\overline{s}s2}\,|+T_{\overline{s}1}+T_{\overline{s}2}+E_{\overline{s}\Delta1}+E_{\overline{s}\Delta2}\,)\cos\alpha_n$ 规定选取。$E_{\overline{s}\Delta}$ 为制造误差的补偿部分，由表 19-10 查取。齿厚公差 $T_{\overline{s}}$ 由表 19-11 查取。

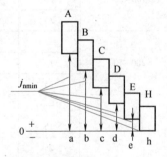

图 19-1　法向侧隙公差种类与最小法向侧隙种类的对应关系

表 19-8　齿厚上极限偏差 $E_{\overline{s}s}$ 值　　　　（单位：μm）

基本值	中点法向模数 /mm	中点分度圆直径/mm								
		≤125			>125~400			>400~800		
		分锥角/(°)								
		≤20	>20~45	>45	≤20	>20~45	>45	≤20	>20~45	>45
	≥1~3.5	-20	-20	-22	-28	-32	-30	-36	-50	-45
	>3.5~6.3	-22	-22	-25	-32	-32	-30	-38	-55	-45
	>6.3~10	-25	-25	-28	-36	-36	-34	-40	-55	-50
	>10~16	-28	-28	-30	-36	-38	-36	-48	-60	-55

（续）

系数	最小法向侧隙种类		h	e	d	c	b	a
	第Ⅱ公差组 精度等级	7	1.0	1.6	2.0	2.7	3.8	5.5
		8	—	—	2.2	3.0	4.2	6.0
		9	—	—	—	3.2	4.6	6.6

注：1. 各精度等级齿轮的 $E_{\overline{ss}}$ 值，由基本值栏查出的数值乘以系数得出。

2. 允许把大、小轮齿厚上极限偏差（$E_{\overline{ss}1}+E_{\overline{ss}2}$）之和，重新分配在两个齿轮上。

表 19-9　最小法向侧隙 j_{nmin} 值　　　　　（单位：μm）

中点锥距 /mm	小轮分锥角/(°)		最小法向间隙种类					
	大于	至	h	e	d	c	b	a
≤50	—	15	0	15	22	36	58	90
	15	25	0	21	33	52	84	130
	25	—	0	25	39	62	100	160
>50~100	—	15	0	21	33	52	84	130
	15	25	0	25	39	62	100	160
	25	—	0	30	46	74	120	190
>100~200	—	15	0	25	39	62	100	160
	15	25	0	35	54	87	140	220
	25	—	0	40	63	100	160	250
>200~400	—	15	0	30	46	74	120	190
	15	25	0	46	72	115	185	290
	25	—	0	52	81	130	210	320
>400~800	—	15	0	40	63	100	160	250
	15	25	0	57	89	140	230	360
	25	—	0	70	110	175	280	440

注：正交齿轮副按中点锥距 R 查表，非正交齿轮副按式 $R'=\dfrac{R}{2}(\sin2\delta_1+\sin2\delta_2)$ 算出的 R' 查出。其中 δ_1 和 δ_2 为大、小轮分锥角。

表 19-10　最大法向侧隙 j_{nmax} 的制造误差补偿部分 $E_{\overline{s}\Delta}$ 值　　　　（单位：μm）

第Ⅱ公 差组 精度 等级	中点法 向模数 /mm	中点分度圆直径/mm										
		≤125			>125~400			>400~800			>800~1600		
		分锥角/(°)											
		≤20	>20~45	>45	≤20	>20~45	>45	≤20	>20~45	>45	≤20	>20~45	>45
7	≥1~3.5	20	20	22	28	32	30	36	50	45	—	—	—
	>3.5~6.3	22	22	25	32	32	30	38	55	45	75	85	80
	>6.3~10	25	25	28	36	36	34	40	55	50	80	90	85
	>10~16	28	28	30	36	38	36	48	60	55	80	100	85

（续）

第Ⅱ公差组精度等级	中点法向模数/mm	中点分度圆直径/mm										
		≤125			>125~400			>400~800			>800~1600		
		分锥角/(°)											
		≤20	>20~45	>45	≤20	>20~45	>45	≤20	>20~45	>45	≤20	>20~45	>45
8	≥1~3.5	22	22	24	30	36	32	40	55	50	—	—	—
	>3.5~6.3	24	24	28	36	36	32	42	60	50	80	90	85
	>6.3~10	28	28	30	40	40	38	45	60	55	85	100	95
	>10~16	30	30	32	40	42	40	55	65	60	85	110	95
9	≥1~3.5	24	24	25	32	38	36	65	55		—	—	—
	>3.5~6.3	25	25	30	38	38	36	45	65	55	90	100	95
	>6.3~10	30	30	32	45	45	40	48	65	60	95	110	100
	>10~16	32	32	36	45	45	45	48	70	65	95	120	100

表 19-11　齿厚公差 $T_{\bar{s}}$ 值　　　　　　　　　　　　（单位：μm）

齿圈径向跳动公差 F_r	法向侧隙公差种类				
	H	D	C	B	A
≥8	21	25	30	40	52
>8~10	22	28	34	45	55
>10~12	24	30	36	48	60
>12~16	26	32	40	52	65
>16~20	28	36	45	58	75
>20~25	32	42	52	65	85
>25~32	38	48	60	75	95
>32~40	42	55	70	85	110
>40~50	50	65	80	100	130
>50~60	60	75	95	120	150
>60~80	70	90	110	130	180
>80~100	90	110	140	170	220
>100~125	110	130	170	200	260
>125~160	130	160	200	250	320

🔖 19.3　齿坯检验

　　锥齿坯零件图上要注明齿坯顶锥母线跳动公差、基准端面跳动公差、轴径或孔径尺寸公差、外径尺寸极限偏差、齿坯轮冠距极限偏差和顶锥角极限偏差等，见表 19-12～表 19-14。还应注意。齿轮在加工、检验和安装时的定位基准面应尽可能一致，并在零件图上予以标注。

表 19-12　齿坯公差及偏差

精度等级	6	7	8	9
基准轴径尺寸公差	IT5	IT6		IT7
基准孔径尺寸公差	IT6	IT7		IT8
外径尺寸极限偏差	0 −IT8			0 −IT9

注：当三个公差组精度等级不同时，公差值按最高的精度等级查取。

表 19-13　顶锥母线跳动公差和基准端面跳动公差

顶锥母线跳动公差/μm				基准端面跳动公差/μm					
精度等级	6	7~8	9	精度等级	6	7	8	9	10
外径 /mm ≤30	15	25	50	基准端 面直径 /mm ≤30	6	10		15	
>30~50	20	30	60	>30~50	8	12		20	
>50~120	25	40	80	>50~120	10	15		25	
>120~250	30	50	100	>120~250	12	20		30	
>250~500	40	60	120	>250~500	15	25		40	
>500~800	50	80	150	>500~800	20	30		50	
>800~1200	60	100	200	>800~1200	25	40		60	
>1200~2000	80	120	250	>1200~2000	20	50		80	

注：当三个公差组精度等级不同时，公差值按最高的精度等级查取。

表 19-14　轮冠距极限偏差和顶锥角极限偏差

中点法向模数/mm	轮冠距极限偏差/μm	顶锥角极限偏差/(′)
≤1.2	0 −50	+15 0
>1.2~10	0 −75	+8 0
>10	0 −100	+8 0

19.4　图样标注

在锥齿轮零件图上应标注锥齿轮精度等级、最小法向侧隙以及法向侧隙公差种类。标注示例如下：

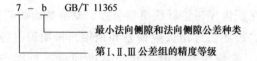

齿轮的三个公差组精度均为 7 级，最小法向侧隙种类为 b，法向侧隙公差种类为 B。

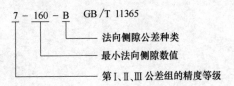

齿轮的三个公差组精度均为 7 级，最小法向侧隙为 $160\mu m$，法向侧隙公差种类为 B。

8-7-7 c B　　GB/T 11365

齿轮的第 I 公差组精度为 8 级，第 II 公差组和第 III 公差组精度相等，同为 7 级，最小法向侧隙种类为 c，法向侧隙公差种类为 B。

第 20 章

圆柱蜗杆、蜗轮精度

📌 20.1　蜗杆、蜗轮精度制的构成

1. 总则

为了满足蜗杆传动机构的所有性能要求，如传递运动的准确性、传动的平稳性和载荷分布均匀性等，应保证蜗杆蜗轮的轮齿尺寸参数偏差以及中心距偏差 $\pm f_a$ 和轴交角偏差 $\pm f_\Sigma$ 在规定的允许范围内。

由于国家标准 GB/T 10089—2018 对蜗杆传动的中心距偏差和轴交角偏差允许值未做规定，故此两项偏差的允许值仍推荐沿用国家标准 GB/T 10089—1988 对蜗杆传动的规定，这两项偏差的允许值在 GB/T 10089—1988 中称为极限偏差值。

2. 精度等级

国家标准 GB/T 10089—2018 规定蜗杆、蜗轮及蜗杆传动副的精度等级有 12 个，1 级精度最高，12 级精度最低，适用于轴交角 $\Sigma = 90°$、最大模数 $m = 40\text{mm}$ 及最大分度圆直径 $d = 2500\text{mm}$ 的圆柱蜗杆蜗轮传动机构。最大分度圆直径 $d > 2500\text{mm}$ 的圆柱蜗杆蜗轮传动机构的设计也可参照此标准使用。

3. 偏差项目及允许值

在国家标准 GB/T 10089—2018 中规定了蜗杆、蜗轮相关的偏差项目和对应的符号，见表 20-1。每种偏差项目的允许偏差值均可使用公式来计算。表 20-1 给出了 5 级精度蜗杆、蜗轮偏差允许值的计算公式，计算出的偏差允许值须按规定的修约规则进行圆整，其他等级的偏差允许值均以 5 级精度为基础乘以级间公比 φ 计算获得，并按规定的修约规则进行圆整。

4. 公比 φ 和修约规则

两相邻精度等级的级间公比 φ：$\varphi = 1.4$（1~9 级精度）；$\varphi = 1.6$（9 级以下精度）。径向跳动偏差 F_r 的级间公比 $\varphi = 1.4$（1~12 级精度）。修约规则：如果计算值小于 $10\mu\text{m}$，修约到最接近的相差小于 $0.5\mu\text{m}$ 的小数或整数，如果大于 $10\mu\text{m}$，修约到最接近的整数。

如计算 7 级精度偏差允许值时，5 级精度的未修约的计算值乘以 1.4^2，然后再按上述修约规则进行修约。

5. 蜗杆、蜗轮轮齿部分参数偏差允许值

表 20-2 给出了 5 级精度蜗杆、蜗轮轮齿偏差的允许值，以 5 级为基础推算出的常用 6~

9 级精度的蜗杆、蜗轮偏差的允许值见表 20-3～表 20-6。

6. 蜗杆副的接触斑点要求

蜗杆副的接触斑点的大小直接影响到齿面载荷分布的均匀性。蜗杆副的精度越高，对接触斑点的要求越高，其对蜗杆传动的承载能力及使用寿命均有很大影响。GB/T 10089—2018 中以附录形式保留此项要求。单面啮合偏差 F_i' 和单面一齿啮合偏差 f_i' 是使用标准蜗杆副检验。如企业没有标准蜗杆副或单面啮合检测仪检测配对蜗杆副，可用检验配对蜗杆副的接触斑点加以替代。

常用精度等级的蜗杆副接触斑点的要求见表 20-7。

表 20-1　蜗杆、蜗轮相关的偏差项目和对应的符号

偏差项目		5 级精度蜗杆、蜗轮偏差允许值的计算公式	蜗杆、蜗轮偏差对应项目应用	
名称	符号		符号	名称
单个齿距偏差	f_p	$f_p = 4 + 0.315 \times (m_x + 0.25\sqrt{d})$	f_{px}	蜗杆轴向齿距偏差
			f_{p2}	蜗轮单个齿距偏差
相邻齿距偏差	f_u	$f_u = 5 + 0.4 \times (m_x + 0.25\sqrt{d})$	f_{ux}	蜗杆相邻轴向齿距偏差
			f_{u2}	蜗轮相邻齿距偏差
导程偏差	F_{px}	$F_{px} = 4 + 0.5z_1 + 5\sqrt[3]{z_1}(\lg m_x)^2$	F_{px}	蜗杆导程偏差
齿距累积总偏差	F_{p2}	$F_{p2} = 7.25 d_2^{\frac{1}{5}} m_x^{\frac{1}{7}}$	F_{p2}	蜗轮齿距累积总偏差
齿廓总偏差	F_α	$F_\alpha = \sqrt{(f_{H\alpha})^2 + (f_{f\alpha})^2}$	$F_{\alpha 1}$	蜗杆齿廓总偏差
			$F_{\alpha 2}$	蜗轮齿廓总偏差
齿廓倾斜偏差	$f_{H\alpha}$	$f_{H\alpha} = 2.5 + 0.25 \times (m_x + 3\sqrt{m_x})$	$f_{H\alpha 1}$	蜗杆齿廓倾斜偏差
			$f_{H\alpha 2}$	蜗轮齿廓倾斜偏差
齿廓形状偏差	$f_{f\alpha}$	$f_{f\alpha} = 1.5 + 0.25 \times (m_x + 9\sqrt{m_x})$	$f_{f\alpha 1}$	蜗杆齿廓形状偏差
			$f_{f\alpha 2}$	蜗轮齿廓形状偏差
径向跳动偏差	F_r	$F_r = 1.68 + 2.18\sqrt{m_x} + (2.3 + 1.2\lg m_x)d^{\frac{1}{4}}$	F_{r1}	蜗杆径向跳动偏差
			F_{r2}	蜗轮径向跳动偏差
单面啮合偏差	F_i'	$F_i' = 5.8 d^{\frac{1}{5}} m_x^{\frac{1}{7}} + 0.8 F_\alpha$	F_{i1}'	用标准蜗轮测量得到的单面啮合偏差
			F_{i2}'	用标准蜗杆测量得到的单面啮合偏差
单面一齿啮合偏差	f_i'	$f_i' = 0.7 \times (f_p + F_\alpha)$	f_{i1}'	用标准蜗轮测量得到的单面一齿啮合偏差
			f_{i2}'	用标准蜗杆测量得到的单面一齿啮合偏差
蜗杆副的单面啮合偏差	F_{i12}'	$F_{i12}' = \sqrt{(F_{i1}')^2 + (F_{i2}')^2}$	F_{i12}'	用配对的蜗杆副测量得到的单面啮合偏差
蜗杆副的单面一齿啮合偏差	f_{i12}'	$f_{i12}' = \sqrt{(f_{i1}')^2 + (f_{i2}')^2}$	f_{i12}'	用配对的蜗杆副测量得到的单面一齿啮合偏差

注：1. 表中公式中的参数 m_x、d 和 z_1 的取值为各参数分段界限值的几何平均值。

　　2. 公式中的参数 m_x、d 的单位均为 mm，偏差允许值的单位为 μm。

　　3. 公式中的蜗杆头数 $z_1 > 6$ 时取平均值 $z_1 = 8.5$ 计算，蜗杆蜗轮的模数 $m_x = m_t$。

　　4. 计算 F_α、F_i' 和 f_i' 偏差允许值时，取 $f_{H\alpha}$、$f_{f\alpha}$、F_α 和 f_p 修约后的数值。

　　5. 实际应用时把测量偏差的绝对值与规定的允许值进行比较，以评定蜗杆蜗轮的精度等级。

表 20-2　5 级精度蜗杆、蜗轮偏差的允许值　　　　　　　　　　（单位：μm）

模数 $m(m_t, m_x)$ /mm	F_α	偏差	分度圆直径 d/mm				
			>10~50	>50~125	>125~280	>280~560	>560~1000
>0.5~2.0	5.5	f_u	6.0	6.5	7.0	7.5	8.0
		f_p	4.5	5.0	5.5	6.0	6.5
		F_{p2}	13.0	17.0	21.0	24.0	27.0
		F_r	9.0	11.0	12.0	14.0	16.0
		F_i'	15.0	18.0	21.0	24.0	26.0
		f_i'	7.0	7.5	7.5	8.0	8.5
>2.0~3.55	7.5	f_u	6.5	7.0	7.5	8.0	9.0
		f_p	5.0	5.5	6.0	6.5	7.0
		F_{p2}	16.0	20.0	24.0	28.0	31.0
		F_r	11.0	14.0	16.0	18.0	20.0
		F_i'	18.0	22.0	25.0	28.0	31.0
		f_i'	9.0	9.0	9.5	10.0	10.0
>3.55~6.0	9.5	f_u	7.5	7.5	8.0	9.0	9.5
		f_p	6.0	6.0	6.5	7.0	7.5
		F_{p2}	17.0	22.0	26.0	30.0	34.0
		F_r	13.0	16.0	18.0	20.0	13.0
		F_i'	21.0	25.0	28.0	31.0	35.0
		f_i'	11.0	11.0	11.0	12.0	12.0
>6.0~10	12.0	f_u	8.5	9.0	9.5	10.0	11.0
		f_p	7.0	7.0	7.5	8.0	8.5
		F_{p2}	18.0	23.0	28.0	32.0	36.0
		F_r	15.0	18.0	20.0	23.0	25.0
		F_i'	24.0	28.0	32.0	35.0	39.0
		f_i'	13.0	13.0	14.0	14.0	14.0
>10~16	16	f_u	11.0	11.0	11.0	12.0	13.0
		f_p	8.5	8.5	9.0	9.5	10.0
		F_{p2}	19.0	25.0	30.0	34.0	39.0
		F_r	17.0	20.0	23.0	26.0	28.0
		F_i'	28.0	33.0	37.0	40.0	44.0
		f_i'	17.0	17.0	18.0	18.0	18.0

注：

	测量长度/mm	15	25	45	75	125
	轴向模数 m_x/mm	>0.5~2	>2~3.55	>3.55~6	>6~10	>10~16
偏差 F_{px}	蜗杆头数 $z_1 = 1$	4.5	5.5	6.5	8.5	11.0
	蜗杆头数 $z_1 = 2$	5.0	6.0	8.0	10.0	13.0
	蜗杆头数 $z_1 = 3$ 和 4	5.5	7.0	9.0	12.0	15.0
	蜗杆头数 $z_1 = 5$ 和 6	6.5	8.5	11.0	14.0	17.0
	蜗杆头数 $z_1 > 6$	8.5	10.0	13.0	16.0	21.0

表 20-3　6级精度蜗杆、蜗轮偏差的允许值　　　　　　　（单位：μm）

模数 $m(m_t,m_x)$ /mm	F_α	偏差	分度圆直径 d/mm				
			>10~50	>50~125	>125~280	>280~560	>560~1000
>0.5~2.0	7.5	f_u	8.5	9.0	10.0	11.0	11.0
		f_p	6.5	7.0	7.5	8.5	9.0
		F_{p2}	18.0	24.0	29.0	34.0	38.0
		F_r	13.0	15.0	17.0	20.0	22.0
		F_i'	21.0	25.0	29.0	34.0	36.0
		f_i'	10.0	11.0	11.0	11.0	12.0
>2.0~3.55	11.0	f_u	9.0	10.0	11.0	11.0	13.0
		f_p	7.0	7.5	8.5	9.0	10.0
		F_{p2}	22.0	28.0	34.0	39.0	43.0
		F_r	15.0	20.0	22.0	25.0	28.0
		F_i'	25.0	31.0	35.0	39.0	43.0
		f_i'	13.0	13.0	13.0	14.0	14.0
>3.55~6.0	13.0	f_u	11.0	11.0	11.0	13.0	13.0
		f_p	8.5	8.5	9.0	10.0	11.0
		F_{p2}	24.0	31.0	36.0	42.0	48.0
		F_r	18.0	22.0	25.0	28.0	32.0
		F_i'	29.0	35.0	39.0	43.0	49.0
		f_i'	15.0	15.0	15.0	17.0	17.0
>6.0~10	17.0	f_u	12.0	13.0	13.0	14.0	15.0
		f_p	10.0	10.0	11.0	11.0	12.0
		F_{p2}	25.0	32.0	39.0	45.0	50.0
		F_r	21.0	25.0	28.0	32.0	35.0
		F_i'	34.0	39.0	45.0	49.0	55.0
		f_i'	18.0	18.0	20.0	20.0	20.0
>10~16	22.0	f_u	15.0	15.0	15.0	17.0	18.0
		f_p	12.0	12.0	13.0	13.0	14.0
		F_{p2}	27.0	35.0	42.0	48.0	55.0
		F_r	24.0	28.0	32.0	36.0	39.0
		F_i'	39.0	46.0	52.0	56.0	62.0
		f_i'	24.0	24.0	25.0	25.0	25.0

注：

	测量长度/mm	15	25	45	75	125
	轴向模数 m_x/mm	>0.5~2	>2~3.55	>3.55~6	>6~10	>10~16
偏差 F_{px}	蜗杆头数 $z_1=1$	6.5	7.5	9.0	12.0	15.0
	蜗杆头数 $z_1=2$	7.0	8.5	11.0	14.0	18.0
	蜗杆头数 $z_1=3$ 和 4	7.5	10.0	13.0	17.0	21.0
	蜗杆头数 $z_1=5$ 和 6	9.0	12.0	15.0	20.0	24.0
	蜗杆头数 $z_1>6$	12.0	14.0	18.0	22.0	29.0

表 20-4　7级精度蜗杆、蜗轮偏差的允许值 　　　　　　　　　　　　（单位：μm）

模数 $m(m_t, m_x)$ /mm	F_α	偏差	分度圆直径 d/mm				
			>10~50	>50~125	>125~280	>280~560	>560~1000
>0.5~2.0	7.5	f_u	12.0	13.0	14.0	15.0	16.0
		f_p	9.0	10.0	11.0	12.0	13.0
		F_{p2}	25.0	33.0	41.0	47.0	53.0
		F_r	18.0	22.0	24.0	27.0	31.0
		F_i'	29.0	35.0	41.0	47.0	51.0
		f_i'	14.0	15.0	15.0	16.0	17.0
>2.0~3.55	15.0	f_u	13.0	14.0	15.0	16.0	18.0
		f_p	10.0	11.0	12.0	13.0	14.0
		F_{p2}	31.0	39.0	47.0	55.0	61.0
		F_r	22.0	27.0	31.0	35.0	39.0
		F_i'	35.0	43.0	49.0	55.0	61.0
		f_i'	18.0	18.0	19.0	20.0	20
>3.55~6.0	19.0	f_u	15.0	15.0	16.0	18.0	19.0
		f_p	12.0	12.0	13.0	14.0	15.0
		F_{p2}	33.0	43.0	51.0	59.0	67.0
		F_r	25.0	31.0	35.0	39.0	45.0
		F_i'	41.0	49.0	55.0	61.0	69.0
		f_i'	22.0	22.0	22.0	24.0	24.0
>6.0~10	24.0	f_u	17.0	18.0	19.0	20.0	22.0
		f_p	14.0	14.0	15.0	16.0	17.0
		F_{p2}	35.0	45.0	55.0	63.0	71.0
		F_r	29.0	35.0	39.0	45.0	49.0
		F_i'	47.0	55.0	63.0	69.0	76.0
		f_i'	25.0	25.0	27.0	27.0	27.0
>10~16	31.0	f_u	22.0	22.0	22.0	24.0	25.0
		f_p	17.0	17.0	18.0	19.0	20.0
		F_{p2}	37.0	49.0	59.0	67.0	76.0
		F_r	33.0	39.0	45.0	51.0	55.0
		F_i'	55.0	65.0	73.0	78.0	86.0
		f_i'	33.0	33.0	35.0	35.0	35.0

注:

	测量长度/mm	15	25	45	75	125
	轴向模数 m_x/mm	>0.5~2	>2~3.55	>3.55~6	>6~10	>10~16
偏差 F_{px}	蜗杆头数 $z_1 = 1$	9.0	11.0	13.0	17.0	22.0
	蜗杆头数 $z_1 = 2$	10.0	12.0	16.0	20.0	25.0
	蜗杆头数 $z_1 = 3$ 和 4	11.0	14.0	18.0	24.0	29.0
	蜗杆头数 $z_1 = 5$ 和 6	13.0	17.0	22.0	27.0	33.0
	蜗杆头数 $z_1 > 6$	17.0	20.0	25.0	31.0	41.0

表 20-5　8 级精度蜗杆、蜗轮偏差的允许值　　　　　　　　　　　　（单位：μm）

模数 $m(m_t, m_x)$ /mm	F_α	偏差	分度圆直径 d/mm				
			>10~50	>50~125	>125~280	>280~560	>560~1000
>0.5~2.0	15.0	f_u	16.0	18.0	19.0	21.0	22.0
		f_p	12.0	14.0	15.0	16.0	18.0
		F_{p2}	36.0	47.0	58.0	66.0	74.0
		F_r	25.0	30.0	33.0	38.0	44.0
		F_i'	41.0	49.0	58.0	66.0	71.0
		f_i'	19.0	21.0	21.0	22.0	23.0
>2.0~3.55	21.0	f_u	18.0	19.0	21.0	22.0	25.0
		f_p	14.0	15.0	16.0	18.0	19.0
		F_{p2}	44.0	55.0	66.0	77.0	85.0
		F_r	30.0	38.0	44.0	49.0	55.0
		F_i'	49.0	60.0	69.0	77.0	85.0
		f_i'	25.0	25.0	26.0	27.0	27.0
>3.55~6.0	26.0	f_u	21.0	21.0	22.0	25.0	26.0
		f_p	16.0	16.0	18.0	19.0	21.0
		F_{p2}	47.0	60.0	71.0	82.0	93.0
		F_r	36.0	44.0	49.0	55.0	63.0
		F_i'	58.0	69.0	77.0	85.0	96.0
		f_i'	30.0	30.0	30.0	33.0	33.0
>6.0~10	33.0	f_u	23.0	25.0	26.0	27.0	30.0
		f_p	19.0	19.0	21.0	22.0	23.0
		F_{p2}	49.0	63.0	77.0	88.0	99.0
		F_r	41.0	49.0	55.0	63.0	69.0
		F_i'	66.0	77.0	88.0	96.0	107.0
		f_i'	36.0	36.0	38.0	38.0	38.0
>10~16	44.0	f_u	30.0	30.0	30.0	33.0	36.0
		f_p	23.0	23.0	25.0	26.0	27.0
		F_{p2}	52.0	69.0	82.0	93.0	107.0
		F_r	47.0	55.0	63.0	71.0	77.0
		F_i'	77.0	91.0	102.0	110.0	121.0
		f_i'	47.0	47.0	49.0	49.0	49.0

注：

	测量长度/mm		15	25	45	75	125
	轴向模数 m_x/mm		>0.5~2	>2~3.55	>3.55~6	>6~10	>10~16
偏差 F_{px}		蜗杆头数 $z_1 = 1$	12.0	15.0	18.0	23.0	30.0
		蜗杆头数 $z_1 = 2$	14.0	16.0	22.0	27.0	36.0
		蜗杆头数 $z_1 = 3$ 和 4	15.0	19.0	25.0	33.0	41.0
		蜗杆头数 $z_1 = 5$ 和 6	18.0	23.0	30.0	38.0	47.0
		蜗杆头数 $z_1 > 6$	23.0	27.0	36.0	44.0	58.0

表 20-6 9 级精度蜗杆、蜗轮偏差的允许值　　　　　　　（单位：μm）

模数 $m(m_t, m_x)$ /mm	F_α	偏差	分度圆直径 d/mm				
			>10~50	>50~125	>125~280	>280~560	>560~1000
>0.5~2.0	21.0	f_u	23.0	25.0	27.0	29.0	31.0
		f_p	17.0	19.0	21.0	23.0	25.0
		F_{p2}	50.0	65.0	81.0	92.0	104.0
		F_r	35.0	42.0	46.0	54.0	61.0
		F_i'	58.0	69.0	81.0	92.0	100.0
		f_i'	27.0	29.0	29.0	31.0	33.0
>2.0~3.55	29.0	f_u	25.0	27.0	29.0	31.0	35.0
		f_p	19.0	21.0	23.0	25.0	27.0
		F_{p2}	61.0	77.0	92.0	108.0	119.0
		F_r	42.0	54.0	61.0	69.0	77.0
		F_i'	69.0	85.0	96.0	108.0	119.0
		f_i'	35.0	35.0	36.0	38.0	38.0
>3.55~6.0	36.0	f_u	29.0	29.0	31.0	35.0	36.0
		f_p	23.0	23.0	25.0	27.0	29.0
		F_{p2}	65.0	85.0	100.0	115.0	131.0
		F_r	50.0	61.0	69.0	77.0	88.0
		F_i'	81.0	96.0	108.0	119.0	134.0
		f_i'	42.0	42.0	42.0	46.0	46.0
>6.0~10	46.0	f_u	33.0	35.0	36.0	38.0	42.0
		f_p	27.0	27.0	29.0	31.0	33.0
		F_{p2}	69.0	88.0	108.0	123.0	138.0
		F_r	58.0	69.0	77.0	88.0	96.0
		F_i'	92.0	108.0	123.0	134.0	150.0
		f_i'	50.0	50.0	54.0	54.0	54.0
>10~16	61.0	f_u	42.0	42.0	42.0	46.0	50.0
		f_p	33.0	33.0	35.0	36.0	38.0
		F_{p2}	73.0	96.0	115.0	131.0	150.
		F_r	65.0	77.0	88.0	100.0	108.0
		F_i'	108.0	127.0	142.0	154.0	169.0
		f_i'	65.0	65.0	69.0	69.0	69.0

注：

	测量长度/mm		15	25	45	75	125
	轴向模数 m_x/mm		>0.5~2	>2~3.55	>3.55~6	>6~10	>10~16
偏差 F_{px}		蜗杆头数 $z_1 = 1$	17.0	21.0	25.0	33.0	42.0
		蜗杆头数 $z_1 = 2$	19.0	23.0	31.0	38.0	50.0
		蜗杆头数 $z_1 = 3$ 和 4	21.0	27.0	35.0	46.0	58.0
		蜗杆头数 $z_1 = 5$ 和 6	25.0	33.0	42.0	54.0	65.0
		蜗杆头数 $z_1 > 6$	33.0	38.0	50.0	61.0	81.0

表 20-7　常用精度等级的蜗杆副接触斑点的要求

精度等级	接触面积的百分比（%）		接触形状	接触位置
	沿齿高不小于	沿齿长不小于		
3 和 4	70	65	接触斑点在齿高方向无断缺，不允许呈带状条纹	接触斑点痕迹的分布位置趋近齿面中部，允许略偏于啮入端。在齿顶和啮入、啮出端的棱边不允许接触
5 和 6	65	60		
7 和 8	55	50	不做要求	接触斑点痕迹应偏于啮合端，但不允许在齿顶和啮入、啮出端的棱边接触
9 和 10	45	40		
11 和 12	30	30		

注：采用修形齿面的蜗杆传动，接触斑点的要求可不受本表规定的限制。

20.2　蜗杆、蜗轮精度等级和公差项目的选择

在通常情况下，可根据蜗杆传动应用场合、蜗轮的圆周速度及加工方法等，从表 20-8 中选择蜗杆传动的精度等级，允许各公差项目选用不同精度等级的组合。

蜗杆和配对蜗轮的精度等级一般取成相同，也允许取成不同。在硬度较高的钢制蜗杆和材质较软的蜗轮组成的传动机构中，可选择比蜗轮精度等级高的蜗杆，经过磨合期后可使蜗轮的精度得以提高。例如：8 级精度蜗杆，蜗轮可选择 9 级精度。

表 20-8　蜗杆传动的精度等级选择及加工方法和应用范围

精度等级		7	8	9
蜗轮圆周速度		≤7.5m/s	≤3m/s	≤1.5m/s
加工方法	蜗杆	渗碳淬火或淬火后磨削	淬火磨削或车削、铣削	车削或铣削
	蜗轮	滚削或飞刀加工后珩磨（或加载配对磨合）	滚削或飞刀加工后加载配对磨合	滚削或飞刀加工
应用范围		中等精度工业运转机构的动力传动，如机床进给、操纵机构，电梯曳引装置	每天工作时间不长的一般动力传动，如起重运输机械减速器、纺织机械传动装置	低速传动或手动机构，如舞台升降装置、塑料蜗杆传动

注：本表不属于 GB/T 10089—2018 规定内容，仅供参考。

圆柱蜗杆、蜗轮和蜗杆传动推荐的检验项目见表 20-9。

表 20-9　圆柱蜗杆、蜗轮和蜗杆传动推荐的检验项目

类别	公差项目						
	蜗杆			蜗轮			蜗杆副
精度等级	7	8	9	7	8	9	—
I 影响传递运动准确性	F_{px}、F_{r1}、F'_{i1}			F_{p2}、F_{r2}、F'_{i2}			F'_{i12}
II 影响运动平稳性	f_{px}、f_{ux}、$f_{f\alpha1}$、f'_{i1}、$F_{\alpha1}$、F_{r1}			f_{p2}、f_{u2}、$f_{f\alpha2}$、f'_{i2}、$F_{\alpha2}$、F_{r2}			f'_{i12}、$\pm f_a$
III 影响载荷分布均匀性	$F_{\alpha1}$、$f_{H\alpha1}$			$F_{\alpha2}$、$f_{H\alpha2}$			接触斑点、$\pm f_{\Sigma}$
齿坯公差	蜗杆、蜗轮齿坯尺寸公差、形状公差、基准面径向和轴向圆跳动公差						

注：1. 齿廓形状偏差 $f_{f\alpha}$ 可根据表 20-1 中公式计算获得。

　　2. 当对接触斑点有要求时，f'_i、F'_i 可不进行检验。

　　3. 本表不属于 GB/T 10089—2018 规定内容，仅供参考。

GB/T 10089—2018 中规定了专门的蜗杆、蜗轮及蜗杆副的检验规则。除厂商与客户有特别协议约定外，一般情况下，当检验中有两项以上的误差检测时，应按最低的一项精度来评定蜗杆、蜗轮的精度等级。

蜗杆传动的精度主要以单面一齿啮合偏差 f'_i 和蜗杆副的单面一齿啮合偏差 f'_{i12} 以及传动接触斑点的形状、分布位置与面积的大小来评定。前者主要影响传动的稳定性，后者主要影响轮齿受力的均匀性。单面啮合偏差 F'_i 和蜗杆副的单面啮合偏差 F'_{i12} 主要影响传动的准确性。对于不可调中心距的蜗杆传动，检验接触斑点的同时，还应检验蜗杆副的中心距极限偏差 $\pm f_a$ 和轴交角偏差 $\pm f_\Sigma$，见表 20-10。

表 20-10　蜗杆副的 $\pm f_a$、$\pm f_\Sigma$ 值　　　　　　（单位：μm）

中心距 a/mm	蜗杆副中心距极限偏差 $\pm f_a$			蜗轮齿宽 b_2/mm	轴交角极限偏差 $\pm f_\Sigma$		
	精度等级				精度等级		
	7	8	9		7	8	9
≤30	26	42		≤30	12	17	24
>30~50	31	50		>30~50	14	19	28
>50~80	37	60		>50~80	16	22	32
>80~120	44	70		>80~120	19	24	36
>120~180	50	80		>120~180	22	28	42
>180~250	58	92		>180~250	25	32	48
>250~315	65	105		>250	28	36	53
>315~400	70	115					

📌 20.3　齿坯公差

GB/T 10089—2018 中没有对蜗杆传动的齿坯公差、蜗杆副的侧隙以及图样标注等内容做出规定。当蜗杆传动设计涉及齿坯的精度设计问题时，一般就要依靠设计人员的工程知识和经验。为便于初学者对蜗杆、蜗轮的齿坯相关尺寸和几何精度设计及加工定位基准进行选择，建议仍可沿用 GB/T 10089—1988 中的相关规定。表 20-11 列出了蜗杆、蜗轮齿坯的尺寸和形状公差。表 20-12 列出了蜗杆、蜗轮齿坯基准面的径向和轴向圆跳动公差。表 20-13 列出了蜗杆、蜗轮的表面粗糙度 Ra 的推荐值。

表 20-11　蜗杆、蜗轮齿坯的尺寸和形状公差

精度等级		6	7	8	9	10
孔	尺寸公差	IT6		IT7		IT8
	形状公差	IT5		IT6		IT7
轴颈	尺寸公差	IT5		IT6		IT7
	形状公差	IT4		IT5		IT6
齿顶圆直径	做测量基准			IT8		IT9
	不做测量基准		尺寸公差按 IT11 确定，但不大于 0.1mm			

注：1. 当蜗杆、蜗轮有多项偏差要求且精度等级不同时，按最高精度等级确定公差。
　　2. 当齿顶圆作为测量齿厚基准时，此基准即为蜗杆、蜗轮的齿坯基准面。

表 20-12　蜗杆、蜗轮齿坯基准面的径向和轴向圆跳动公差　　　　（单位：μm）

基准面直径 d/mm	精度等级		
	6	7~8	9~10
≤31.5	4	7	10
>31.5~63	6	10	16
>63~125	8.5	14	22
>125~400	11	18	28
>400~800	14	22	36
>800~1600	20	32	50

表 20-13　蜗杆、蜗轮的表面粗糙度 Ra 的推荐值　　　　（单位：μm）

蜗杆					蜗轮				
精度等级		7	8	9	精度等级		7	8	9
Ra	齿面	0.8	1.6	3.2	Ra	齿面	0.8	1.6	3.2
	顶圆	1.6	1.6	3.2		顶圆	3.2	3.2	6.3

注：此表不属于 GB/T 10089—2018，仅供参考。

第 21 章

参 考 图 例

21.1 装配图

21.1.1 一级圆柱齿轮减速器装配图

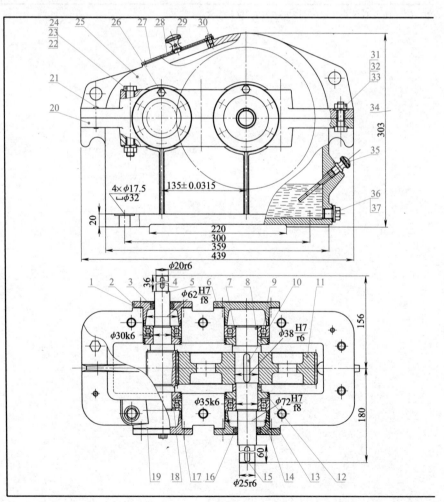

图 21-1 一级圆柱齿轮

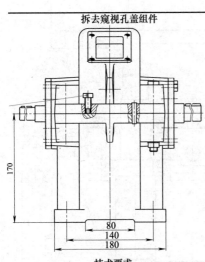

拆去窥视孔盖组件

170

80
140
180

技术特性

功率	高速轴转速	传动比
3.9/kW	572r/min	4.63

技术要求

1.装配前，用机油清洗所有零件，滚动轴承用汽油清洗，机体内不允许有任何杂物。内壁涂防锈油漆。
2.装配后，应检查齿侧间隙不小于0.16mm。
3.用涂色法检验斑点：齿高接触斑点不小于55%，齿长接触斑点不小于50%，必要时可用研磨或刮后研磨以改善接触情况。
4.固定调整轴承时，应留轴向间隙0.2~0.3mm。
5.检查减速器的剖分面、各接触面及密封处，均不许漏油。剖分面允许涂以水玻璃或密封油，不允许使用垫片。
6.机座内装L-AN68润滑油至规定高度，轴承用ZN-3钠基脂润滑。
7.机体表面涂灰色油漆。

序号	名称	数量	材料	标准	备注
37	螺塞M16×1.5	1	Q235	JB/ZQ 4450—2006	
36	垫片	1	石绵橡胶纸		
35	油标尺	1	Q235		
34	螺钉M10×35	1		GB/T 5782—2016	8.8级
33	垫圈10	2	65Mn	GB/T 93—1987	
32	螺母M10	2		GB/T 6170—2015	8级
31	螺栓M10×35	2		GB/T 5782—2016	8.8级
30	螺钉M5×16	4		GB/T 5782—2016	8.8级
29	通气器	1	Q235		
28	窥视孔盖	1	Q235		
27	垫片	1	石绵橡胶纸		
26	螺栓M8×25	24		GB/T 5782—2016	8.8级
25	机盖	1	HT200		
24	螺栓M12×110	6		GB/T 5782—2016	8.8级
23	螺母M12	6		GB/T 6170—2015	8级
22	垫圈12	6	65Mn	GB/T 93—1987	
21	销6×30	2	35	GB/T 117—2000	
20	机座	1	HT200		
19	轴承端盖	1	HT200		
18	轴承6206	2		GB/T 276—2013	
17	挡油环	2	Q235		
16	毡圈油封30	1	半粗羊毛毡	FZ/T 92010—1991	
15	键8×7×56	1	45	GB/T 1096—2003	
14	轴承端盖	1	HT200		
13	调整垫片	2组	08F	成组	
12	套筒	1	Q235		
11	大齿轮	1	45		
10	键10×8×45	1	45	GB/T 1096—2003	
9	挡油环	2	Q235		
8	轴	1	45		
7	轴承6207	2		GB/T 276—2013	
6	轴承端盖	1	HT200		
5	齿轮轴	1	45		m=2 z=24
4	键6×6×28	1	45	GB/T 1096—2003	
3	油封毡圈25	1	半粗羊毛毡	FZ/T 92010—1991	
2	轴承端盖	1	HT200		
1	调整垫片	2组	08F	成组	

一级圆柱齿轮减速器		图号		数量	
		质量		比例	
设计		机械设计课程设计		(校名)	
审阅				(班级专业)	
日期					

减速器装配图

21.1.2　二级展开式圆柱齿轮减速器装配图

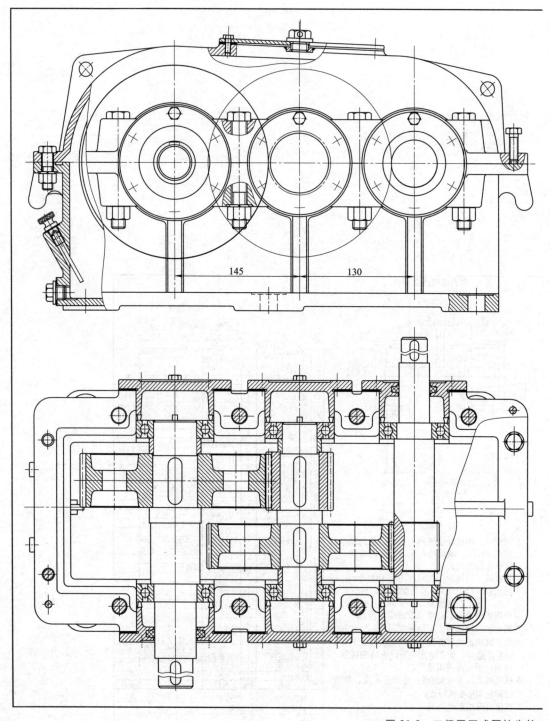

图 21-2　二级展开式圆柱齿轮
注：二级展开式圆柱齿轮减速器是最常见、应用最为

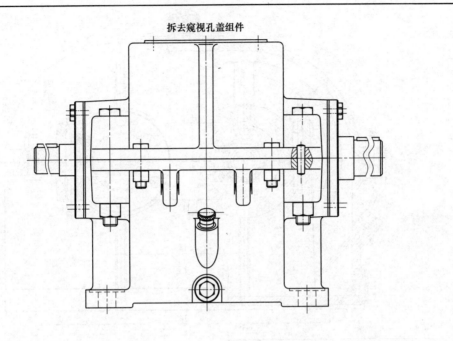

拆去窥视孔盖组件

减速器装配图

广泛的一种减速器，其结构简单、易制造、成本低。

21.1.3 二级同轴式圆柱齿轮减速器装配图

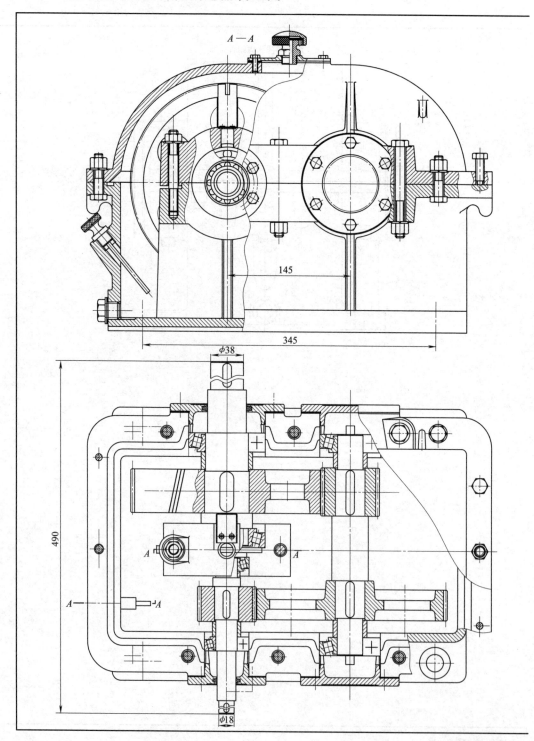

图 21-3 二级同轴式圆柱齿轮

注：二级同轴式圆柱齿轮减速器长度方向尺寸较小，但轴向尺寸较大，中间轴较长，刚度较差；两级大齿轮接
　　刮下来的油进行润滑，也可以采用其他

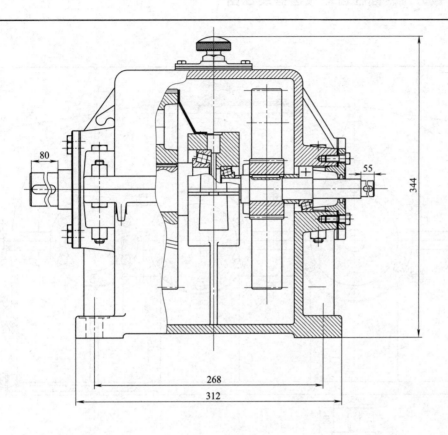

减速器装配图

近，有利于浸油润滑，轴向可水平、上下或铅垂布置；本减速器采用铸造箱体，中间轴承是靠从动大齿轮端面

方式将润滑油引入或定期加脂润滑。

21.1.4　二级分流式圆柱齿轮减速器装配图

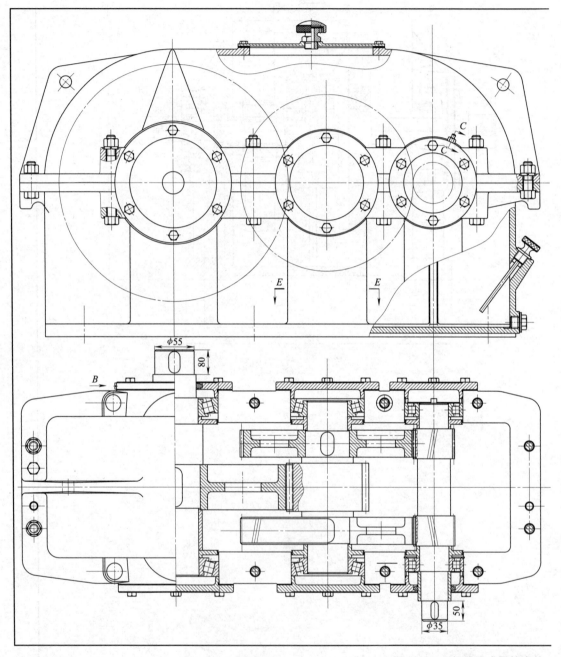

图 21-4　二级分流式圆柱齿轮

注：本减速器高速级为分流式人字齿轮传动，轴向力相互抵消，受力情况好。对于这种传动，只能将一根轴的轴承

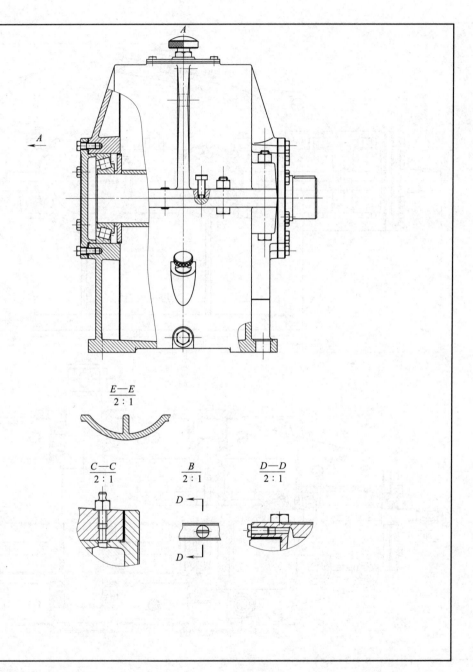

$$\frac{E-E}{2:1}$$

$$\frac{C-C}{2:1}\qquad\frac{B}{2:1}\qquad\frac{D-D}{2:1}$$

减速器装配图

做轴向固定，另一根轴的轴承做成游动支点，以保证齿轮的正确啮合位置，一般都是将该级低速轴的轴承固定。

21.1.5 锥齿轮-圆柱齿轮二级减速器装配图

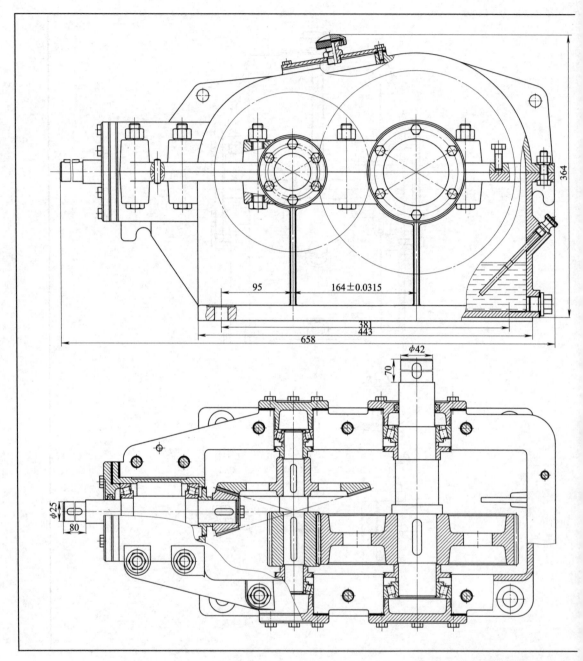

图 21-5　锥齿轮-圆柱齿轮二级

注：本图为锥齿轮-圆柱齿轮减速器的

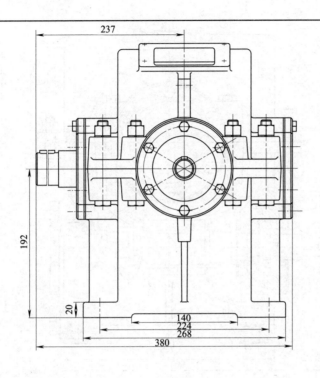

技术特性

输入功率	输入转速	传动比
2.53kW	960r/min	13.72

减速器装配图

常用结构，其特点是结构简单、机体刚度大。

21.1.6　一级蜗杆减速器装配图

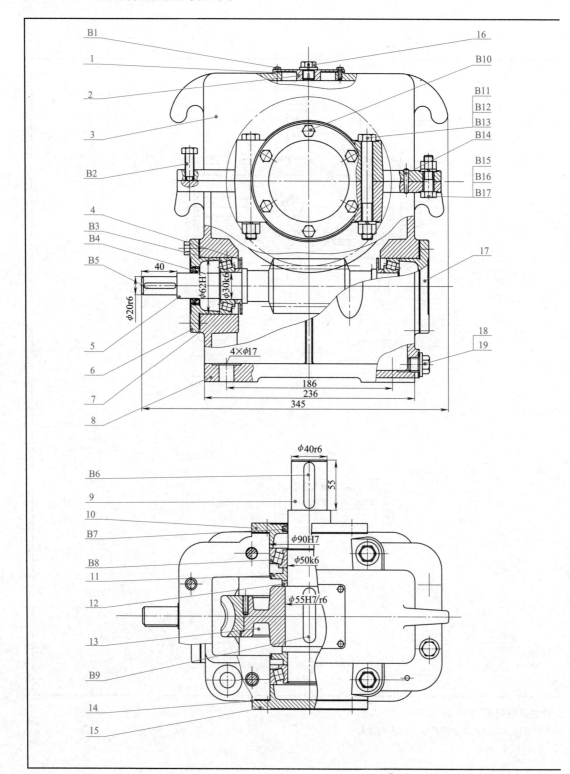

图 21-6　一级蜗杆

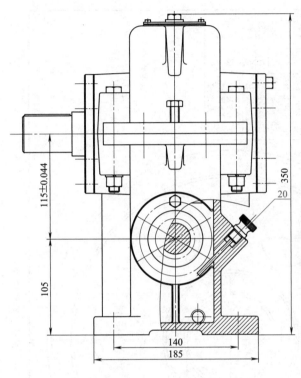

技术特性

主动功率	主动转速	传动比
3.9kW	970r/min	18.5

序号	名称	数量	材料	标准	备注
B17	螺栓M10×35	4		GB/T 5782—2016	8.8级
B16	螺母M10	4		GB/T 6170—2015	B级
B15	垫圈10	4	65Mn	GB/T 93—1987	
B14	销5×28	2	35	GB/T 117—2000	
B13	螺栓M12×100	4		GB/T 5782—2016	8.8级
B12	螺母M12	4		GB/T 6170—2015	B级
B11	垫圈12	4	65Mn	GB/T 93—1987	
B10	螺钉M8×25	24		GB/T 5782—2016	8.8级
B9	键16×10×60	1	45	GB/T 1096—2003	
B8	轴承30210	2		GB/T 297—2015	
B7	油封毡圈48	1	半粗毛毡	FZ/T 92010—1991	
B6	键12×8×50	1	45	GB/T 1096—2003	
B5	键6×6×36	1		GB/T 1096—2003	
B4	密封圈B28×42	1		GB/T 9877—2008	
B3	轴承30206	2		GB/T297—2015	
B2	螺钉M10×35	1		GB/T5782—2016	8.8级
B1	螺钉M4×16	4		GB/T5782—2016	8.8级
20	游标尺M12	1		组合件	
19	螺塞M14×1.5	1	Q235		
18	油圈22×15	1	石棉橡胶纸		
17	轴承端盖	1	HT200		
16	通气器	1	Q235		
15	轴承端盖	1	HT200		
14	调整垫片	2组	08F	成组	
13	蜗轮	1		$z_2=37, m=5$	
12	套筒	1	Q235		
11	挡油环	2	Q235		
10	轴承端盖	1	HT200		
9	轴	1	45		
8	机座	1	HT200		
7	调整垫片	2组	08F	成组	
6	轴承端盖	1	HT200		
5	蜗杆轴	1	45	$z_1=2, m=5$	
4	挡油环	2	Q235		
3	机盖	1	HT200		
2	窥视孔盖	1	Q235		
1	垫片	1	石棉橡胶纸		
序号	名称	数量	材料	标准	备注

一级蜗杆减速器		图号		数量	
		质量		比例	
设计					
审阅		机械设计 课程设计		(校名) (班级专业)	
日期					

技术要求

1. 装配前，应将所有零件清洗干净，机体内壁涂防锈油漆。
2. 装配后、应保证侧隙 $j_{nmin}=0.14mm$。
3. 检验齿面接触斑点：齿高接触斑点不小于55%；齿长接触斑点不小于50%。必要时可用研磨或刮后研磨以改善接触状况。
4. 蜗杆轴承的轴向游隙为0.04～0.07mm，蜗轮轴承的轴向游隙为0.05～0.1mm。
5. 减速器的机体、密封处及剖分面不得漏油，剖分面可以涂密封漆或水玻璃，但不得使用垫片。
6. 机座内装L-AN100润滑油至规定高度，轴承用ZN-3钠基脂润滑。
7. 机体表面涂灰色油漆。

减速器装配图

21.2 零件图

21.2.1 圆柱齿轮工作图

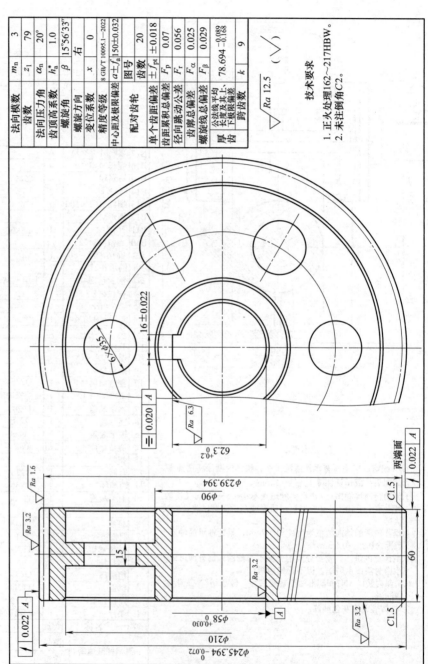

法向模数	m_n	3
齿数	z_1	79
法向压力角	α_n	20°
齿顶高系数	h_a^*	1.0
螺旋角	β	15°56′33″
螺旋方向		右
变位系数	x	0
精度等级		8 GB/T 10095.1—2022
中心距及极限偏差	$a\pm f_a$	150±0.032
配对齿轮	图号	20
	齿数	20
单个齿距极限偏差	$\pm f_{pt}$	±0.018
齿距累积总偏差	F_p	0.07
径向跳动公差	F_r	0.056
齿廓总偏差	F_α	0.025
螺旋线总偏差	F_β	0.029
公法线平均长度及其上、下极限偏差	厚齿	$78.694_{-0.168}^{-0.089}$
跨齿数	k	9

技术要求
1. 正火处理162~217HBW。
2. 未注倒角C2。

$\sqrt{Ra\ 12.5}$ $(\sqrt{})$

图 21-7 圆柱齿轮工作图

21.2.2 圆柱齿轮轴工作图

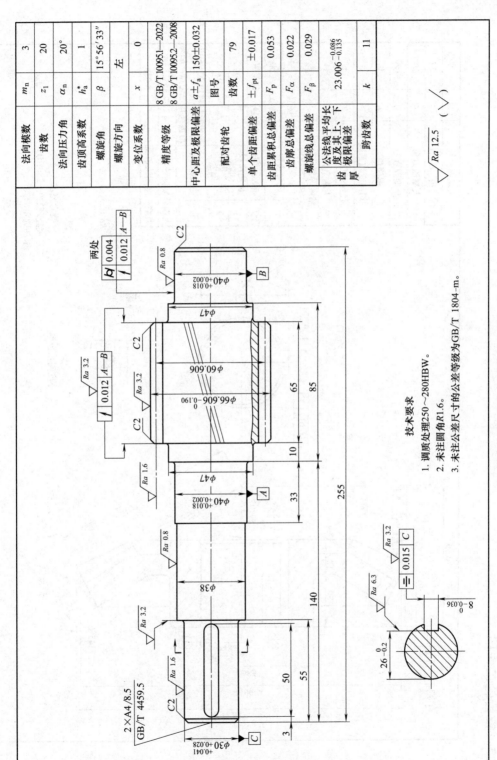

法向模数	m_n	3
齿数	z_1	20
法向压力角	α_n	20°
齿顶高系数	h_a^*	1
螺旋角	β	15°56′33″
螺旋方向		左
变位系数	x	0
精度等级		8 GB/T 10095.1—2022 8 GB/T 10095.2—2008
中心距及极限偏差	$a \pm f_a$	150±0.032
配对齿轮	图号 齿数	 79
单个齿距偏差	$\pm f_{pt}$	±0.017
齿距累积总偏差	F_p	0.053
齿廓总偏差	F_α	0.022
螺旋线总偏差	F_β	0.029
齿厚	公法线平均长度及其上、下极限偏差	$23.006^{-0.086}_{-0.135}$
跨齿数	k	11

$\sqrt{Ra\ 12.5}\quad (\ \checkmark\ )$

技术要求
1. 调质处理250~280HBW。
2. 未注圆角R1.6。
3. 未注公差尺寸的公差等级为GB/T 1804—m。

图 21-8 圆柱齿轮轴工作图

21.2.3 锥齿轮工作图

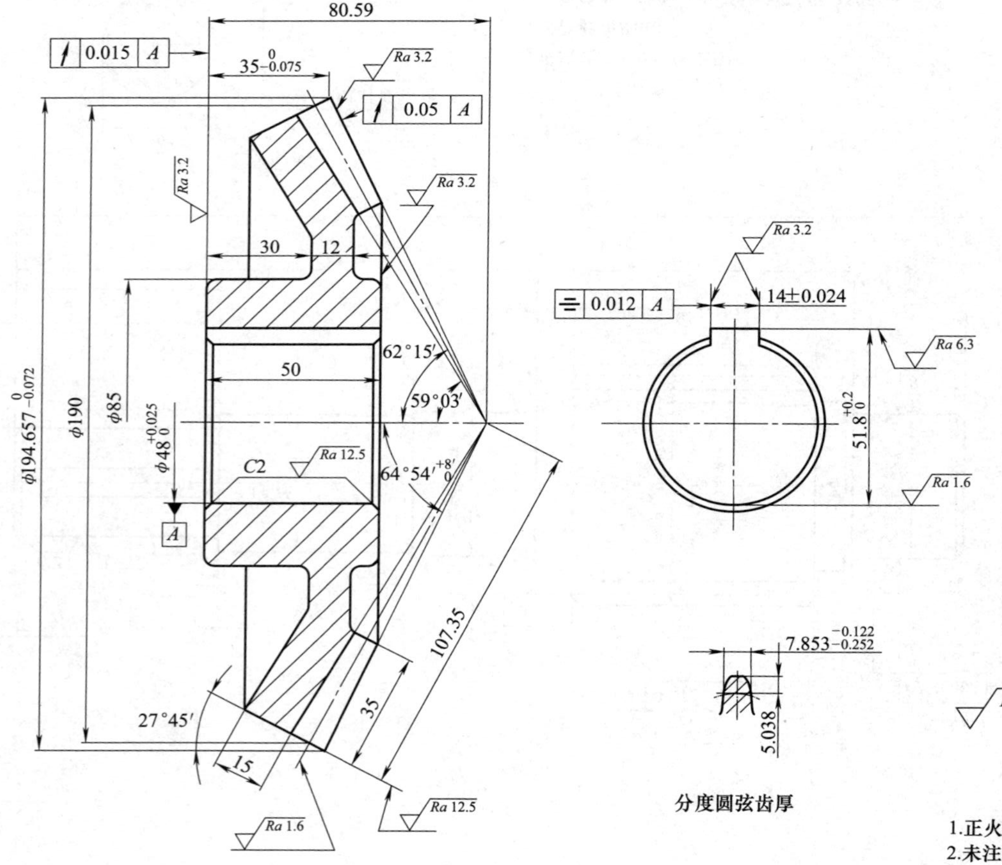
80.59
0.015 A
$35_{-0.075}^{0}$
Ra 3.2
0.05 A
Ra 3.2
Ra 3.2
30
12
50
62°15′
59°03′
$64°54'^{+8'}_{0}$
C2
Ra 12.5
$\phi 194.657_{-0.072}^{0}$
$\phi 190$
$\phi 85$
$\phi 48_{0}^{+0.025}$
A
107.35
35
15
27°45′
Ra 1.6
Ra 12.5
Ra 3.2
0.012 A
14±0.024
Ra 6.3
$51.8_{0}^{+0.2}$
Ra 1.6
$7.853_{-0.252}^{-0.122}$
5.038
分度圆弦齿厚

大端面模数		m	5
齿　数		z	38
大端压力角		α	20°
分度圆直径		d	190
螺旋角		b	0°
切向变位系数		x_1	0
径向变位系数		x	0
大端全齿高		h	11
精度等级GB/T 11365—2019		8-7-7bB	
配对齿轮		图号	
		齿数	20
公差组	检验项目	项目代号	公差值
Ⅰ	齿距累积总偏差	F_p	0.090
Ⅱ	单个齿距偏差	$\pm f_{pt}$	±0.020
Ⅲ	接触斑点	沿齿长接触斑点＞60%	
		沿齿高接触斑点＞65%	
大端分度圆弦齿厚		$\bar{s}$	$7.853_{-0.252}^{-0.122}$
大端分度圆弦齿高		$\bar{h}_c$	5.038

Ra 12.5 (√)

技术要求

1.正火处理220～250HBW。

2.未注圆角$R3$。

图 21-9　锥齿轮工作图

21.2.4 锥齿轮轴工作图

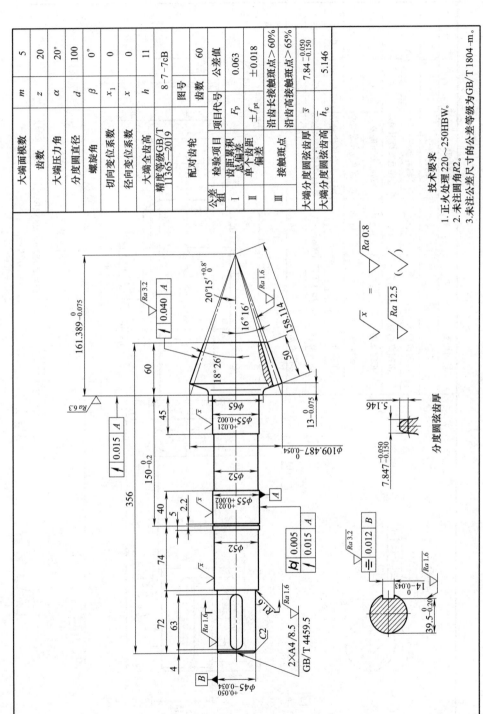

公差		大端面模数	m	5
		齿数	z	20
		大端压力角	α	20°
		分度圆直径	d	100
		螺旋角	β	0°
		切向变位系数	x_1	0
		径向变位系数	x	0
		大端全齿高	h	11
		精度等级GB/T 11365—2019		8-7-7cB
		配对齿轮	图号	
			齿数	60
公差	检验项目	项目代号		公差值
I	齿距累积总偏差	F_p		0.063
II	单个齿距偏差	$\pm f_{pt}$		±0.018
III	接触斑点	沿齿长接触斑点>60%		
		沿齿高接触斑点>65%		
大端分度圆弦齿厚		$\bar{s}$		$7.84^{-0.050}_{-0.150}$
大端分度圆弦齿高		$\bar{h}_c$		5.146

技术要求
1. 正火处理220~250HBW。
2. 未注圆角R2。
3. 未注公差尺寸的公差等级为GB/T 1804-m。

$$\sqrt{x} = \sqrt{Ra\ 0.8}$$

$$\sqrt{Ra\ 12.5} \quad (\sqrt{})$$

图 21-10 锥齿轮轴工作图

21.2.5 蜗杆轴工作图

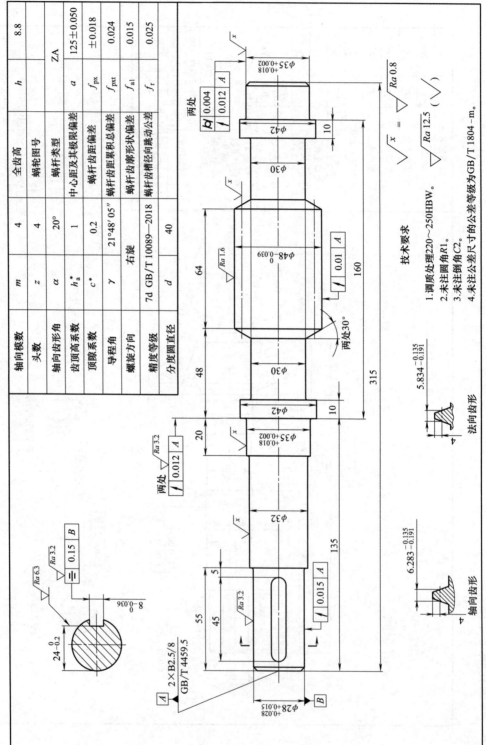

轴向模数	m	4	全齿高	h	8.8
头数	z	4	蜗轮图号		
轴向齿形角	α	20°	蜗杆类型	ZA	
齿顶高系数	h_a^*	1	中心距及其极限偏差	a	125±0.050
顶隙系数	c^*	0.2	蜗杆齿距偏差	f_{px}	±0.018
导程角	γ	21°48′05″	蜗杆齿距累积总偏差	f_{pxt}	0.024
螺旋方向		右旋	蜗杆齿廓形状偏差	f_{a1}	0.015
精度等级		7d GB/T 10089—2018	蜗杆齿槽径向跳动公差	f_r	0.025
分度圆直径	d	40			

技术要求
1. 调质处理220～250HBW。
2. 未注圆角R1。
3. 未注倒角C2。
4. 未注公差尺寸的公差等级为GB/T 1804-m。

法向齿形

轴向齿形

图 21-11 蜗杆轴工作图

21.2.6　蜗轮部件装配图

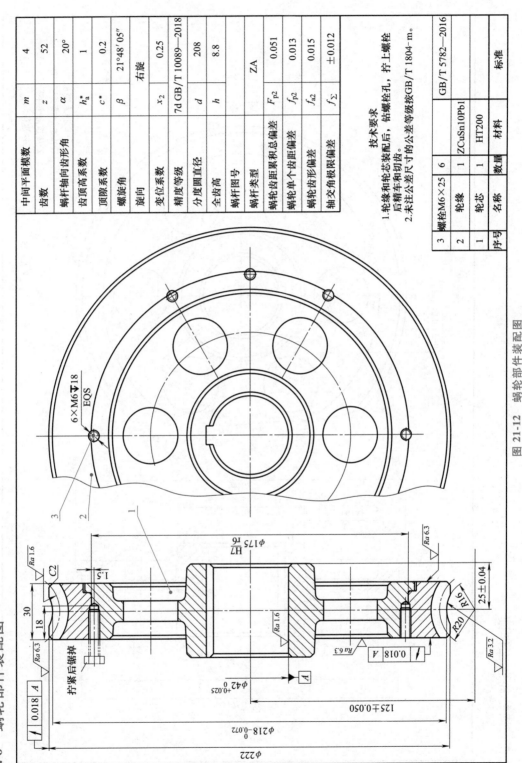

中间平面模数	m	4
齿数	z	52
蜗杆轴向齿形角	α	20°
齿顶高系数	h_a^*	1
顶隙系数	c^*	0.2
螺旋角	β	21°48′05″
旋向		右旋
变位系数	x_2	0.25
精度等级	7d GB/T 10089—2018	
分度圆直径	d	208
全齿高	h	8.8
蜗杆图号		
蜗杆类型		ZA
蜗轮齿距累积总偏差	F_{p2}	0.051
蜗轮单个齿距偏差	f_{p2}	0.013
蜗轮齿形偏差	f_{a2}	0.015
轴交角极限偏差	f_Σ	±0.012

技术要求

1. 轮缘和轮芯装配后，钻螺栓孔，拧上螺栓后精车和切齿。
2. 未注公差尺寸的公差等级按GB/T 1804—m。

3	螺栓M6×25	6		GB/T 5782—2016
2	轮缘	1	ZCuSn10Pb1	
1	轮芯	1	HT200	
序号	名称	数量	材料	标准

图 21-12　蜗轮部件装配图

21.2.7 蜗轮轮芯工作图

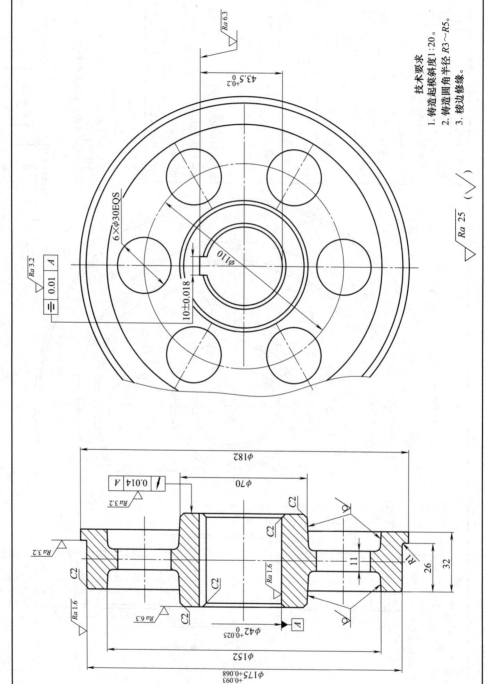

图 21-13　蜗轮轮芯工作图

技术要求
1. 铸造起模斜度1:20。
2. 铸造圆角半径 R3～R5。
3. 棱边修缘。

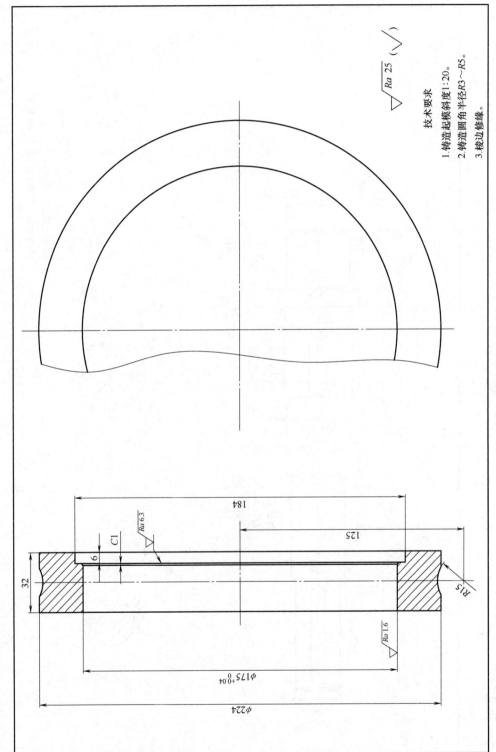

21.2.8 蜗轮轮缘工作图

技术要求
1.铸造起模斜度1:20。
2.铸造圆角半径R3~R5。
3.棱边修缘。

$\sqrt{Ra\ 25}$ ($\sqrt{}$)

图 21-14 蜗轮轮缘工作图

21.2.9 轴工作图

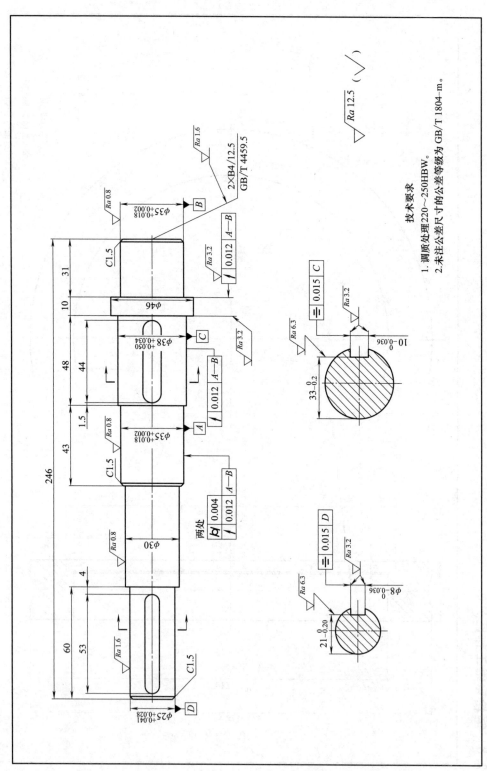

技术要求
1. 调质处理220~250HBW。
2. 未注公差尺寸的公差等级为 GB/T 1804-m。

图 21-15 轴工作图

21.2.10 箱盖工作图

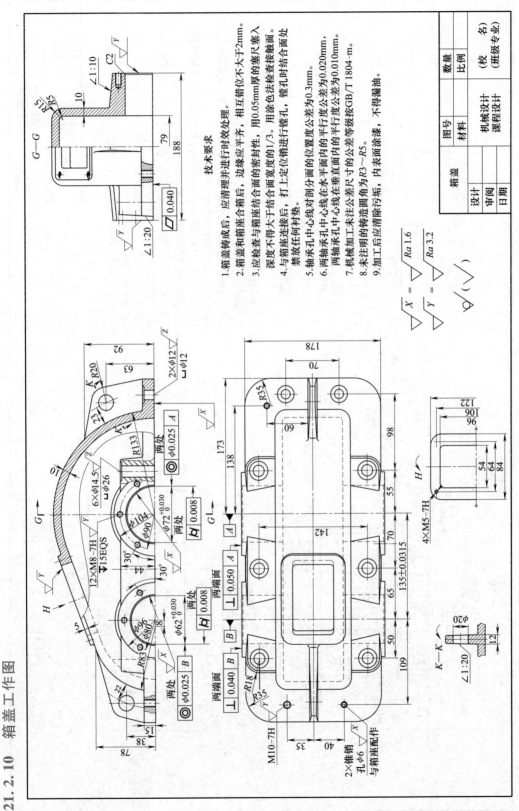

技术要求

1. 箱盖铸成后，应清理并进行时效处理。
2. 箱盖和箱座合箱后，边缘应平齐，相互错位大于2mm。
3. 应检查与箱座结合面的密封性，用0.05mm厚的塞尺塞入深度不得大于合面宽度的1/3。用涂色法检查接触面。
4. 与箱座连接后，打上定位销时进行镗孔，镗孔时将结合面处禁放任何衬垫。
5. 两轴承孔中心线对剖分面的位置度公差为0.3mm。
6. 两轴承孔中心线在水平面内的平行度公差为0.020mm，两轴承孔中心线在垂直面内的平行度公差为0.010mm。
7. 机械加工未注公差尺寸的公差等级按GB/T 1804-m。
8. 未注明的铸造圆角为R3～R5。
9. 加工后应清除污垢，内表面涂漆，不得漏油。

	图号		数量		(校 名)
	材料		比例		(班级专业)
箱盖		机械设计			
		课程设计			
设计					
审阅					
日期					

$\sqrt{} X = \sqrt[\nabla]{Ra\,1.6}$
$\sqrt{} Y = \sqrt[\nabla]{Ra\,3.2}$
$\sqrt[\nabla]{}(\sqrt{\ })$

图 21-16 箱盖工作图

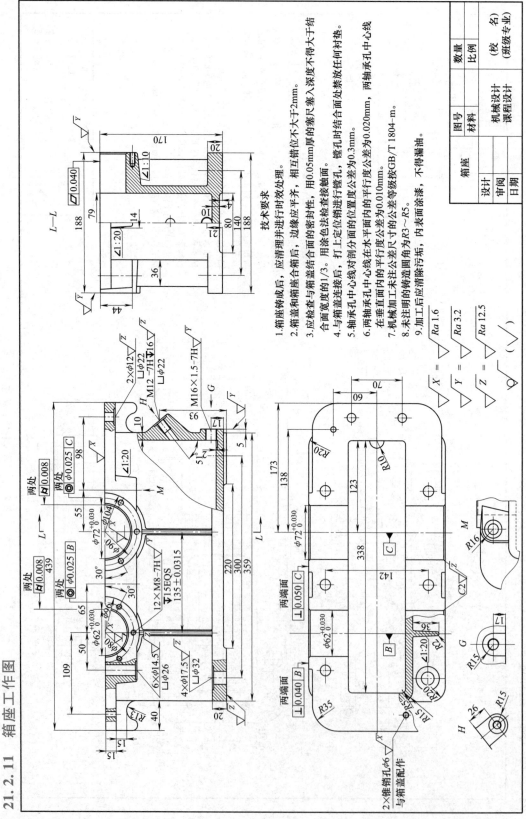

图 21-17　箱座工作图

21.2.11　箱座工作图

技术要求

1. 箱座铸成后，应清理并进行时效处理。
2. 箱盖和箱座合箱后，边缘应平齐，相互错位不大于2mm。
3. 应检查与箱结合面的密封性，用0.05mm厚的塞尺塞入深度不得大于结合面宽度的1/3。与箱盖连接后，打上定位锥孔进行铰孔，铰孔时结合面处禁放任何衬垫。
4. 与箱盖连接后，打上定位锥孔进行铰孔，铰孔时结合面处公差为0.3mm。
5. 轴承孔中心线对剖分面的位置度公差为0.020mm。
6. 两轴承孔中心线在水平面内的平行度公差为0.020mm，两轴承孔中心线在垂直面内的平行度公差为0.010mm。
7. 机械加工未注公差尺寸的公差等级按GB/T 1804-m。
8. 未注明的铸造圆角为R3～R5。
9. 加工后应清除污垢，内表面涂漆，不得漏油。

参考文献

[1]　濮良贵，纪名刚. 机械设计[M]. 8版. 北京：高等教育出版社，2006.

[2]　邱宣怀. 机械设计[M]. 4版. 北京：高等教育出版社，1997.

[3]　王黎钦，陈铁鸣. 机械设计[M]. 6版. 哈尔滨：哈尔滨工业大学出版社，2015.

[4]　吴宗泽，高志. 机械设计[M]. 2版. 北京：高等教育出版社，2009.

[5]　吴克坚，于晓红，钱瑞明. 机械设计[M]. 北京：高等教育出版社，2003.

[6]　张策. 机械原理与机械设计[M]. 北京：机械工业出版社，2004.

[7]　张继忠，赵彦峻，徐楠，等. 机械设计：3D版[M]. 北京：机械工业出版社，2017.

[8]　杨可桢，程光蕴，李仲生. 机械设计基础[M]. 5版. 北京：高等教育出版社，2006.

[9]　冯涓，杨惠英，王玉坤. 机械制图[M]. 4版. 北京：清华大学出版社，2018.

[10]　成大先. 机械设计手册[M]. 4版. 北京：化学工业出版社，2002.

[11]　机械设计手册编委会. 机械设计手册[M]. 3版. 北京：机械工业出版社，2004.

[12]　冯立艳，李建功. 机械设计课程设计[M]. 6版. 北京：机械工业出版社，2021.

[13]　吴宗泽，罗圣国. 机械设计课程设计手册[M]. 3版. 北京：高等教育出版社，2006.

[14]　王三民. 机械原理与设计课程设计[M]. 北京：机械工业出版社，2005.

[15]　吴洁，宗振奇，张磊. 机械设计课程设计[M]. 北京：冶金工业出版社，2011.

[16]　王连明，宋宝玉. 机械设计课程设计[M]. 2版. 哈尔滨：哈尔滨工业大学出版社，2005.

[17]　王之栎，王大康. 机械设计综合课程设计[M]. 2版. 北京：机械工业出版社，2009.

[18]　陈立德. 机械设计基础课程设计[M]. 2版. 北京：高等教育出版社，2011.

[19]　朱文坚，黄平. 机械设计基础课程设计[M]. 北京：科学出版社，2009.

[20]　张也晗，刘永猛，刘品. 机械精度设计与检测基础[M]. 10版. 哈尔滨：哈尔滨工业大学出版社，2019.

[21]　何凡，席本强，曲辉. 机械设计基础课程设计[M]. 北京：冶金工业出版社，2010.

[22]　陆玉. 机械设计课程设计[M]. 4版. 北京：机械工业出版社，2007.

[23]　宋宝玉. 机械设计课程设计指导书[M]. 北京：高等教育出版社，2006.

[24]　王连明，宋宝玉. 机械设计课程设计[M]. 4版. 哈尔滨：哈尔滨工业大学出版社，2010.

[25]　寇尊权，王多. 机械设计课程设计[M]. 北京：机械工业出版社，2007.

[26]　张锋，古乐. 机械设计课程设计手册[M]. 北京：高等教育出版社，2010.

[27]　巩云鹏，张伟华，孟祥志，等. 机械设计课程设计[M]. 2版. 北京：科学出版社，2021.

[28]　李育锡. 机械设计课程设计[M]. 北京：高等教育出版社，2008.